高等职业教育"十三五"规划教材

数字电子技术

主　编　靳孝峰　尹明锂　何　励

副主编　刘　潇　王　琰　蔡光祥　郑文杰

编　委　杨　光　吕坤颐　唐　明　徐　艳

　　　　王　恒　郭俊亮　季文文　唐孝国

U0217331

电子工业出版社

Publishing House of Electronics Industry

北京·BEIJING

内 容 简 介

本书是根据教育部高等学校"数字电子技术"课程教学内容的基本要求编写的,在编写中,力求做到结合工程实际,并充分考虑现代数字电子技术的飞速发展,因此,既有严密完整的理论体系,又有较强的实用性。

本书将数字电子技术内容进行整合重构,实现了理论和实践的有机融合,其包括数字逻辑电路基础、逻辑门电路、组合逻辑电路、触发器、时序逻辑电路、脉冲信号的产生与整形、大规模集成电路以及数字系统的设计与制作 8 个项目内容。书中给出了大量的例题和习题,以便学生自学;附录部分给出了一些技能训练题目,目的在于提高学生的应用能力。

本书立足高等职业教育,兼顾普通应用型本科教育,既适合高职电子、电气、信息技术和计算机等专业的学生作为教材使用,也适合数字电子技术爱好者及工程技术人员作为技术参考书阅读。

图书在版编目(CIP)数据

数字电子技术 / 靳孝峰,尹明锂,何励主编. —北京:电子工业出版社,2019.7
ISBN 978-7-121-34367-4

Ⅰ. ①数… Ⅱ. ①靳… ②尹… ③何… Ⅲ. ①数字电路－电子技术－高等学校－教材 Ⅳ. ①TN79

中国版本图书馆 CIP 数据核字(2018)第 122933 号

责任编辑: 祁玉芹

印　　刷: 中国电影出版社印刷厂
装　　订: 中国电影出版社印刷厂
出版发行: 电子工业出版社
　　　　　北京市海淀区万寿路 173 信箱　邮编　100036
开　　本: 787×1092　1/16　印张:15.5　字数:377 千字
版　　次: 2019 年 7 月第 1 版
印　　次: 2023 年 9 月第 3 次印刷
定　　价: 46.50 元

凡所购买电子工业出版社图书有缺损问题,请向购买书店调换。若书店售缺,请与本社发行部联系,联系及邮购电话:(010) 88254888,88258888。

质量投诉请发邮件至 zlts@phei.com.cn,盗版侵权举报请发邮件至 dbqq@phei.com.cn。

本书咨询联系方式:(010) 68253127。

前言

PREFACE

"数字电子技术"课程是电子、电气、信息技术和计算机等专业的一门必修基础课，以往的教材存在课时少、内容多、专业内容各异以及理论和实践脱节等问题，一直是困扰普通高等教育与高等职业教育的难题。众所周知，有一本合适的《数字电子技术》教材是学好本课程的重要条件之一。为此，我们经过充分调研与论证，广泛采纳各版本之所长，本着知识够用、知识点新、应用性强，利于理解和自学的原则，将"数字电子技术"各部分内容进行了精心选择、整合重构。

本书系 2017 年河南省高等教育教学改革研究与实践项目（项目编号：2017SJGLX647）"电子技术系列课程教学和高职院校创新人才培养问题研究"的研究成果。

本书依据高等学校数字电子技术课程教学内容的基本要求编写而成，编写时充分考虑了数字电子技术的飞速发展，在原有内容的基础上，增加了数字电子技术新理论、新技术和新器件及其应用的介绍等内容。

本书具有以下特点：

（1）理论和实践相辅相成，既有利于学生对理论知识的掌握，又有利于培养学生的技能水平。

（2）反映了数字电子技术的新发展，重点介绍了数字电路的新技术和新器件。

（3）重点介绍数字电路的分析方法和设计方法及常用集成电路的应用，对于数字集成电路的内部结构不做过多的分析和繁杂的数学公式推导。

（4）在内容编排上，力求顺序合理，逻辑性强、深入浅出、通俗易懂、可读性强，以便教师组织教学。

（5）对加宽加深的内容标有*号，以便教师选讲和学生自学。

（6）教材正文与例题、习题紧密配合，例题是正文的补充，某些内容则有意让读者通过习题来掌握，以调节教学节律，利于学生深化理解。

（7）本书电路中所用逻辑符号均采用国标符号和国际流行符号。

（8）数字电子技术与模拟电子技术是姊妹课程，其共同硬件基础是半导体器件。书中将半导体器件知识做了简单介绍。

本书教学学时为理论 48～64 学时，实践 16 学时，不同专业可以根据教学要求适当调整教学学时。例如，电子、电气专业可以增加学时，信息类专业和机械类专业可以适当减少学时。

本书由焦作大学靳孝峰主持编写；由焦作大学靳孝峰、重庆电信职业学院尹明锂、广西机电工程学校何励担任主编；由湖北三峡职业技术学院刘潇、山东电子职业技术学院王琰、贵州电子信息职业技术学院蔡光祥、焦作大学郑文杰担任副主编；由焦作大学杨光，重庆城市管理职业学院吕坤颐，内江职业技术学院唐明，中国石油新疆培训中心（新疆技师学院）徐艳，铜仁职业技术学院王恒、郭俊亮、季文文、唐孝国，共同参与完成编写工作。

由于作者水平有限，书中难免有错漏与不当之处，敬请广大教师和读者指正，以便今后修订完善。

编　者

2019 年 2 月

目 录

CONTENTS

项目1　数字逻辑电路基础

【学习目标要求】

本项目从数字信号和数字电路的概念开始，引入数制及二进制代码，介绍研究数字电路的数学工具——逻辑代数及逻辑函数的化简方法。

读者通过本项目的学习，要掌握以下知识点和相关技能：

（1）熟悉晶体二极管、晶体三极管、场效应晶体管的基本特性及开关时间。

（2）掌握常见的数制及相互转换方法。

（3）熟悉常见的码制及其意义。

（4）掌握逻辑代数的各种运算、公式和定理。

（5）掌握逻辑函数的表示方法，以及相互转换和化简方法。

1.1　数字电路概述

1.1.1　数字信号和数字电路

1.　数字信号及特点

数字量是指在时间和数量上离散变化的量，模拟量是指在时间和数量上连续变化的物理量。与之对应，电子技术中，处理和传输的电信号也有两种：一种是连续变化的模拟信号；一种是离散变化的数字信号。例如，自动生产线上输出的零件数目所对应的电信号就是数字信号，热电偶在工作时所输出的电压信号就属于模拟信号。

同模拟信号相比，数字信号具有传输可靠、易存储、抗干扰能力强、稳定性好等优点。为便于存储、分析和传输，常将模拟信号转化为数字信号，这也是数字电路应用越来越广泛的重要原因。

2.　数字电路的分类和特点

处理数字信号、完成逻辑功能的电路称为逻辑电路或数字电路。在数字电路中，数字信号用二进制表示，采用串行和并行两种传输方式。

（1）数字电路的分类。

从电路结构上来看，数字电路有分立电路和集成电路之分。分立电路用独立元器件和导线连接而成，目前已很少使用；集成电路是指将多个元器件按照一定的电路互连，"集成"在半导体基片上，封装在一个外壳内，执行特定功能的电路或系统。集成电路种类很多，应用极为广泛。

目前数字系统中普遍使用 TTL 和 CMOS 集成电路。TTL 集成电路工作速度高、驱动能力强，但功耗大、集成度低；CMOS 集成电路具有集成度高、功耗低的优点（超大规模集成电路基本上都是 CMOS 集成电路），其缺点是工作速度略低。

数字集成电路按其集成规模可分为小规模集成电路（SSI，每片组件内含 10~100 个元器件）、中规模集成电路（MSI，每片组件内含 100~1000 个元器件）、大规模集成电路（LSI，每片组件内含 1000~100 000 个元器件）、超大规模集成电路（VLSI，每片组件内含 100 000 个以上元件）。

根据电路逻辑功能的不同，数字集成电路又可以分为组合逻辑电路和时序逻辑电路两大类。其中，组合逻辑电路没有记忆功能，时序逻辑电路具有记忆功能。

目前常用的逻辑门和触发器属于 SSI，常用的译码器、数据选择器、加法器、计数器、移位寄存器等属于 MSI；常见的 LSI 和 VLSI 有只读存储器、随机存取存储器、微处理器、单片微处理机、位片式微处理器、高速乘法累加器、通用和专用数字信号处理器等。

此外，还有专用集成电路 ASIC 和可编程逻辑器件 PLD。近些年来，PLD 发展迅速，应用十分广泛。

（2）数字电路的特点。

在实际工作中，数字电路中数字信号的高、低电平分别用 1 和 0 表示。只要能区分出高、低电平，就可以知道它所表示的逻辑状态了，所以高、低电平都有一个允许的范围。正因为如此，数字电路一般工作于开关状态，对元器件参数和精度的要求、对供电电源的要求都比模拟电路要低一些。数字电路比模拟电路应用更加广泛。与模拟电路相比，数字电路具有以下 5 个特点。

① 结构简单，便于集成；

② 工作可靠，抗干扰能力强；

③ 数字信号便于长期保存和加密；

④ 产品系列全，通用性强，成本低；

⑤ 不仅能实现算术运算，还能进行逻辑判断。

特别提示：

数字电路具有模拟电路无可比拟的优点，它的产生极大地推动了电子技术的发展及应用。一方面，它在数字信息处理中应用十分广泛（如计算机等）；另一方面，它也为模拟信号的变换、压缩、传输、显示提供了十分有利的载体和条件。数字电子技术在日常生活、机械加工、过程控制、智能机器人、军事科学、航天技术、测量技术等诸多领域都得到了广泛应用。

1.1.2　数字电子技术课程的特点和学习方法

"数字电子技术"课程是理工科高等院校电气、电子、信息、通信、计算机科学技术等专业的一门专业基础课。通过本课程的学习，学生可以获得数字电子技术方面的基本概念、基本知识和基本技能，提高分析与设计数字电路的能力，为后续课程的学习及今后的实际工作打下良好的基础。"数字电子技术"课程的先修课程有"电路分析"等，主要后续课程有"计算机原理及应用""单片机原理及应用""计算机控制技术"等。

数字电子技术的特点之一是电子器件和电子电路的种类繁多，而且随着时间的推移还会不断地有新的电子器件和电子电路产生。因此，在学习的过程中必须抓住它们的共性，把重点放在掌握基本概念、基本分析方法和设计方法上。在学习各种集成电路的内容时，应以器件的外部特性和正确的使用方法为重点，而不要把注意力放在内部电路的具体结构和工作过程的分析、计算上。在分析具体电路时，要根据实际情况，紧抓主要因素，忽略次要因素，以使分析简化。

数字电子技术的另一个显著特点是它的实践性很强。我们所讨论的许多电子电路都是实用电路，即可以做成实际的装置。这就要求我们不仅需要掌握电子技术的基本理论知识，还应当学会用实验的方法组装、测试和调试电子电路，培养理论联系实际及解决实际问题的能力。因此，我们要理论联系实际，加强实践练习，学会运用所学理论知识，处理和解决实际问题。

数字电路的主要研究对象是电路的输入和输出之间的逻辑关系，其分析和设计方法与模拟电路不同。由于数字电路中的器件工作在开关状态，因而采用的分析方法是逻辑代数，逻辑电路功能主要用逻辑真值表、逻辑表达式及波形图来描述。

随着计算机技术的发展，为了分析、仿真和设计数字电路或数字系统，可以采用硬件描述语言，借助计算机以实现设计自动化。这种方法对于设计较复杂的数字系统，其优点更为突出。

【思考与练习】

（1）简述数字信号的特点。

（2）根据器件不同，数字集成电路可分为哪些类型？

*1.2 半导体器件及其开关特性

半导体器件是以半导体为主要材料制作而成的电子控制器件。它的种类很多，晶体二极管、双极性三极管、场效应晶体管以及集成电路都是重要的半导体器件。半导体器件具有体积小、重量轻、使用寿命长、输入功率小、功率转化效率高以及可靠性强等优点，因而得到了广泛应用。半导体器件的具体内容请查阅课件资源或相关资料，这里仅对它们的开关特性做简单介绍。

1.2.1 半导体二极管及其开关特性

常见的半导体二极管又称晶体二极管，简称二极管。二极管有金属、塑料和玻璃等多种封装形式，其外形也呈现多样化。按照半导体材料的不同可分为硅二极管、锗二极管和砷化镓二极管等；按照结构的不同可分为点接触、面接触和平面型三类；按照应用的不同可分为整流、检波、开关、稳压、发光、光电、快恢复和变容二极管等。

1. 开关特性

二极管的单向导电性决定了它可以作为一个受外加电压控制的开关未使用，在频率没有超过其极限值时，可将其视为理想开关。在数字电路中，二极管一般作为开关使用。

2. 开关时间

由于二极管并非理想开关，其内部结构决定了二极管的开、关需要一定的时间。在低速开关电路中，这种由截止到导通和由导通到截止的转换时间可以忽略；但在高速开关电路中必须考虑，否则二极管将失去其单向导电的开关作用。

1.2.2 半导体三极管及其开关特性

半导体三极管又称晶体三极管，简称三极管，因内部有两种载流子参与导电，又称双极性三极管。它在电子电路中既可作为放大元件，又可作为开关元件，应用十分广泛。双极性三极管种类很多，按照工作频率的不同，可分为低频管和高频管；按照功率的不同，可分为小、中、大功率管；按照半导体材料的不同，可分为硅管和锗管，等等。三极管一般有 3 个电极，三极管一般有 NPN 型和 PNP 型两种结构类型。三极管不是对称性器件，在放大电路中不可将其发射极和集电极对调使用。

1. 开关特性

当三极管的发射结和集电结外加不同的电压时，会有截止、放大和饱和三种工作状态。在数字电路中，三极管一般工作在截止或饱和状态，而放大状态仅仅是一种快速过渡状态。

2. 开关时间

与二极管相似，三极管内部电荷的建立和扩散都需要一定的时间。因此，三极管由截止变为导通或由导通变为截止需要一定的时间。为提高三极管的开关速度，常采用由肖特基二极管和三极管组成的抗饱和三极管。

1.2.3 半导体 MOS 管及其开关特性

MOS 管是由金属－氧化物－半导体材料构成的场效应晶体管，MOS 管的栅极与漏极、源极及沟道之间是绝缘的，因此又称为绝缘栅型场效应晶体管。其输入电阻值为 $10^9\ \Omega$ 以上。MOS 管根据导电沟道（正或负电荷形成的导电通路）不同可分为 N 沟道和 P 沟道两类。其中，每一类按照工作方式的不同又可以分为增强型和耗尽型两种。所谓耗尽型，就是 $U_{GS}=0$ 时，存在导电沟道；所谓增强型，就是 $U_{GS}=0$ 时，不存在导电沟道。

同三极管一样，MOS 管有 3 个工作区域，可作为放大管，也可以作为开关管。在数字逻辑电路中，MOS 管主要作为开关管使用，一般采用增强型 MOS 管组成开关电路，并由栅源电压 U_{GS} 控制 MOS 管的截止和导通。

MOS 管开关特性好，但 MOS 管开关时间一般比三极管长。可用万用表判别其引脚和性能的优劣。MOS 器件用途极为广泛，发展十分迅速。目前在分立元件方面，MOS 管已进入高功率应用，国产 VMOS 管系列产品，其电压可高达上千伏，电流可高达数十安，在模拟集成电路和数字集成电路中，都有很多实际产品。特别值得提出的是，MOS 器件在大规模和超大规模集成电路中，更是得到了飞速发展。有关这方面的内容，将在本书后续章节中进行讨论。

【思考与练习】

（1）简述二极管的开关条件和特点。二极管开关时间对其开关作用有什么影响？

（2）若将一般的整流二极管用作高频整流或高速开关，会出现什么问题？

（3）三极管的结构有什么特点？发射极和集电极能否互换使用？简述三极管的开关条件和特点。

（4）MOS 管的结构有什么特点？为何 MOS 管的温度特性好于双极性三极管？

（5）MOS 管开关时间和三极管开关时间相比，哪个长？请说明原因。

1.3　数制和二进制代码

分析与设计数字电路的数学工具是逻辑代数，数制和二进制代码是学习逻辑代数的基础，因此要熟悉进制和代码。

1.3.1　常用的数制与运算

人们在生活和生产实践中，习惯上用十进制进行计数，有时也会使用其他进制，如二进制、八进制、十六进制等。

1.　十进制数

在十进制数（Decimal System）中，有 0、1、…、9 共 10 个数码，基数为 10，其计数规则是"逢十进一"。十进制数用下标"D"或 10 表示，也可省略。例如，十进制数$(199.36)_{10}$可表示为

$$(199.36)_{10} = 1 \times 10^2 + 9 \times 10^1 + 9 \times 10^0 + 3 \times 10^{-1} + 6 \times 10^{-2}$$

一般来说，对于任何一个十进制数 N，都可以用位置计数法和多项式表示法表示，即

$$
\begin{aligned}
(N)_{10} &= a_{n-1}a_{n-2}\cdots a_1 a_0 \cdot a_{-1}a_{-2}\cdots a_{-m} \\
&= a_{n-1} \times 10^{n-1} + a_{n-2} \times 10^{n-2} + \cdots + a_1 \times 10^1 + a_0 \times 10^0 + a_{-1} \times 10^{-1} + \\
&\quad\ a_{-2} \times 10^{-2} + \cdots + a_{-m} \times 10^{-m} \\
&= \sum_{i=-m}^{n-1} a_i \times 10^i
\end{aligned}
$$

式中，n 代表整数位数，m 代表小数位数，a_i（$-m \leqslant i \leqslant n-1$）表示第 i 位数码（或系数），它可以是 0、1、2、3、…、9 中的任意一个，10^i 为第 i 位数码的权值。

特别提示：

从数字电路的角度来看，采用十进制并不方便。因为数字电路要把电路的状态跟数码对应起来，十进制数中的 10 个数码就需要有 10 个不同的且能够严格区分的电路状态与之对应，技术上实现十分困难，也不经济。

2. 二进制数

目前，在数字电路中应用最多的数制是二进制（Binary System）。二进制数中有 0 和 1 两个数码，其进位基数为 2，计数规则是"逢二进一"。二进制数用下标"B"或 2 表示。

任何一个二进制数，可表示为

$$(N)_2 = a_{n-1}a_{n-2}\cdots a_1 a_0 \cdot a_{-1} a_{-2} \cdots a_{-m}$$
$$= a_{n-1} \times 2^{n-1} + a_{n-2} \times 2^{n-2} + \cdots + a_1 \times 2^1 + a_0 \times 2^0 + a_{-1} \times 2^{-1} +$$
$$a_{-2} \times 2^{-2} + \cdots + a_{-m} \times 2^{-m}$$
$$= \sum_{i=-m}^{n-1} a_i 2^i$$

例如： $(110.101)_2 = 1 \times 2^2 + 1 \times 2^1 + 0 \times 2^0 + 1 \times 2^{-1} + 0 \times 2^{-2} + 1 \times 2^{-3} = (6.625)_{10}$

特别提示：

二进制运算规则与其他数制的运算规则从原理上讲是相同的，但由于二进制只要两个数码，两个稳定电路状态即可实现，且运算操作简单，电路简单、可靠、易实现，因而在数字技术中被广泛采用。

但是，二进制也有位数多、难写、不方便记忆等缺点，因此，在数字系统的运算过程中多采用二进制，而其对应的原始数据和运算结果则多采用人们习惯的十进制数记录。

3. 八进制数

八进制数（Octal Number System）有 0、1、…、7 共 8 个数码，其基数为 8，计数规则是"逢八进一"。八进制数用下标"O"或 8 表示。

任何一个八进制数都可以表示为

$$(N)_8 = \sum_{i=-m}^{n-1} a_i 8^i$$

例如： $(36.1)_8 = 3 \times 8^1 + 6 \times 8^0 + 1 \times 8^{-1} = (30.125)_{10}$

特别提示：

八进制数目前很少使用。

4. 十六进制数

十六进制数（Hexadecimal System）的每一位有 16 个不同的数码，分别用 0～9、A～F 表示，其进位基数为 16，计数规则是"逢十六进一"。十六进制数用下标"H"或 16 表示。

任何一个十六进制数，都可以表示为

$$(N)_{16} = \sum_{i=-m}^{n-1} a_i 16^i$$

例如：$(3AB.11)_{16} = 3 \times 16^2 + 10 \times 16^1 + 11 \times 16^0 + 1 \times 16^{-1} + 1 \times 16^{-2} = (939.06640625)_{10}$

总之，任意一个数都可以用不同的数制表示，尽管表示形式各不相同，但数值的大小是不变的，数制只是一些人为规定而已。为了便于对照，现将十进制、二进制、八进制、十六进制之间的对应关系列表，如表 1-1 所示。

表 1-1　十进制、二进制、八进制、十六进制对比

十进制	二进制	八进制	十六进制	十进制	二进制	八进制	十六进制
0	0000	0	0	8	1000	10	8
1	0001	1	1	9	1001	11	9
2	0010	2	2	10	1010	12	A
3	0011	3	3	11	1011	13	B
4	0100	4	4	12	1100	14	C
5	0101	5	5	13	1101	15	D
6	0110	6	6	14	1110	16	E
7	0111	7	7	15	1111	17	F

5.　不同进制数值的算术运算

不同进制数值的算术运算规则与十进制基本相同，例如，在二进制中

$$1+1=10; \quad 1 \times 1=1; \quad 1 \div 1=1; \quad 1-1=0$$

计算机内二进制数运算都在加法器中实现。

1.3.2　不同进制数之间的相互转换

1.　任意进制数转换为十进制数

若将任意进制数转换为十进制数，只须将此数写成按权展开的多项式表示式，并按十进制规则进行运算，便可求得相对应的十进制数$(N)_{10}$。

例如：$(10110.11)_2 = 1 \times 2^4 + 1 \times 2^2 + 1 \times 2^1 + 1 \times 2^{-1} + 1 \times 2^{-2} = 16 + 4 + 2 + 0.5 + 0.25 = (22.75)_{10}$

$(2A.8)_{16} = 2 \times 16^1 + 10 \times 16^0 + 8 \times 16^{-1} = 32 + 10 + 0.5 = (42.5)_{10}$

$(165.2)_8 = 1 \times 8^2 + 6 \times 8^1 + 5 \times 8^0 + 2 \times 8^{-1} = 64 + 48 + 5 + 0.25 = (117.25)_{10}$

2.　十进制数转换为二、八、十六进制数

转换方法有两种：基数连除取余法（倒序写余）和基数连乘取整法（正序写整）。前者适应整数部分转换，后者适应小数部分转换。下面以十进制数转换为二进制数为例进行说明。

（1）整数部分转换。

整数部分转换，采用"除 2 取余"法，例如，将$(57)_{10}$转换为二进制数，其转换过程如下：

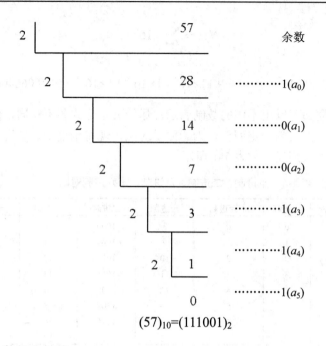

$(57)_{10} = (111001)_2$

（2）纯小数部分转换。

纯小数部分转换，采用"乘2取余"法，例如，将$(0.724)_{10}$转换为二进制小数，其转换过程如下：

$$
\begin{array}{r}
0.724 \\
\times \quad 2 \\
\hline
1.448 \quad \cdots\cdots 1(a_{-1}) \\
0.448 \\
\times \quad 2 \\
\hline
0.896 \quad \cdots\cdots 0(a_{-2}) \\
\times \quad 2 \\
\hline
1.792 \quad \cdots\cdots 1(a_{-3}) \\
0.792 \\
\times \quad 2 \\
\hline
1.584 \quad \cdots\cdots 1(a_{-4}) \\
\hline
\end{array}
$$

整数

$(0.724)_{10} \approx (0.1011)_2$

可见，小数部分乘2取整的过程，不一定能使最后乘积为0，因此转换值存在误差。通常在二进制小数的精度已达到预定的要求时，运算便可结束。

将一个带有整数和小数的十进制数转换成二进制数时，必须将整数部分和小数部分分别按"除2取余"法和"乘2取整"法进行转换，然后再将两者的转换结果合并起来即可。

例如：$(57.724)_{10} \approx (111001.1011)_2$

3. 二进制数与八进制数、十六进制数之间的转换

（1）二进制数转换为八进制数、十六进制数。

八进制数和十六进制数的基数分别为 $8(=2^3)$，$16(=2^4)$，所以 3 位二进制数恰好对应一位八进制数，4 位二进制数恰好对应一位十六进制数，因此它们之间的相互转换是很方便的。

二进制数转换成八进制数（或十六进制数）时，其整数部分和小数部分可以同时进行转换。其方法是：

以二进制数的小数点为起点，分别向左、向右，每 3 位（或 4 位）分一组。分组规则是整数从低位到高位，小数从高位到低位。对于小数部分，最低位一组不足 3 位（或 4 位）时，必须在有效位右边补 0，使其足位；对于整数部分，最高位一组不足位时，可在有效位的左边补 0，也可不补。然后，把每一组二进制数转换成与之等值的八进制（或十六进制）数，并保持原排序，即得到与二进制数对应的八进制数和十六进制数。

例如，求 $(01101111010.1011)_2$ 的等值八进制数。

二进制	001	101	111	010	.	101	100
八进制	1	5	7	2	.	5	4

得：$(01101111010.1011)_2 = (1572.54)_8$

例如，将 $(1101101011.101)_2$ 转换为十六进制数。

二进制	0011	0110	1011	.	1010
十六进制	3	6	B	.	A

得：$(1101101011.101)_2 = (36B.A)_{16}$

（2）八进制数、十六进制数转换为二进制数。

将八进制（或十六进制）数转换成二进制数时，与前面步骤相反，即只要按原来顺序将每一位八进制数（或十六进制数）用相应的三位（或四位）二进制数代替即可。整数最高位一组不足位左边补 0，小数最低位一组不足位右边补 0，即可得到与八进制数和十六进制数对应的二进制数。

1.3.3　二进制代码

数字系统中的信息分为两类：一类是数值，其表示方法如 1.3.1 中所述；另一类是文字符号（包括控制符），也采用一定位数的二进制数码来表示，称为代码。建立这种代码与十进制数值、字母、符号的一一对应关系称为编码。若所需编码的信息有 N 项，则二进制代码的位数 n 应满足 $2^n \geq N$。下面介绍几种常见的代码。

1. 二—十进制码

二—十进制编码是用 4 位二进制码的 10 种组合表示十进制数 0～9，简称 BCD 码（Binary Coded Decimal）。用二进制来表示 0～9 这 10 个数符，必须用 4 位二进制来表示，而 4 位二进制共有 16 种状态，从中选择 10 种状态来表示"0～9"的编码方案有很多（约 2.9×10^{10}）种组合。几种常用的 BCD 码如表 1-2 所示。若某种代码的每一位都有固定的"权值"，则称这种代码为有权代码；否则为无权代码。

表 1-2　几种常用的 BCD 码

十进制数	8421 码	5421 码	2421 码	余 3 码	Gray 码
0	0000	0000	0000	0011	0000
1	0001	0001	0001	0100	0001
2	0010	0010	0010	0101	0011
3	0011	0011	0011	0110	0010
4	0100	0100	0100	0111	0110
5	0101	1000	1011	1000	0111
6	0110	1001	1100	1001	0101
7	0111	1010	1101	1010	0100
8	1000	1011	1110	1011	1100
9	1001	1100	1111	1100	1000

（1）8421 BCD 码。

8421 BCD 码是最基本、最常用的 BCD 码，它和 4 位自然二进制码相似，各位的权值为 8、4、2、1，故称为有权 BCD 码。和 4 位自然二进制码不同的是，它只选用了 4 位二进制码中前 10 组代码，即用 0000～1001 分别代表它所对应的十进制数，余下的 6 组代码不用。

（2）5421 BCD 码和 2421 BCD 码。

5421 BCD 码和 2421 BCD 码为有权 BCD 码，它们从高位到低位的权值分别为 5、4、2、1 和 2、4、2、1。在这两种有权 BCD 码中，有的十进制数码存在两种加权方法，例如，5421 BCD 码中的数码 5，既可以用 1000 表示，也可以用 0101 表示，2421 BCD 码中的数码 6，既可以用 1100 表示，也可以用 0110 表示。这说明 5421 BCD 码和 2421 BCD 码的编码方案都不是唯一的，表 1-2 中只列出了一种编码方案。

（3）余 3 码。

余 3 码是由 8421 BCD 码的每个码组加 0011 形成的。其中的 0 和 9，1 和 8，2 和 7，3 和 6，4 和 5，各对码组相加均为 1111，具有这种特性的代码称为自补代码。也常用于 BCD 码的运算电路中。余 3 码各位无固定权值，故属于无权码。

用 BCD 码可以方便地表示多位十进制数，例如，十进制数$(579.8)_{10}$可以分别用 8421 BCD 码、余 3 码表示为

$$(579.8)_{10} = (0101\ 0111\ 1001.1000)_{8421\text{BCD码}}$$
$$= (1000\ 1010\ 1100.1011)_{\text{余3码}}$$

（4）Gray 码。

格雷码最基本的特性是任何相邻的两组代码中，仅有一位数码不同，并且任一组编码的首尾两个代码只有一位数不同，构成一个循环，因而常称为循环码。格雷码的编码方案有多种。典型的格雷码，如表 1-2 所示。

2.　可靠性代码

代码在形成和传输过程中难免出错，为了减少这种错误，且保证一旦出错时易于发现和校正，常采用可靠性代码。目前常用的可靠性代码有格雷码和奇偶校验码等。

（1）格雷码（Gray 码）。

格雷码既是 BCD 码的一种，也是可靠性代码，不仅能对十进制数编码，同时还能对任意位二进制数编码。

（2）奇偶校验码。

代码（或数据）在传输和处理过程中，有时会出现代码中的某一位由 0 错变成 1，或由 1 错变成 0，奇偶校验码就是一种能检验出这种错误的代码。奇偶校验码由信息位和一位奇偶校验位两部分组成。信息位是位数不限的任一种二进制代码，它代表着要传输的原始信息；校验位仅有一位，它可以放在信息位的前面，也可以放在信息位的后面，它的编码方式有两种。使得一组代码中信息位和校验位中"1"的个数之和为奇数，称为奇校验；使得一组代码中信息位和校验位中"1"的个数之和为偶数，称为偶校验。对于任意 n 位二进制数，增加一位校验位，便可构成 $n+1$ 位的奇或偶校验码。表 1-3 给出了 8421 BCD 奇偶校验码。

表 1-3 带奇偶校验的 8421 BCD 码

十进制数	8421 BCD 奇校验		8421 BCD 偶校验	
	信息位	校验位	信息位	校验位
0	0000	1	0000	0
1	0001	0	0001	1
2	0010	0	0010	1
3	0011	1	0011	0
4	0100	0	0100	1
5	0101	1	0101	0
6	0110	1	0110	0
7	0111	0	0111	1
8	1000	0	1000	1
9	1001	1	1001	0

接收方对接收到的奇偶校验码要进行检测，看每个码组中"1"的个数是否与约定相符。若不相符，则为错码。

特别提示：

奇偶校验码只能检测一位错码，但不能测定哪一位出错，也不能自行纠正错误。若代码中同时出现多位错误，则奇偶校验码无法检测出来。但是，由于多位同时出错的概率要比一位出错的概率小得多，并且奇偶校验码容易实现，因而该码在计算机存储器中被广泛采用。

3. **字符代码**

对各个字母和符号编制的代码称为字符代码。字符代码的种类繁多，目前在计算机和数字通信系统中被广泛采用的是 ISO 码和 ASCII 码。

（1）ISO 码。

ISO 码是国际标准化组织编制的一组 8 位二进制代码，主要用于信息传送。这一组编码包括 0～9 共 10 个数值码、26 个英文字母及 20 个其他符号的代码共 56 个。8 位二进制代码的其中一位是补偶校验位，用来把每个代码中 1 的个数补成偶数，以便查询。

（2）ASCII 码。

ASCII 码是美国信息交换标准代码的简称。标准 ASCII 码采用 7 位二进制数编码，因此可以表示 128 个字符。它包括 10 个十进制数 0～9，26 个大写英文字母，26 个小写英文字母，33 个通用控制符号，33 个专用符号。读码时，先读列码，再读行码。例如，十进制数 0～9，相应 0110000～0111001 来表示。应用中常在最前面增加一位奇偶校验位，用来把每个代码中 1 的个数补成偶数或奇数以便查询。在机器中表示时，常使其为 0。因此 0～9 的 ASCII 码为 30H～39H，大写字母 A～Z 的 ASCII 码为 41H～5AH 等。

ASCII 编码从 20H～7EH 均为可打印字符，而 00H～1FH 和 7FH 为通用控制符，它们不能被打印出来，只起控制或标志的作用，如 0DH 表示回车（CR），0AH 表示换行控制（LF），04H（EOT）为传送结束标志。字符代码的具体内容请参阅有关资料。

【思考与练习】

（1）二进制运算有何优缺点？数字电路中采用何种数制？

（2）试说明 1+1=2，1+1=10 各式的含义。

（3）数制与码制有何不同？格雷码为何可靠性强？

1.4　逻辑代数基础

1.4.1　逻辑代数及其运算

逻辑是指事物因果之间所遵循的规律。为了避免用冗繁的文字来描述逻辑问题，逻辑代数采用逻辑变量和一套运算符组成的逻辑函数表达式来描述事物的因果关系。

1. 逻辑变量及逻辑函数

（1）逻辑变量。

和普通代数一样，逻辑代数系统也是由变量、常量和基本运算符构成的。逻辑代数中的变量称为逻辑变量，一般用大写字母 A、B、C、…表示、逻辑变量的取值只有两种，即逻辑 0 和逻辑 1、0 和 1 称为逻辑常量。但必须指出，这里的逻辑 0 和 1 本身并没有数值意义，它们并不代表数量的大小，而仅仅是一种符号，代表事物矛盾双方的两种状态，如灯泡的亮与灭，开关的通与断，种子发芽的是与否，命题的"假"和"真"，符号的"有"和"无"，等等。

（2）正负逻辑。

对于一个事件的逻辑状态，单纯用 0 和 1 来描述仍有不确定性。比如，前面提到的灯泡亮与灭状态，若某一时刻灯亮，其逻辑状态该是 0 还是 1 呢？这就要求对亮和灭两种状态与 0 和 1 的对应进行事先规定。逻辑代数中，有两种基本的定义逻辑状态的规则体系。规定事件的正的、积极的、阳性的逻辑状态为"1"状态，称为正逻辑；反之，称为负逻辑。对于同一逻辑事件，所采用的正负逻辑不同，逻辑变量间的逻辑关系也不同。

（3）逻辑函数。

数字电路的输出与输入之间的关系是一种因果关系，它可以用逻辑函数来描述，因此又称为逻辑电路。数字电路的输入/输出量一般用高、低电平来表示，本书采用正逻辑，定义高电平为逻辑 1 状态、低电平为逻辑 0 状态。

对于任何一个电路，若输入逻辑变量 A、B、C、$\cdots$的取值确定后，其输出逻辑变量 F的值也被唯一地确定了，则可以称 F 是 A、B、C、$\cdots$的逻辑函数，并记为

$$F = f(A, B, C, \cdots)$$

逻辑函数与普通代数中的函数相似，它是随自变量的变化而变化的因变量，自变量和因变量分别表示某一事件发生的条件和结果。逻辑函数习惯上用大写字母 F、Y、L、Z 等表示。

2. 3 种基本逻辑运算

逻辑代数规定了 3 种基本运算：与运算、或运算、非运算。任何逻辑函数都可以用这 3 种运算的组合来构成，即任何数字系统都可以用这 3 种逻辑电路来实现。

逻辑关系可以用文字、逻辑表达式、表格或图形来描述，描述逻辑关系的 0、1 表格称为逻辑真值表，表示逻辑运算的规定的图形符号称为逻辑符号。下面分别讨论这 3 种基本逻辑运算。

（1）与运算。

只有当决定一事件结果（F）的所有条件（$A, B, C, \cdots$）同时具备时，结果才能发生，这种逻辑关系称为与逻辑关系。例如，"只有德才兼备才能做一个好领导"这句话，就内含了与逻辑关系。

与逻辑关系相应的逻辑表达式为

$$F=A \cdot B \cdot C \cdot \cdots$$

在逻辑代数中，将与逻辑称为与运算或逻辑乘。符号"$\cdot$"表示逻辑乘，和普通代数中乘法运算符号一致，在不致于混淆的情况下，常省去符号"$\cdot$"。有些文献中，也采用∧、∩或&符号来表示逻辑乘。

实现"与运算"的电路称为与门，其对应的逻辑符号如图 1-1 所示。其中，图 1-1（a）所示为过去常用符号，图 1-1（b）所示为国际流行符号，图 1-1（c）所示为国家标准符号。

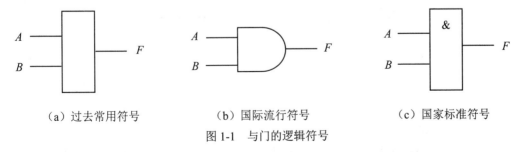

　（a）过去常用符号　　　　　（b）国际流行符号　　　　　（c）国家标准符号

图 1-1　与门的逻辑符号

在图 1-2 所示的串联开关灯控电路中，只有在两个开关均闭合的条件下，灯才亮，这种灯亮与开关闭合的关系就是与逻辑。正逻辑定义开关闭合为 1，断开为 0，灯亮为 1，灭为 0，则图 1-2 所示电路的与逻辑关系可以用表 1-4 所示的真值表来描述。所谓真值表，就

是将自变量的各种可能取值组合与其因变量的值一一列出来的表格形式。

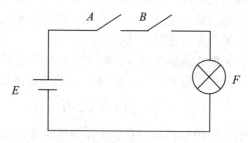

图 1-2　与逻辑电路实例

表 1-4　与逻辑真值表

A　B	F
0　0	0
0　1	0
1　0	0
1　1	1

由真值表可知，逻辑乘的基本运算规则为

$$0 \cdot 0 = 0 ; \qquad 0 \cdot 1 = 0 ; \qquad 1 \cdot 0 = 0 ; \qquad 1 \cdot 1 = 1$$

特别提示：

与普通代数乘法一致，与逻辑的运算规律为输入有 0 输出得 0，输入全为 1 输出得 1。

（2）或运算。

当决定一事件结果（F）的几个条件（$A, B, C, \cdots$）有一个或有一个以上具备时，结果就会发生，这种逻辑关系称为或逻辑关系。例如，"贪污或受贿都构成犯罪"这句话就内含了或逻辑关系。

或逻辑关系相应的逻辑表达式为

$$F = A + B + C + \cdots$$

在逻辑代数中，将或逻辑称为或运算、逻辑加。符号"+"表示逻辑加，有些文献中也采用 ∨、∪ 等符号来表示逻辑加。

实现"或运算"的电路称为或门，其对应的逻辑符号如图 1-3 所示。其中，图 1-3（a）所示为过去常用符号，图 1-3（b）所示为国际流行符号，图 1-3（c）所示为国家标准符号。

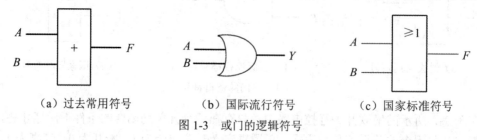

（a）过去常用符号　　　（b）国际流行符号　　　（c）国家标准符号

图 1-3　或门的逻辑符号

或逻辑灯控电路如图 1-4 所示；或逻辑真值表如表 1-5 所示。

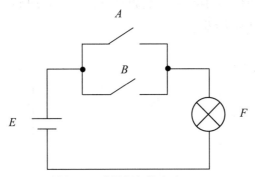

图 1-4 或逻辑灯控电路

表 1-5 或逻辑真值表

A B	F
0 0	0
0 1	1
1 0	1
1 1	1

由真值表可知，逻辑加的基本运算规则为

$$0+0=0 ; \qquad 0+1=1 ; \qquad 1+0=1 ; \qquad 1+1=1$$

特别提示：

与普通代数加法有区别，或逻辑的运算规律为输入有 1 得 1，输入全 0 得 0。

（3）非运算。

非逻辑关系是逻辑的否定，即当一件事的条件（A）具备时，结果（F）不会发生；而条件不具备时，结果一定会发生。非逻辑关系对应的逻辑运算为非运算或逻辑反。例如，"怕死就不是真正的共产党员" 这句话就内含了非逻辑关系。

非逻辑关系相应的逻辑表达式为

$$F = \overline{A}$$

读作 "F 等于 A 非"。通常称 A 为原变量，$\overline{A}$ 为反变量，二者为互补变量。

实现 "非运算" 的电路称为非门或反相器，其对应的逻辑符号如图 1-5 所示。其中，图 1-5（a）所示为过去常用符号，图 1-5（b）所示为国际流行符号，图 1-5（c）所示为国家标准符号。

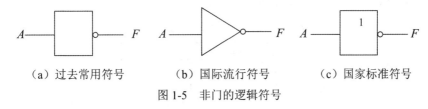

（a）过去常用符号　　　（b）国际流行符号　　　（c）国家标准符号

图 1-5 非门的逻辑符号

非逻辑灯控电路如图 1-6 所示；非逻辑真值表如表 1-6 所示。由真值表可知，逻辑非的基本运算规则为 $0 = \overline{1}$，$1 = \overline{0}$。

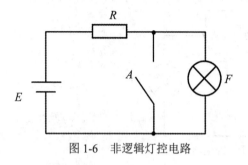

图 1-6　非逻辑灯控电路

表 1-6　非逻辑真值表

A	F
0	1
1	0

特别提示：

非逻辑的运算规律为输出与输入始终相反。

3. 常用的复合逻辑运算

复合逻辑运算由与、或、非 3 种最基本的逻辑运算组合而成，常用的有"与非""或非""异或""同或""与或非"等，这些都有相应的集成产品，下面分别介绍。

（1）"与非"逻辑。

"与非"逻辑是"与"逻辑和"非"逻辑的组合，先"与"后"非"。其表达式为

$$F = \overline{A \cdot B}$$

实现"与非"逻辑运算的电路称为"与非门"，其逻辑符号如图 1-7（a）所示。

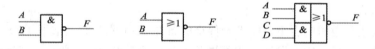

（a）与非逻辑符号　　　（b）或非逻辑符号　　　（c）与或非逻辑符号

图 1-7　与非、或非、与或非逻辑符号

（2）"或非"逻辑。

"或非"逻辑是"或"逻辑和"非"逻辑的组合，先"或"后"非"。其表达式为

$$F = \overline{A + B}$$

实现"或非"逻辑运算的电路称为"或非门"，其逻辑符号如图 1-7（b）所示。

与非逻辑、或非逻辑的逻辑真值表如表 1-7 所示。

表 1-7　与非逻辑、或非逻辑的逻辑真值表

A	B	$F = \overline{A \cdot B}$	$F = \overline{A + B}$
0	0	1	1
0	1	1	0
1	0	1	0
1	1	0	0

（3）"与或非"逻辑。

"与或非"逻辑是"与""或""非" 3 种基本逻辑的组合，先"与"再"或"后"非"。其表达式为

$$F = \overline{AB + CD}$$

实现"与或非"逻辑运算的电路称为"与或非门"，其逻辑符号如图 1-7（c）所示，其逻辑真值表如表 1-8 所示。

表 1-8　与或非的逻辑真值表

A	B	C	D	F	A	B	C	D	F
0	0	0	0	1	1	0	0	0	1
0	0	0	1	1	1	0	0	1	1
0	0	1	0	1	1	0	1	0	1
0	0	1	1	0	1	0	1	1	0
0	1	0	0	1	1	1	0	0	0
0	1	0	1	1	1	1	0	1	0
0	1	1	0	1	1	1	1	0	0
0	1	1	1	0	1	1	1	1	0

（4）"异或"逻辑。

"异或"逻辑的含义是当两个输入变量相异时，输出为 1；相同时，输出为 0。这种逻辑关系称为"异或"（XOR）逻辑，其逻辑符号如图 1-8（a）所示。读作"F 等于 A 异或 B"，$\oplus$ 是异或运算的符号。其逻辑表达式为

$$F = A \oplus B = \overline{A}B + A\overline{B}$$

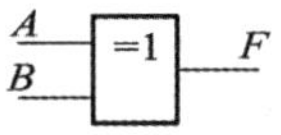

（a）异或逻辑符号 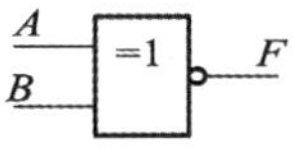　　　（b）同或逻辑符号

图 1-8　异或、同或逻辑符号

（5）"同或"逻辑。

"同或"逻辑与"异或"逻辑相反，它表示当两个输入变量相同时输出为 1，相异时输出为 0。同或逻辑符号如图 1-8（b）所示。$\odot$ 是同或运算的符号。其逻辑表达式为

$$F = A \odot B = \overline{A}\,\overline{B} + AB$$

异或、同或逻辑真值表如表 1-9 所示。

表 1-9　异或、同或逻辑真值表

A	B	$F = A \oplus B$	$F = A \odot B$
0	0	0	1
0	1	1	0
1	0	1	0
1	1	0	1

1.4.2 逻辑代数的公理和公式

逻辑代数和普通代数一样，也有相应的公式、定理和运算规则。利用这些公式、定理和运算规则可以得到更多的常用逻辑运算，并可以对复杂逻辑运算进行化简。

1. 逻辑代数的公理

不需要证明，大家都公认的规律称为公理。从与、或、非运算的定义可得出逻辑代数的公理如下。

（1）逻辑变量 A 只有两个取值，即 0 或 1。

（2）$1+1=1+0=0+1=1$（1"或"任何数都为 1）。

（3）$0+0=0$。

（4）$0 \cdot 0 = 0 \cdot 1 = 1 \cdot 0 = 0$（0"与"任何数都为 0）。

（5）$1 \cdot 1 = 1$。

（6）$\bar{0}=1$，$\bar{1}=0$

2. 逻辑代数的基本公式

逻辑变量的取值只有 0 和 1，根据公理推得以下关系式。其中，有些与普通代数相似，有的则完全不同。

（1）变量和常量的关系式。

$$0-1 \text{律：} \quad A \cdot 0 = 0 \qquad A+1=1$$
$$\text{自等律：} \quad A \cdot 1 = A \qquad A+0=A$$
$$\text{重叠律：} \quad A \cdot A = A \qquad A+A=A$$
$$\text{互补律：} \quad A \cdot \bar{A} = 0 \qquad A+\bar{A}=1$$

（2）与普通代数相似的定律。

$$\text{交换律：} \quad A \cdot B = B \cdot A \qquad\qquad A+B=B+A$$
$$\text{结合律：} \quad (A \cdot B) \cdot C = A \cdot (B \cdot C) \qquad (A+B)+C=A+(B+C)$$
$$\text{分配律：} \quad A \cdot (B+C)=AB+AC \qquad A+BC=(A+B)(A+C)$$

特别提示：

上述基本公式反映的是逻辑变量的逻辑关系而非数量关系。

【**例 1-1**】证明 $A+BC=(A+B)(A+C)$。

证：$(A+B)(A+C)=A \cdot A+A \cdot B+A \cdot C+B \cdot C=A+AB+AC+BC=A(1+B+C)+BC=A+BC$，因此有 $A+BC=(A+B)(A+C)$。

用真值表也可以证明 $A+BC=(A+B)(A+C)$。

（3）逻辑代数中的特殊定律。

反演律（摩根定律）：

$$\overline{A \cdot B} = \bar{A} + \bar{B}$$

$$\overline{A + B} = \bar{A} \cdot \bar{B}$$

还原律：

$$\overline{\overline{A}} = A$$

证明反演律的真值表如表 1-10 所示。

表 1-10　反演律的真值表

$A\quad B$	$\overline{A+B}$	$\overline{A}\cdot\overline{B}$	$\overline{AB}$	$\overline{A}+\overline{B}$
0　0	1	1	1	1
0　1	0	0	1	1
1　0	0	0	1	1
1　1	0	0	0	0

3.　若干常用公式

运用基本公式可以得到更多的公式。下面介绍一些常用的公式，常用公式可以用基本公式证明。

（1）合并律：$AB + A\overline{B} = A$。

证：$AB + A\overline{B} = A(B + \overline{B}) = A \cdot 1 = A$。

特别提示：

在逻辑代数中，如果两个乘积项分别包含了互补的两个因子（如 B 和 $\overline{B}$），而其他因子都相同，那么这两个乘积项称为相邻项，如 AB 与 $A\overline{B}$，ABC 与 $A\overline{B}C$ 都是相邻关系。

合并律说明，两个相邻项可以合并为一项，消去互补量（变化量）。

（2）吸收律：$A+AB=A$。

证：$A+AB=A(1+B)=A \cdot 1=A$。

特别提示：

在一个与或表达式中，如果某一乘积项的部分因子（如 AB 项中的 A）恰好等于另一乘积项（如 A）的全部，则该乘积项（AB）是多余的。

（3）消因子律：$A+\overline{A}B = A+B$。

证：利用分配律，$A+\overline{A}B = (A+\overline{A})(A+B) = 1 \cdot (A+B) = A+B$。

特别提示：

在一个与或表达式中，如果一个乘积项（如 A）取反后是另一个乘积项（如 $\overline{A}B$）的因子，则此因子 $\overline{A}$ 是多余的。

（4）多余项定律：$AB + \overline{A}C + BC = AB + \overline{A}C$。

证：$AB + \overline{A}C + BC = AB + \overline{A}C + (A + \overline{A})BC = AB + \overline{A}C + ABC + \overline{A}BC = AB + \overline{A}C$。

推论：$AB + \overline{A}C + BCD = AB + \overline{A}C$。

推论左式中加多余项 BC，即可证明推论。

特别提示：

在一个与或表达式中，如果两个乘积项中的部分因子互补（如 AB 项和 $\overline{A}C$ 项中的 A 和 $\overline{A}$），而这两个乘积项中的其余因子（如 B 和 C）都是第 3 个乘积项中的因子，则这个第 3 项是多余的。

1.4.3 逻辑代数的三大规则

为了应用方便，我们总结了下面 3 个规则，利用这些规则可以扩充公式的使用范围。

1. 代入规则

逻辑等式中的任何变量 A，都可用另一函数式 Z 代替，等式仍然成立，这个规则称为代入规则。由于逻辑函数与逻辑变量一样，只有 0、1 两种取值，所以代入规则的正确性不难理解。代入规则可以扩大基本公式的应用范围。

例如，已知 $\overline{A+B}=\overline{A}\cdot\overline{B}$（反演律），若用 $B+C$ 代替等式中的 B，则可以得到适用于多变量的反演律，即 $\overline{A+B+C}=\overline{A}\cdot\overline{B+C}=\overline{A}\cdot\overline{B}\cdot\overline{C}$，这样就得到三变量的摩根定律。

同理可将摩根定律推广到 n 变量：

$$\overline{A_1+A_2+\cdots+A_n}=\overline{A_1}\cdot\overline{A_2}\cdots\cdots\overline{A_n}$$

$$\overline{A_1 A_2 \cdots A_n}=\overline{A_1}+\overline{A_2}+\cdots+\overline{A_n}$$

2. 反演规则

对于输入变量的所有取值组合，函数 F_1 和 F_2 的取值总是相反，则称 F_1 和 F_2 互为反函数，或称为互补函数，记作 $F_1=\overline{F_2}$ 或 $F_2=\overline{F_1}$。

由原函数求反函数，称为反演或求反。摩根定律是进行反演的重要工具。多次应用摩根定律，可以求出一个函数的反函数。但当函数较复杂时，求反过程就会相当烦琐。为此，人们从实践中归纳出求反的规则，具体如下：

对于任意一个逻辑函数 F，如果将其表达式中所有的算符"·"换成"+"，"+"换成"·"，常量"0"换成"1"，"1"换成"0"，原变量换成反变量，反变量换成原变量，则所得到的结果就是原函数 F 的反函数。

反演规则是反演律的推广，运用它可以简便地求出一个函数的反函数。运用反演规则时应注意以下两点：

（1）保持原式的运算顺序（先括号，然后按"先与后或"的原则运算）。

例如，$F=\overline{AB}+CD$ 的反函数应为 $\overline{F}=(A+B)(\overline{C}+\overline{D})$，若不加括号就变成了 $\overline{F}=A+B\overline{C}+\overline{D}$，显然是错误的。

（2）不属于单变量上的非号应保留不变。

【例 1-2】求 $F_1=\overline{\overline{AB}+\overline{C}\cdot D}+AC$，$F_2=A+\overline{B}+\overline{C+\overline{\overline{D+E}}}$ 的反函数。

解：$\overline{F_1}=[\overline{(\overline{A}+\overline{B})\cdot\overline{C}+\overline{D}}](\overline{A}+\overline{C})$

$\overline{F_2}=\overline{A}\cdot B\cdot\overline{\overline{C}\cdot D\cdot\overline{E}}$

3.　对偶规则

对于任何一个逻辑函数，如果将其表达式 F 中所有的算符"·"换成"+"，"+"换成"·"，常量"0"换成"1"，"1"换成"0"，而变量保持不变，则得出的逻辑函数式 F'（或 $F*$）就是 F 的对偶式。

例如，若 $F = A \cdot \overline{B} + A \cdot (C+0)$，则 $F' = (A + \overline{B}) \cdot (A + C \cdot 1)$；

若 $F = (A + \overline{B}) \cdot (A + C \cdot 1)$，则 $F' = A \cdot \overline{B} + A \cdot (C+0)$。

以上例子中 F' 是 F 的对偶式，不难证明 F 也是 F' 的对偶式，即 F 与 F' 互为对偶式。

任何逻辑函数式都存在着对偶式，若原等式成立，则对偶式也一定成立，即如果 $F=G$，则 $F'=G'$。这种逻辑推理关系称为对偶规则。

特别提示：

由原式求对偶式时，原式运算的优先顺序不能改变，且式中的非号也要保持不变。另外，应正确使用括号，否则就会发生错误。如函数式 $AB + \overline{A}C$，其对偶式应为 $(A+B) \cdot (\overline{A}+C)$，如果不加括号，就变成 $A + B \cdot \overline{A} + C$，这显然是错误的。

观察前面逻辑代数基本定律和公式，不难看出它们都是成对出现的，而且都是互为对偶的对偶式。利用对偶规则，可以使需要证明的公式数量减少一半，这为公式证明提供了方便。例如，已知乘对加的分配律成立，即 $A(B+C)=AB+AC$，则根据对偶规则有 $A+BC=(A+B)(A+C)$，即加对乘的分配律也成立。

1.4.4　逻辑函数的表示方法及相互转换

逻辑函数有多种表达方法，除了用语言描述，常用的方法还有逻辑表达式、逻辑真值表、逻辑图、波形图和卡诺图等。

1.　逻辑表达式和逻辑真值表

（1）逻辑表达式。

按照对应的逻辑关系，利用与、或、非等运算符号，描述输入/输出逻辑关系的函数表达式，称为逻辑表达式。前面所介绍的基本运算和复合逻辑运算公式都是最基本的逻辑表达式，不同的组合可得出多种逻辑表达式。常用表达式形式有与－或表达式、或－与表达式、与非－与非表达式、或非－或非表达式、与－或－非表达式 5 种。任何一个逻辑函数式都可以通过逻辑变换写成以上 5 种形式。

例如，逻辑表达式 $F = AB + \overline{A}C$，可以变化为以下 5 种形式

$$F = AB + \overline{A}C \qquad\qquad \text{与－或表达式} \qquad\qquad (1\text{-}1)$$

$$= (\overline{A} + B)(A + C) \qquad\qquad \text{或－与表达式} \qquad\qquad (1\text{-}2)$$

$$= \overline{\overline{AB} \cdot \overline{\overline{A}C}} \qquad\qquad \text{与非－与非表达式} \qquad\qquad (1\text{-}3)$$

$$= \overline{\overline{\overline{A} + B} + \overline{A + C}} \qquad\qquad \text{或非－或非表达式} \qquad\qquad (1\text{-}4)$$

$$= \overline{A\overline{B} + \overline{A}\,\overline{C}} \qquad\qquad \text{与－或－非表达式} \qquad\qquad (1\text{-}5)$$

这里要特别指出的是，一个逻辑函数的同一类型表达式也不是唯一的，上例中函数 F

的与－或表达式就有多种形式。如 $F=AB+\overline{A}C$ 就可以写成以下多种与－或表达式：

$$F = AB + \overline{A}C = AB + \overline{A}C + BC = AB + \overline{A}C + BC + BCD$$

特别提示：

逻辑表达式用规范的数学语言描述了变量之间的逻辑关系，十分简洁和准确，容易记忆；便于直接利用公式化简，且不受变量多少限制；其代数表达式有繁简不一的多种形式，但不能直观反映输出函数与输入变量之间的对应关系。

（2）逻辑真值表。

将输入变量的全部可能取值和相应的函数值排列在一起所组成的表格就是逻辑真值表。具有 n 个输入变量的逻辑函数，其取值的可能组合有 2^n 个。对于一个确定的逻辑关系，逻辑函数的真值表是唯一的。它的优点是：能够直观明了地反映变量取值和函数值之间的对应关系，而且从实际逻辑问题列写真值表也比较容易；复杂的逻辑问题往往先直接列出其真值表，再分析变量间的逻辑关系；另外，画波形图时用真值表也更加直接。其主要缺点是变量多时（4 个以上），列写真值表比较烦琐，而且不能运用逻辑代数公式进行逻辑化简。

（3）逻辑表达式和逻辑真值表之间的转换。

可以直接由逻辑问题的文字表述列出真值表；也可按照逻辑表达式对变量的各种取值进行计算，求出相应的函数值，再把变量值和函数值一一对应列成表格得到真值表。例如，上面 5 种形式都有 3 个输入变量，取值的可能组合共有 $2^3=8$ 个，代入表达式进行运算可得如表 1-11 所示的共同真值表。这说明逻辑真值表是唯一的，但是其代数表达式可以有繁简不一的形式。因而证明两个逻辑表达式等价与否的最有效方法，就是检查两个函数的真值表是否一致。

表 1-11　逻辑表达式（1-1）～（1-5）的共同真值表

A B C	F	A B C	F
0 0 0	0	1 0 0	0
0 0 1	1	1 0 1	0
0 1 0	0	1 1 0	1
0 1 1	1	1 1 1	1

反之，由真值表也可以很容易地得到逻辑表达式。首先把真值表中函数值等于 1 的变量组合挑出来，将输入变量值是 1 的写成原变量，是 0 的写成反变量，将同一组合中的各个变量（以原变量或反变量的形式）相乘。这样，对应于函数值为 1 的每一个变量组合就可以写成一个乘积项。然后把这些乘积项相加，就得到相应的逻辑表达式了。

为了书写方便，在逻辑表达式中，括号和运算符号可按下述规则省略。

① 对一组变量进行非运算时，可以不加括号。例如，$\overline{(AB+CD)}$ 可以写成 $\overline{AB+CD}$。

② 逻辑运算顺序先括号，再乘，最后加。表达式中，在不混淆的情况下，可以按照先乘后加的原则省去括号。例如，$(A \cdot B)+(C \cdot D)$ 可以写成 $A \cdot B + C \cdot D$，但 $(A+B) \cdot (C+D)$ 不能写成 $A+B \cdot C+D$。

2. 逻辑图

在数字电路中，用逻辑符号表示每一个逻辑单元以及由逻辑单元所组成的部件而得到的图形称为逻辑电路图，简称逻辑图。每一张逻辑图的输出与输入之间的逻辑关系，都可以用相应的逻辑函数来表示；反之，一个逻辑函数也可以用相应的逻辑图来表示。逻辑图的优点是逻辑符号和实际电路、器件有着明显的对应关系，能方便地按逻辑图构成实际电路图。同一逻辑函数有多种逻辑表达式，相应的逻辑图也有多种。

逻辑图与实际的数字电路具有直接对应的特点，是分析和设计数字电路不可缺少的中间环节。逻辑图有繁简不一的多种形式，但不能直接化简，不能直观反映输入、输出变量的对应关系。

（1）逻辑图转换为逻辑函数。

分析逻辑图所示的逻辑关系有两种方法：一是根据逻辑图列出函数真值表；二是根据逻辑图逐级写出输出端的逻辑函数表达式。

【例 1-3】分析图 1-9 中输入与输出之间的逻辑关系。

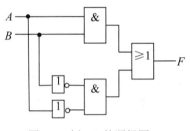

图 1-9　例 1-3 的逻辑图

解：根据逻辑图，由输入至输出逐级写出输出端的逻辑函数表达式为

$$F = AB + \overline{\overline{A}\,\overline{B}}$$

也可根据变量的各种取值，逐级求出输出 F 的相应值，列出逻辑函数的真值表，由真值表写出函数表达式。

列真值表对于简单的逻辑图是比较容易的，但当逻辑图稍微复杂一些（逻辑变量较多）时，就很麻烦。所以，写逻辑函数表达式是我们分析逻辑图时最常用的方法。例 1-3 中的逻辑图比较简单，对于多级较复杂的逻辑电路可以设置中间变量，多次代入求出逻辑表达式。

（2）根据逻辑函数表达式画出逻辑图。

逻辑函数表达式是由与、或、非等各种运算组合而成的，只要用对应的逻辑符号来表示这些运算，就可以得到与给定的逻辑函数表达式相对应的逻辑图。

【例 1-4】画出式（1-1）～式（1-5）5 种逻辑函数表达式所对应的逻辑图。

解：在这里把反变量看成独立变量，可得到如图 1-10 所示的逻辑图。从图中可以看出，其复杂或简洁情况有所不同。

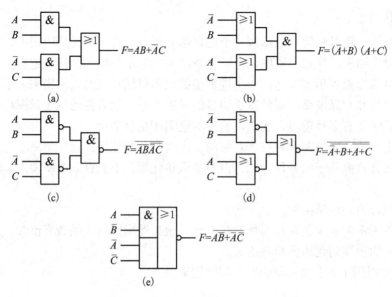

图 1-10　例 1-4 中同一函数的 5 种逻辑图

3. 波形图和卡诺图

数字电路的输入信号和输出信号随时间变化的电压或电流图称为波形图，又称为时序图。波形图能直观地表示变量和函数随时间变化的规律，可以帮助我们掌握数字电路的工作情况和诊断电路故障。

只要已知赋值确定的逻辑函数和输入信号波形，很容易根据逻辑真值表、逻辑表达式或逻辑图画出输出信号波形图；反过来，只要已知输入信号波形和输出信号波形，也很容易找到逻辑真值表，进而得到逻辑表达式、逻辑图。

特别提示：

已知输入信号波形和输出信号波形必须是完整的波形，即信号波形的高、低电平应包含有输入变量的全部 0、1 组合。

波形图直观地表示了数字电路输入/输出端电压信号的变化，是分析数字电路逻辑关系的重要手段，尤其在时序逻辑电路中应用更为广泛。卡诺图与真值表对应，主要用于逻辑函数表达式的化简，方法简单、容易掌握、应用广泛。波形图和卡诺图后面会有详细介绍。

综上所述，可得出如下结论：

针对同一逻辑函数可以有多种表示方法，它们所表述的逻辑实质上是一致的。这些表示方法各有特点，适应不同的场合，并且可以相互转换。

1.4.5　逻辑函数的最小项及其最小项表达式

1. 最小项的概念、编号及特点

（1）最小项的概念。

在 n 个变量的逻辑函数中，若 m 是包含 n 个因子的乘积项，而且这 n 个变量都以原变量或反变量的形式在 m 中出现且仅出现一次，则称 m 是这组变量的最小项。最小项中，n 个变量可以是原变量和反变量。两个变量 A、B 可以构成 $\overline{A}\,\overline{B}$、$\overline{A}B$、$A\overline{B}$、$AB$ 共 4 个最小项，3 个变量 A、B、C 可以构成 $\overline{A}\,\overline{B}\,\overline{C}$、$\overline{A}\,\overline{B}C$、$\overline{A}B\overline{C}$、$\overline{A}BC$、$A\overline{B}\,\overline{C}$、$A\overline{B}C$、$AB\overline{C}$、$ABC$ 共 8 个最小项，依此类推，可见 n 个变量的最小项共有 2^n 个。

（2）最小项的编号。

通常，为了书写方便，最小项可用符号 m_i 表示。

下标确定方法如下：

把最小项中变量按一定顺序排好，用 1 代替其中的原变量，用 0 代替其中的反变量，得到一个二进制数，该二进制数的等值十进制数即为相应最小项的编号。例如，上述三变量的 8 个最小项的编号依次为 0～7，n 个变量的 2^n 个最小项的编号为 0～2^n-1。

（3）最小项的特点。

由最小项的定义可知，其主要特点为：

① 对于任意一个最小项，有且仅有一组变量取值使其值为 1。

② 任意两个不同的最小项的逻辑乘恒为 0，即 $m_i \cdot m_j = 0 (i \neq j)$。

③ n 变量的全部最小项的逻辑和恒为 1，即

$$\sum_{i=0}^{2^n-1} m_i = 1$$

④ n 变量的每一个最小项有 n 个逻辑相邻项（只有一个变量不同的最小项）。例如，三变量的某一最小项 $\overline{A}\,\overline{B}\,\overline{C}$ 有 3 个相邻项 $A\overline{B}\,\overline{C}$、$\overline{A}B\overline{C}$、$\overline{A}\,\overline{B}C$。这种相邻关系对于逻辑函数化简十分重要。

2. 最小项表达式——标准与或式

如果在一个与或表达式中，所有与项均为最小项，则称这种表达式为最小项表达式，或称标准与或式、标准积之和式。例如，$F(A, B, C) = A\overline{B}\,\overline{C} + \overline{A}\,\overline{B}C + AB\overline{C}$ 是一个三变量的最小项表达式，它也可以简写为

$$F(A, B, C) = m_5 + m_4 + m_6 = \sum m(4, 5, 6)$$

这里借用普通代数中"$\sum$"表示多个最小项的累计或运算，圆括号内的十进制数表示参与运算的各个最小项的下标（编号）。

特别提示：

任何一个逻辑函数都可以表示为最小项之和的形式。最小项表达式可以从真值表中直接写出，也可以对一般表达式进行变换求得。

若给出逻辑函数的一般表达式，则首先通过运算将一般表达式转换为与或表达式，再对与或表达式反复使用公式 $A = A(B + \overline{B})$ 进行配项，补齐变量，就可以获得最小项表达式。

若给出逻辑函数的真值表，只要将真值表中使函数值为 1 的各个最小项相加，便可得出该函数的最小项表达式。由于任何一个逻辑函数的真值表都是唯一的，因此其最小项表

达式也是唯一的。它是逻辑函数的标准形式之一，因此又称为标准与或式。

对于一些变量较多，而且较简单的式子，利用补齐变量的方法十分烦琐，这时候借助真值表反而较简单。

根据最小项的性质，很容易得出以下最小项表达式的 3 个主要性质：

（1）若 m_i 是逻辑函数 $F(A, B, C, \cdots)$ 的一个最小项，则使 m_i=1 的一组变量取值，必定使 $F(A, B, C, \cdots)$=1。

（2）若 F_1 和 F_2 都是同变量 $(A, B, C, \cdots)$ 的函数，则 $Y=F_1+F_2$ 将包含 F_1 和 F_2 中的所有最小项，$F= F_1 \times F_2$ 将包含 F_1 和 F_2 中的公有最小项。

（3）反函数 $\overline{F}$ 的最小项由函数 F 包含的最小项之外的所有最小项组成。

【例 1-5】写出 $F = AB + \overline{B}C$ 最小项表达式。

解：
$$F = AB + \overline{B}C = AB(C+\overline{C})+(A+\overline{A})\overline{B}C$$
$$= AB\overline{C} + ABC + \overline{A}\,\overline{B}C + A\overline{B}C$$
$$= m_1 + m_5 + m_6 + m_7 = \sum m(1,5,6,7)$$

【思考与练习】

（1）在数字电路中，用什么符号来表示对立的两个状态？何为正逻辑？何为负逻辑？

（2）逻辑加运算与算术加运算有何不同？

（3）由与、或、非 3 种运算，是否可以实现任意逻辑运算？用与、或、非 3 种运算实现同或运算。

（4）用真值表证明公式 $A + BC = (A+B)(A+C)$。

（5）用逻辑代数基本公式证明 $ABC + \overline{A} + \overline{B} + \overline{C}$ =1。

（6）写出 4 变量的摩根定律表达式。

（7）反演规则和对偶规则有什么不同？

（8）逻辑真值表有什么特点？当逻辑赋值确定时，是否具有唯一性？当已知输入波形和输出波形时，是否一定能找到它们之间的逻辑关系？

（9）最小项和最小项表达式各有什么特点？如何求最小项表达式？

1.5 逻辑函数的化简

1.5.1 逻辑函数化简的意义和最简的与—或表达式

1. 逻辑函数化简的意义

直接根据实际逻辑要求而得到的逻辑函数可以用不同的逻辑表达式和逻辑图来描述。逻辑函数表达式简单，逻辑图就简单，实现逻辑问题所需要的逻辑单元就比较少，所需要的电路元器件也较少，电路则更加可靠。为此，在设计数字电路中，首先要化简逻辑函数表达式，以便用最少的门实现实际电路。这样既可降低系统的成本，又可提高电路的可靠性。

逻辑函数化简并没有一个严格的原则，但通常应遵循以下几条原则：

（1）逻辑电路所用的门最少；

（2）各个门的输入端要少；

（3）逻辑电路所用的级数要少；

（4）逻辑电路能可靠地工作。

例如，实现函数 $F = AB\overline{C} + A\overline{B}C + \overline{A}BC + B + \overline{A}B + BC$ 的逻辑图十分复杂，通过公式和定理可将函数化简为 $F=AC+B$，化简后的逻辑图如图 1-11 所示。

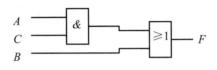

图 1-11　化简后的逻辑图

2. 最简的与－或表达式

不同类型的逻辑表达式的最简标准是不同的，最常用的是与－或表达式，由它很容易推导出其他形式的表达式；其他形式的表达式也可方便地变换为与－或表达式。下面我们以与－或表达式为例，介绍逻辑表达式的化简。

所谓最简的与－或逻辑表达式，应满足以下条件：

（1）乘积项的数目最少；

（2）在此前提下，每一个乘积项中变量的个数也最少。

只有满足以上条件，才能称为最简与－或表达式。例如，上例的 $F=AC+B$ 式就是最简与－或逻辑表达式。最常用的化简逻辑函数的方法有公式法（代数法）和卡诺图法。

1.5.2　逻辑函数的代数化简法

1. 常用的逻辑函数的代数化简法

代数化简法，又称为公式法，就是利用逻辑代数的基本公式、常用公式和运算规则对逻辑函数的代数表达式进行化简。由于逻辑表达式的多样性，代数化简法尚无一套完整的方法，能否以最快的速度化简而得到最简逻辑表达式，与使用者的经验和对公式掌握与运用的熟练程度有密切关系。下面介绍几种具体方法，供化简时参考。

（1）并项法。

利用公式 $AB + A\overline{B} = A$ 将两项合并成一项，并消去一个变量（互补因子）。

【例 1-6】化简函数 $F_1 = A\overline{B}\overline{C}D + AB\overline{C}D$；$F_2 = A\overline{B}\overline{C} + AB\overline{C} + ABC + A\overline{B}C$；

$\qquad F_3 = AB + CD + A\overline{B} + \overline{C}D$；$F_4 = \overline{A}\overline{B}C + A\overline{C} + B\overline{C}$。

解：$F_1 = A\overline{B}\overline{C}D + AB\overline{C}D = A\overline{C}D(B + \overline{B}) = A\overline{C}D$；

$\qquad F_2 = A\overline{B}\overline{C} + AB\overline{C} + ABC + A\overline{B}C = A\overline{C}(\overline{B} + B) + AC(B + \overline{B}) = A\overline{C} + AC = A$；

$\qquad F_3 = AB + CD + A\overline{B} + \overline{C}D = (AB + A\overline{B}) + (CD + \overline{C}D) = A + D$；

$\qquad F_4 = \overline{A}\overline{B}C + A\overline{C} + B\overline{C} = \overline{A}\overline{B}C + (A + B)\overline{C} = \overline{A}\overline{B}C + \overline{\overline{A}\overline{B}}\,\overline{C} = \overline{C}$。

（2）吸收法。

利用吸收律 $A+AB=A$ 消去逻辑函数式中多余的乘积项。

【例 1-7】化简函数 $F_1 = A\overline{B} + A\overline{B}CD(E+F)$ ； $F_2 = \overline{B} + A\overline{B}CD + \overline{B}C$ 。

解： $F_1 = A\overline{B} + A\overline{B}CD(E+F) = A\overline{B}$ ；

$\quad F_2 = \overline{B} + A\overline{B}CD + \overline{B}C = \overline{B}$ 。

（3）消去法。

利用公式 $A + \overline{A}B = A + B$ 消去逻辑函数式中某些乘积项中的多余因子。

【例 1-8】化简函数 $F_1 = AB + \overline{A}C + \overline{B}C$ ； $F_2 = \overline{A} + AB + DE$ ； $F_3 = \overline{B} + AB + A\overline{B}CD$ 。

解： $F_1 = AB + \overline{A}C + \overline{B}C = AB + (\overline{A}+\overline{B})C = AB + \overline{A\,B}C = AB + C$ ；

$\quad F_2 = \overline{A} + AB + DE = \overline{A} + B + DE$ ；

$\quad F_3 = \overline{B} + AB + A\overline{B}CD = \overline{B} + A + A\overline{B}CD = A + \overline{B}$ 。

（4）消去多余项法。

利用多余项公式 $AB + \overline{A}C + BC = AB + \overline{A}C$ 消去多余项。

【例 1-9】化简函数 $F_1 = AB + \overline{A}CD + BCDE(F+G)$ ； $F_2 = AB + AC + \overline{A}D + \overline{B}D + B\overline{C}$ 。

解： $F_1 = AB + \overline{A}CD + BCDE(F+G) = AB + \overline{A}CD$ ；

$\quad F_2 = AB + AC + \overline{A}D + \overline{B}D + B\overline{C} = AB + AC + (\overline{A}+\overline{B})D + B\overline{C}$

$\quad\quad = AB + AC + \overline{A\,B}D + B\overline{C} = AB + AC + D + B\overline{C}$

$\quad\quad = AC + D + B\overline{C}$ （AB 是 AC 和 $B\overline{C}$ 的多余项）。

（5）配项法。

利用重叠律 $A+A=A$ 、互补律 $A + \overline{A} = 1$ 和多余项公式 $AB + \overline{A}C = AB + \overline{A}C + BC$ ，先配项或添加多余项，然后再逐步化简。

① 利用重叠律 $A+A=A$ 。

【例 1-10】化简逻辑函数式 $F = \overline{A}\,\overline{B}C + \overline{A}B\overline{C} + A\overline{B}C + AB\overline{C}$ 。

解： $F = \overline{A}\,\overline{B}C + \overline{A}B\overline{C} + A\overline{B}C + AB\overline{C}$

$\quad = (\overline{A}\,\overline{B}C + A\overline{B}C) + (\overline{A}B\overline{C} + AB\overline{C}) + (A\overline{B}C + AB\overline{C}) = \overline{A}C + \overline{A}B + B\overline{C}$ 。

本例重复使用 $\overline{A}B\overline{C}$ 。

② 利用互补律 $A + \overline{A} = 1$ 。

【例 1-11】化简逻辑函数式 $F = \overline{A}\overline{B} + \overline{B}\overline{C} + BC + AB$ 。

解：利用 $A + \overline{A} = 1$ 添上因子展开，再并项吸收。

$F = \overline{A}\overline{B} + \overline{B}\overline{C} + BC + AB = \overline{A}\overline{B}(C+\overline{C}) + \overline{B}\overline{C} + BC(A+\overline{A}) + AB$

$\quad = \overline{A}\overline{B}C + \overline{A}\overline{B}\overline{C} + \overline{B}\overline{C} + ABC + \overline{A}BC + AB = \overline{A}C + \overline{B}\overline{C} + AB$ 。

上式也可在 $\overline{B}\overline{C}$ 和 AB 处分别乘上 $A + \overline{A}$ 和 $C + \overline{C}$ 。

$F = \overline{A}\overline{B} + \overline{B}\overline{C}(A+\overline{A}) + BC + AB(C+\overline{C})$

$\quad = \overline{A}\overline{B} + A\overline{B}\overline{C} + \overline{A}\overline{B}\overline{C} + BC + ABC + AB\overline{C}$

$\quad = \overline{A}\overline{B} + BC + A\overline{C}$ （并项、吸收）。

上式的化简说明同一形式的最简式也不唯一。

③ 反用多余项公式 $AB+\overline{A}C=AB+\overline{A}C+BC$，添加多余项，再并项吸收。

【例 1-12】利用公式 $AB+\overline{A}C=AB+\overline{A}C+BC$ 化简函数 $F=AB+\overline{A}C+\overline{B}C$。

解：$F=AB+\overline{A}C+\overline{B}C=AB+\overline{A}C+\overline{B}C+BC$（$BC$ 为 AB、$\overline{A}C$ 的多余项）

$=AB+\overline{A}C+C=AB+C$。

或

$F=AB+\overline{A}C+\overline{B}C=AB+\overline{A}C+\overline{B}C+AC$（$AC$ 为 AB、$\overline{B}C$ 的多余项）

$=AB+\overline{B}C+AC+\overline{A}C=AB+C$。

【例 1-13】利用公式 $AB+\overline{A}C=AB+\overline{A}C+BC$ 化简函数 $F=\overline{A}\overline{B}+\overline{B}\overline{C}+BC+AB$。

解：添加 $\overline{A}\overline{B}$ 和 BC 的多余项 $\overline{A}C$；则

$F=\overline{A}\overline{B}+\overline{B}\overline{C}+BC+AB=\overline{A}\overline{B}+\overline{B}\overline{C}+BC+AB+\overline{A}C=AB+\overline{A}C+\overline{B}\overline{C}$（$BC$ 是 $AB+\overline{A}C$ 的多余项，$\overline{A}\overline{B}$ 是 $\overline{B}\overline{C}+\overline{A}C$ 的多余项）。

同理，添加多余项 $A\overline{C}$，化简可得 $F=\overline{A}\overline{B}+BC+A\overline{C}$。

与【例 1-11】对比可知，化简方法不同，但结果相同。

2. 综合例子

化简一般逻辑函数时，往往需要综合运用上述几种方法，才能得到最简结果。

【例 1-14】化简 $F=AD+A\overline{D}+AB+\overline{A}C+BD+ACEF+\overline{B}EF+DEFG$。

解：$AD+A\overline{D}$ 并项得：$F=A+AB+\overline{A}C+BD+ACEF+\overline{B}EF+DEFG$；

$A+AB+ACEF$ 吸收得：$F=A+\overline{A}C+BD+\overline{B}EF+DEFG$；

$A+\overline{A}C$ 消去得：$F=A+C+BD+\overline{B}EF+DEFG$；

吸收多余项得：$F=A+C+BD+\overline{B}EF$。

实际解题时，不需要写出所用方法。

【例 1-15】化简函数 $F=\overline{\overline{A}\overline{B}+ABD}\cdot(B+\overline{C}D)$。

解：$F=\overline{\overline{A}\overline{B}+ABD}\cdot(B+\overline{C}D)=(A+B)(\overline{A}+\overline{B}+\overline{D})(B+\overline{C}D)$

$=(B+A\overline{C}D)(\overline{A}+\overline{B}+\overline{D})=\overline{A}B+B\overline{D}+A\overline{B}\overline{C}D$。

【例 1-16】化简函数 $F=(\overline{A}+\overline{B}+\overline{C})(B+\overline{B}C+\overline{C})(\overline{D}+DE+\overline{E})$。

解：$F=(\overline{A}+\overline{B}+\overline{C})(B+\overline{B}C+\overline{C})(\overline{D}+DE+\overline{E})$

$=(\overline{A}+\overline{B}+\overline{C})(B+C+\overline{C})(\overline{D}+E+\overline{E})=(\overline{A}+\overline{B}+\overline{C})\cdot1\cdot1=\overline{A}+\overline{B}+\overline{C}$。

另解：F 的对偶式为

$$\overline{A}\overline{B}\overline{C}+B(\overline{B}+C)\overline{C}+\overline{D}(D+E)\overline{E}=\overline{A}\overline{B}\overline{C}$$

由对偶规则可得：$F=\overline{A}+\overline{B}+\overline{C}$。

代数化简法没有固定的方法和步骤，对于复杂逻辑函数的化简，需要灵活使用各种方法、公式、定理和规则，才能得出最简逻辑表达式，并且函数的最简表达式不一定唯一。

3. 不同形式逻辑函数表达式的相互转化

逻辑函数表达式的多样性，决定了实现逻辑问题的逻辑电路的多样性。前面我们针对与或表达式进行了化简，但在实际应用中，大量使用与非、与或非等单元电路，这要求我们能将与或表达式转换为其他形式。

（1）与非－与非表达式。

最简与非表达式应满足：

① 与非项最少（假定原变量和反变量都已存在，即单个变量的非运算不考虑在内）；

② 每个与非门输入变量个数最少。

用两次求反法，可将已经化简的与－或表达式转换为两级与非－与非表达式。

【例 1-17】将 $F = AB + \overline{A}C$ 转换为与非－与非表达式。

解：利用反演率求反，将每个乘积项看成一个整体，可得

$$\overline{F} = \overline{AB + \overline{A}C} = \overline{AB} \cdot \overline{\overline{A}C}$$

第二次求反得：$F = \overline{\overline{F}} = \overline{\overline{AB} \cdot \overline{\overline{A}C}}$。

这里需要指出的是，如果逻辑电路的组成不限于二级与非门网络，情况就要复杂得多，用两次求反法得到的与非－与非表达式实际上不一定最简，需要根据实际情况进行变换，并且需要一定的灵活性和技巧性，这里仅举例说明。

【例 1-18】将 $F = AB + A\overline{C} + A\overline{D} + \overline{A}\,\overline{B}CD$ 转换为最简与非－与非表达式。

解：$F = AB + A\overline{C} + A\overline{D} + \overline{A}\,\overline{B}CD = A(B + \overline{C} + \overline{D}) + \overline{A}\,\overline{B}CD = A\overline{\overline{B}CD} + \overline{A}\,\overline{B}CD$。

用两次求反可得：$F = \overline{\overline{A\overline{\overline{B}CD}} \cdot \overline{\overline{A}\,\overline{B}CD}}$。

对应的逻辑图如图 1-12（a）所示。

直接用两次求反得

$$F = \overline{\overline{AB} \cdot \overline{A\overline{C}} \cdot \overline{A\overline{D}} \cdot \overline{\overline{A}\,\overline{B}CD}}$$

对应的逻辑图如图 1-12（b）所示。

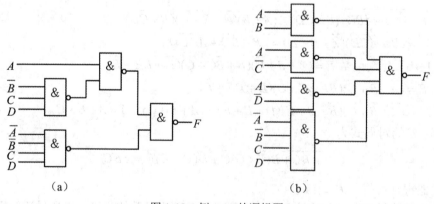

图 1-12　例 1-18 的逻辑图

观察图 1-12（a）、（b）可以看出，图 1-12（a）用了 4 个与非门，11 个输入端实现函数；图 1-12（b）用了 5 个与非门，14 个输入端实现函数。两者对比，显然第一种方法更简单。

（2）与－或－非表达式。

将与或表达式转化为与－或－非表达式的方法是对与或表达式两次求反。先求出 $\bar{F}$ 的与－或表达式，然后对 $\bar{F}$ 求反即可。

【例 1-19】将 $F = AB + \bar{A}C$ 转换为与－或－非表达式。

解：$F = AB + \bar{A}C = \overline{\overline{AB + \bar{A}C}} = \overline{(\bar{A} + \bar{B})(A + \bar{C})} = \overline{\bar{A}\bar{B} + A\bar{C}}$。

实际设计中，允许使用与或非门的地方，也允许使用非门，因此常用与或非门加非门的形式实现电路。

（3）或－与表达式和或非－或非表达式。

将与－或－非表达式按反演规则展开，即可变化为或－与表达式。将或－与表达式两次取反，用摩根定律展开一次即可得或非－或非表达式。

【例 1-20】将 $F = AB + \bar{A}C$ 转换为或－与表达式和或非－或非表达式。

解：$F = AB + \bar{A}C = \overline{\bar{A}\bar{B} + A\bar{C}} = (\bar{A} + B)(A + C)$

$= \overline{\overline{(\bar{A} + B)(A + C)}} = \overline{\overline{\bar{A} + B} + \overline{A + C}}$。

1.5.3　逻辑函数的卡诺图化简法

利用公式法化简逻辑函数，既要求熟练掌握公式和定理，还要有一定的技巧，且化简结果是否最简还难以确定。下面介绍一种既简单又直观的化简方法——卡诺图化简法。卡诺图是按相邻性原则排列的最小项的方格图，利用卡诺图可以方便地得出最简的逻辑函数表达式。

1.　逻辑函数的变量卡诺图

在逻辑函数的真值表中，输入变量的每一种组合都和一个最小项相对应，这种真值表也称最小项真值表。卡诺图就是根据最小项真值表按一定规则排列的方格图。对于有 n 个变量的逻辑函数，其最小项有 2^n 个，方格图中有 2^n 个小方格；每个小方格表示一个最小项，小方格排列规则要满足逻辑相邻、几何相邻原则。

所谓逻辑相邻，是指若两个最小项只有一个因子不同，其余因子均相同，那么就称这两个最小项逻辑相邻。几何相邻有 3 种情况：一是相接，即紧挨着；二是相对，即任意一行或一列的两头；三是相重，即对折起来位置重合。n 变量的卡诺图中，逻辑相邻项要排列在几何相邻位置。

利用上述排列原则，可以画出二、三、四、五变量的卡诺图，如图 1-13～图 1-16 所示。

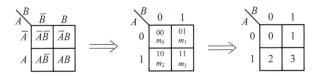

图 1-13　二变量卡诺图　　　　　　　　　　图 1-14　三变量卡诺图

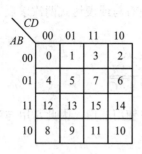

图 1-15　四变量卡诺图

图 1-16　五变量卡诺图

从图 1-13～图 1-16 中可以看出，卡诺图具有如下特点：

① 外标的 0 表示取变量的反变量，1 表示取变量的原变量。

② 卡诺图中，变量取值的顺序按格雷码（循环码）排列，保证了任何几何位置相邻的两个最小项在逻辑上都是相邻的；反之亦然。

③ 变量顺序确定的情况下，卡诺图有不同的写法。例如，图 1-13 所示为二变量卡诺图的 3 种写法，熟练后可不标最小项编号。

④ 改变变量行列顺序，可以画出不同形式的卡诺图，例如，图 1-14 所示的三变量卡诺图，可以把 C 作行，AB 作列。可见卡诺图的画法不唯一，但必须符合相邻性原则。实际中，一般根据字母顺序和先行后列的顺序画卡诺图。

⑤ 卡诺图也反映了 n 个变量的任何一个最小项有 n 个相邻项这一特点，例如，最小项 ABC 有 $\overline{A}BC$、$A\overline{B}C$、$AB\overline{C}$ 共 3 个逻辑相邻项。

⑥ 卡诺图直观明了地反映了最小项的相邻性，为化简提供了很大方便。随着输入变量的增加，图形也变得更加复杂，不仅画卡诺图麻烦，而且相邻项也越来越不直观，越来越难以辨认。例如，上述图 1-16 的五变量卡诺图已不方便辨认。因此，卡诺图只适于表示 5 个以下变量的逻辑函数。

2.　逻辑函数的卡诺图

任何逻辑函数都可以由最小项构成标准与或式，而卡诺图的每一个小方格都对应一个最小项，因此，只要将构成逻辑函数的最小项在卡诺图上相应的方格中填 1，其余的方格填 0（或不填），则可以得到该函数的卡诺图。也就是说，任何一个逻辑函数都等于其卡诺图上填 1 的那些最小项之和。下面举例说明用卡诺图表示逻辑函数的方法。

（1）根据逻辑函数的最小项表达式求函数卡诺图。

只要将表达式中包含的最小项在卡诺图对应的方格内填 1，没有包含的项填 0（或不填），就可得到函数卡诺图。

【例 1-21】用卡诺图表示逻辑函数 $Y = \overline{A}B + A\overline{B} + AB$。

解：$Y = \overline{A}B + A\overline{B} + AB = \sum m(1, 2, 3)$，其卡诺图如图 1-17 所示。

图 1-17　例 1-21 的卡诺图

（2）根据真值表画卡诺图。

因为真值表和逻辑卡诺图中的最小项完全对应，所以根据逻辑真值表，可以直接画出逻辑函数的卡诺图。

【例 1-22】画出表 1-12 所示真值表对应的卡诺图。

表 1-12　例 1-22 的真值表

A	B	C	Y
0	0	0	0
0	0	1	1
0	1	0	1
0	1	1	0
1	0	0	1
1	0	1	1
1	1	0	0
1	1	1	0

解：根据真值表可以直接画出如图 1-18 所示的卡诺图。

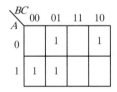

图 1-18　例 1-22 的卡诺图

（3）根据一般表达式画函数的卡诺图。

给出逻辑表达式的其他形式，要首先变成最小项表达式，找到最小项，再画卡诺图。

【例 1-23】用卡诺图表示逻辑函数 $F = BC + C\overline{D} + \overline{B}CD + \overline{A}CD$。

解：利用配项法可以得到其最小项表达式（过程省略）：

$$F = \sum m(1, 2, 3, 5, 6, 7, 10, 11, 14, 15)$$

从而可得 F 的卡诺图（见图 1-19）。

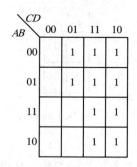

图 1-19　例 1-23 的卡诺图

熟练后，可以将一般与或表达式中每个与项在卡诺图上所覆盖的最小项处都填 1，其余的填 0（或不填），就可以得到该函数的卡诺图。

例如，上式中 BC：$B=1$，$C=1$ 对应的最小项方格为 m_6、m_7、m_{14}、m_{15}；$C\overline{D}$：$C=1$，$D=0$ 对应最小项方格为 m_2、m_6、m_{10}、m_{14}；$\overline{B}CD$：$B=0$，$C=1$，$D=1$ 对应的最小项方格为 m_3、m_{11}；$\overline{A}\,\overline{C}D$：$A=0$，$C=0$，$D=1$ 对应的最小项方格为 m_1、m_5。把对应的所有最小项方格填 1，所得卡诺图与图 1-19 相同。

3. 化简依据

根据并项公式可知，凡是逻辑相邻的最小项均可以合并，而卡诺图具有逻辑相邻、几何相邻的特性，因而几何位置相邻的最小项均可以合并。合并的结果是消去不同的变量，保留相同的变量。合并规则如下：

（1）两个相邻最小项可以圈在一起合并为一项，它所对应的与项由圈内没有变化的那些变量组成，可以直接从卡诺图中读出。与项中标注为 1 的写成原变量，标注为 0 的写成反变量。

图 1-20 所示的是两个 1 格合并后消去一个变量的例子，合并结果为（a）$\overline{B}C$；（b）$A\overline{C}$；（c）BCD；（d）$A\overline{B}D$；（e）$\overline{A}\,\overline{B}\,\overline{D}$；（f）$\overline{B}CD$。合并过程请读者自行分析。

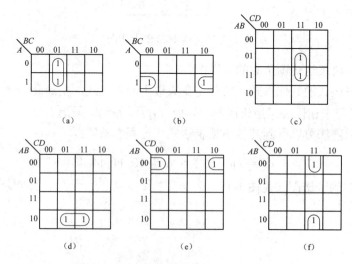

图 1-20　两个 1 格合并后消去一个变量

（2）4 个逻辑相邻项可合并为一项，消去两个取值不同的变量，保留相同的变量，标注与变量关系同上。图 1-21 所示的是 4 个 1 格合并后消去两个变量的例子。图 1-21 中的合并结果为（a）C；（b）$\overline{A}$；（c）$\overline{C}$；（d）$\overline{C}D$；（e）$\overline{A}C$；（f）$\overline{B}\overline{D}$；（g）$\overline{B}\overline{D}$。

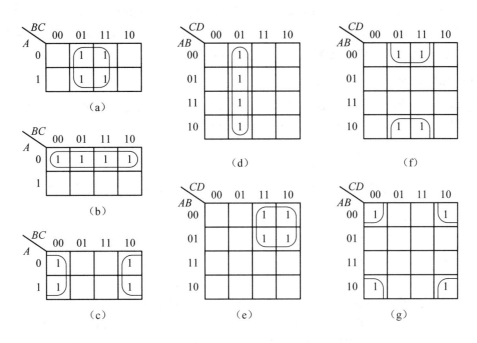

图 1-21 4 个 1 格合并后消去两个变量的例子

（3）8 个逻辑相邻项可合并为一项，消去 3 个取值不同的变量，保留相同的变量，标注与变量关系同上。图 1-22 所示的是 8 个 1 格合并后消去 3 个变量的例子。

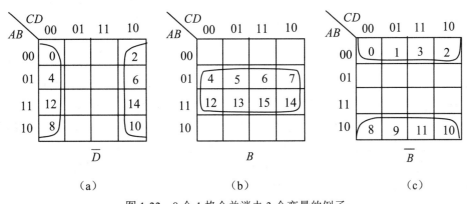

图 1-22 8 个 1 格合并消去 3 个变量的例子

总之，在 n 个变量卡诺图中，若有 2^k 个 1 格相邻（$k=1, 2, \cdots, n$），则它们可以圈在一起加以合并，合并后可消去 k 个不同的变量，简化为一个具有 $(n-k)$ 个变量的与项。若 $k=n$，则合并后可消去全部变量，结果为 1。合并圈越大，消去的变量数越多。

特别提示：

2^n 个相邻最小项才可合并，不满足 2^n 关系的最小项不可合并。如 2、4、8、16 共 4 个相邻项可合并，其他的均不能合并，而且相邻关系应是封闭的，如 m_0、m_1、m_3、m_2 共 4 个最小项，m_0 与 m_1、m_1 与 m_3、m_3 与 m_2 均相邻，且 m_2 和 m_0 还相邻。这样的 2^n 个相邻的最小项可合并。而 m_0、m_1、m_3、m_7，由于 m_0 与 m_7 不相邻，因而这 4 个最小项不可合并为一项。利用公式也可得到同样结果，读者自己可以去验证。

4. 化简方法

根据上述最小项的合并原则，可以利用卡诺图对逻辑函数进行化简，得到的基本形式是与或逻辑。利用卡诺图化简逻辑函数的步骤如下：

（1）画出逻辑函数的卡诺图；

（2）根据最小项合并规律，圈出全部相邻的"1"方格；

（3）将每个卡诺图圈写成相应的与项，并将它们相加，便可得到最简与或式。

5. 化简注意事项

在用卡诺图化简逻辑函数时，最关键的是画圈这一步。为了保证得到最简与或式，在圈方格群时应注意以下几个问题：

（1）圈内的 1 格数必须为 2^k 个方格，如 1、2、4、8 等。

（2）根据重叠律 $(A+A=A)$，任何一个 1 格可以多次被圈用。

（3）保证每个卡诺图圈内至少有一个 1 格只被圈一次。因为，如果在某个卡诺图圈中所有的 1 格均已被别的卡诺图圈圈过，则该圈为多余圈，所得乘积项为多余项。

（4）不能漏项。一般应先从只有一种圈法的最小项开始圈起。例如，某个为 1 的方格没有相邻项，要单独圈出。

（5）在卡诺图上应以最少的卡诺圈数和尽可能大的卡诺圈覆盖所有填 1 的方格，即满足最小覆盖。这样就可以求得逻辑函数的最简与或式。因为圈越大，可消去的变量就越多，与项中的变量就越少；又因为一个圈和一个与项相对应，圈数越少，与-或表达式的与项就越少。

【例 1-24】 用卡诺图化简法求逻辑函数 $F(A, B, C)=\sum(1, 2, 3, 6, 7)$ 的最简与-或表达式。

解：①画出该函数的卡诺图。根据函数 F 的标准与-或表达式中出现的那些最小项，在该卡诺图的对应小方格中填上 1，其余方格不填，结果如图 1-23 所示。

②合并最小项。把图中相邻且能够合并在一起的 1 格圈在一个大圈中，如图 1-23 所示。要注意如何使卡诺图圈数目最少，同时又要尽可能地圈得大些。

③写出最简与-或表达式。对卡诺图中所画每一个圈进行合并，保留相同的变量，去掉互反的变量，得到其相应的两个与项。

将这两个与项相加，便得到最简与-或表达式：$F = \overline{A}C + B$。

【例 1-25】 用卡诺图化简函数 $F(A,B,C,D) = \overline{A}\,\overline{B}CD + A\overline{B}\,\overline{C}D + AB\overline{C}D + \overline{A}BCD$。

解：依据该式可以画出该函数的卡诺图，如图 1-24 所示。化简后与-或表达式为 $F(A,B,C,D) = A\overline{C}D + \overline{B}CD$。

【例 1-26】 用卡诺图化简函数 $F(A,B,C,D) = \overline{A}\,\overline{B}\,\overline{C} + \overline{A}C\overline{D} + A\overline{B}C\overline{D} + A\overline{B}\,\overline{C}$。

解：从表达式中可以看出它为四变量的逻辑函数，不是最小项式。首先要将每个乘积项中缺少的变量补上，变成以下最小项式，即

$$F(A,B,C,D) = \overline{ABCD} + \overline{AB}C\overline{D} + \overline{A}BC\overline{D} + A\overline{BCD} + A\overline{B}C\overline{D} + A\overline{B}CD + ABC\overline{D}$$

依据该式可以画出该函数的卡诺图，如图 1-25 所示，化简可得表达式

$$F = \overline{BD} + \overline{BC} + \overline{ACD}$$

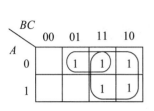
图 1-23　例 1-24 的卡诺图

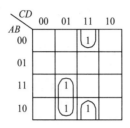
图 1-24　例 1-25 的卡诺图

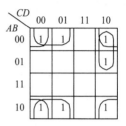
图 1-25　例 1-26 的卡诺图

图 1-26 给出了一些画圈的例子，供读者参考。

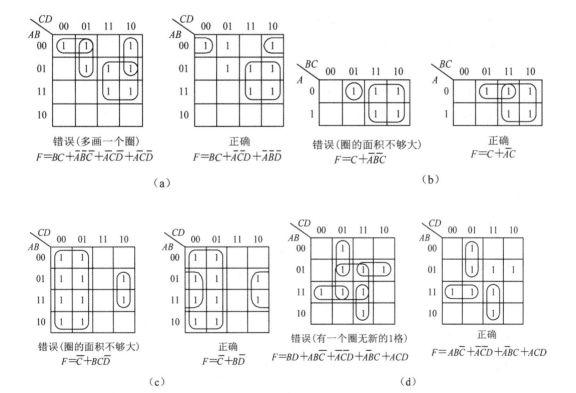

错误（多画一个圈）
$F = BC + \overline{ABC} + \overline{ACD} + \overline{ACD}$

正确
$F = BC + \overline{ACD} + \overline{ABD}$

（a）

错误（圈的面积不够大）
$F = C + \overline{ABC}$

正确
$F = C + \overline{AC}$

（b）

错误（圈的面积不够大）
$F = \overline{C} + BC\overline{D}$

正确
$F = \overline{C} + B\overline{D}$

（c）

错误（有一个圈无新的1格）
$F = BD + AB\overline{C} + \overline{ACD} + \overline{ABC} + ACD$

正确
$F = AB\overline{C} + \overline{ACD} + \overline{ABC} + ACD$

（d）

图 1-26　最小项合并举例

最后需要强调说明的是，同一卡诺图的正确圈法可能有多种，因此可以得到不同的最简与或表达式。

【例 1-27】利用卡诺图法画简函数 $F = \overline{AB} + \overline{BC} + AB + BC$。

解：首先将逻辑函数式变换为最小项表达式：

$$F = \overline{AB} + \overline{BC} + AB + BC = \sum m(0,1,3,4,6,7)$$

根据最小项表达式可以画出图 1-27（a）所示的逻辑函数卡诺图。此卡诺图有两种正确合并最小项的方法，分别如图 1-27（b）和图 1-27（c）所示。由图 1-27（b）和图 1-27（c）可以得出 $F = AB + \overline{AC} + \overline{BC}$，$F = \overline{AB} + BC + A\overline{C}$ 两种最简与一或表达式。

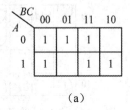
（a）

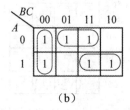
（b）

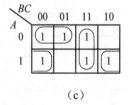
（c）

图 1-27　例 1-27 的卡诺图

特别提示：

根据最小项性质可知，合并为 0 的最小项，可得出该函数反函数的与或表达式。当函数卡诺图中 1 项较多时，多次重复使用 1 项，容易出错。这时可以在卡诺图上圈"0"方格，求其反函数，然后再用摩根定律取反即可。同时可以看出，由卡诺图求与或非式和或与式十分方便。

【例 1-28】化简函数 $F = \sum m(0\sim3,\ 5\sim11,\ 13\sim15)$。

解：画出此函数卡诺图［见图 1-28（a）］。卡诺图中 1 项较多，在卡诺图上圈"0"方格，如图 1-28（b）所示，可得其反函数 $\overline{F} = B\overline{C}\,\overline{D}$。然后再用摩根定律取反即可得

$$F = \overline{\overline{F}} = \overline{B\overline{C}\,\overline{D}} = \overline{B} + C + D$$

在卡诺图上圈"1"方格，如图 1-28（c）所示，可得其函数 $F = \overline{B} + C + D$。可见这两种方法结果相同。

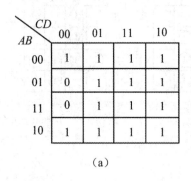
（a）

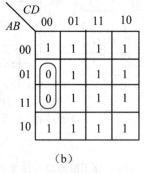
（b）

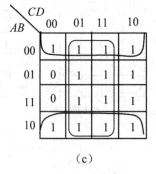
（c）

图 1-28　例 1-28 的卡诺图

6. 逻辑函数式中的无关项

在实际的逻辑关系中，有时会遇到这样一些情况，即逻辑函数的输出只与一部分最小

项有对应关系，而和其余的最小项无关，即余下的最小项是否写入逻辑函数式，都不会影响系统的逻辑功能。这些最小项称为无关项。无关项有两种情况，即任意项和约束项。

（1）任意项。

在设计逻辑系统时，我们有时只关心变量在某些取值组合情况下的函数值，而对变量的其他取值组合所对应的函数值不加限制，其为 0 或为 1 都可以。函数值可 0 可 1 的变量组合所对应的最小项常称为任意项。函数式中任意项加上与否，只会影响函数取值，不会影响系统的逻辑功能。

例如将 8421 BCD 码转换为十进制数，数码显示时，0000～1001 这 10 种取值是有效的 8421 BCD 码，电路只需要在这 10 种取值出现时显示相应的 0～9 共 10 个数码即可，其余六种取值 1010～1111 不是 8421 BCD 码的有效组合，此时输出变量的值为 0 或为 1，都不影响电路的正常功能，所以对应的 6 个最小项 m_{10}～m_{15} 就是一组任意项。

（2）约束项。

在实际的逻辑关系中，逻辑变量之间具有一定的制约关系，使得某些变量取值组合不可能出现，这些变量取值组合所对应的最小项称为约束项。显然，对变量所有的可能取值，约束项的值都等于 0。对变量约束的具体描述称为约束条件，可以用逻辑式、真值表和卡诺图来描述。在真值表和卡诺图中，约束项一般记作"×"或"ϕ"。

例如，用 3 个变量 A、B、C 分别表示加法、乘法和除法 3 种操作，因为机器是按顺序执行指令的，每次只能执行其中一种操作，所以任何两个逻辑变量都不会同时取值为 1，即三变量 A、B、C 的取值只可能出现 000、001、010、100，而不会出现 011、101、110、111。也就是说 A、B、C 是一组具有约束的逻辑变量，这个约束关系可以记作

$$AB=0，BC=0，AC=0，或 AB+BC+AC=0$$

用最小项表示，则有 $\overline{A}BC + A\overline{B}C + AB\overline{C} + ABC = 0$，或 $\sum d(3,5,6,7)=0$。

（3）有无关项逻辑函数的化简。

无论是任意项还是约束项，它们的值为 1 或 0 都不会影响电路正常逻辑功能的实现。我们可以充分利用这一特性，使有无关项的逻辑函数的表达式更简单。具体某个无关项的值是 1 还是为 0，以能得到逻辑函数的最简表达式为依据。

具有无关项逻辑函数的化简方法与一般逻辑函数的化简方法相同，可以利用公式和卡诺图化简，其最大区别是无关项可以灵活为 1 或 0，而其他项只能是 1 或 0。

公式法需要加上全部或部分最小项，具体选择哪些无关最小项加上，既需要对公式熟练掌握，又需要很大的灵活和技巧性。卡诺图化简法直观明了，哪些无关项为 1，哪些无关项为 0，在卡诺图中较易识别。下面举例讲解用卡诺图化简具有无关项逻辑函数的方法。

【例 1-29】化简函数 $F=\sum m(1,2,5,6,9)+\sum d(10,11,12,13,14,15)$，式中 d 代表无关项。

解：无关项用"×"表示，画出函数的卡诺图［见图 1-29（a）］。

若全部无关项取值都为 0，最小项合并如图 1-29（b）所示，可得 $F = \overline{B}C\overline{D} + \overline{A}C\overline{D} + \overline{A}C\overline{D}$。
若选择无关项 m_{10}、m_{13}、m_{14} 为 1，m_{11}、m_{12}、m_{15} 为 0，最小项合并，如图 1-29（c）所示，可得 $F = \overline{C}D + C\overline{D}$，其结果更为简单。由此可以验证，若无关项的取值采用另外的组合方式，化简所得的逻辑表达式都不如上式简单。

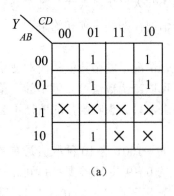 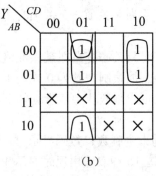 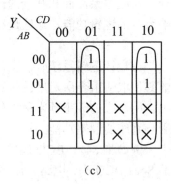

图 1-29 例 1-29 的卡诺图

【思考与练习】

（1）最简与－或表达式的标准是什么？

（2）代数化简的难点是什么？什么是最小项？有什么特点？

（3）什么叫逻辑相邻项？逻辑相邻的原则是什么？

（4）利用卡诺图化简时应注意什么？

（5）无关项有何特点？化简时如何处理？

项目 1 小结

数字电路的工作信号是一种离散的信号，称为数字信号。数字信号用二进制数来表示。0 和 1 的组合既可以表示数据的大小，也可以表示特定信息。表示特定信息的 0 和 1 的组合称为二进制代码，常用的有 BCD 码、ASCII 码和 ISO 码等。

逻辑代数是按一定逻辑规律进行运算的、反映逻辑变量运算规律的一门数学，它是分析和设计数字电路的数学工具。逻辑变量是用来表示逻辑关系的，它的取值只有 0 和 1 两种，它们代表的是逻辑状态，而不是数值大小。

逻辑代数有 3 种基本运算（与、或、非），应熟记逻辑代数的运算规则和基本公式。逻辑函数通常有 5 种表示方式，即逻辑真值表、逻辑表达式、卡诺图、逻辑图和波形图，它们之间可以相互转换。

逻辑函数的化简方法有公式法和卡诺图法两种。公式法适用于任何逻辑函数，但需要熟练掌握公式，还要有一定的运算技巧。卡诺图法在化简时比较直观、简便，也容易掌握，但不适合变量较多的复杂逻辑运算。

项目 1 习题

1-1 将下列十进制数转换为二进制数、八进制数和十六进制数。

（1）$(22.24)_{10}$； （2）$(108.08)_{10}$； （3）$(66.625)_{10}$。

1-2 将下列二进制数转换为十进制数、八进制数和十六进制数。

（1）$(111101)_2$； （2）$(0.10001011)_2$； （3）$(101101.001)_2$。

1-3 分别用 8421 BCD 码、余 3 码和格雷码表示十进制数 156。

1-4 用真值表证明下列恒等式：

（1） $A(B \oplus C) = AB \oplus AC$ ；

（2） $(\bar{A} + B)(A + C)(B + C) = (\bar{A} + B)(A + C)$ 。

1-5 用基本定律和运算规则证明下列恒等式：

（1） $(A + B + C)(\bar{A} + \bar{B} + \bar{C}) = A\bar{B} + \bar{A}C + B\bar{C}$ ；

（2） $\overline{A\bar{B} + \bar{A}C + B\bar{C}} = \bar{A}\bar{B}\bar{C} + ABC$ ；

（3） $A + A\bar{B}\bar{C} + \bar{A}CD + (\bar{C} + \bar{D})E = A + CD + E$ 。

1-6 利用公式法化简下列函数：

（1） $Y = AB(BC + A)$ ；

（2） $Y = (A \oplus B)C + ABC + \bar{A}\bar{B}C$ ；

（3） $Y = \overline{\overline{ABC}(B + \bar{C})}$ 。

1-7 将 $Y = AB + \bar{B}\bar{C} + A\bar{C} + AB\bar{C} + \bar{A}\bar{B}\bar{C}D$ 转换成最简的与或形式和与非形式，并画出最简与非逻辑图。

1-8 将函数 $Y = \bar{A}\bar{B} + B\bar{C} + \overline{\bar{A}BC} + \bar{A}B\bar{C}$ 展开为最小项表达式。

1-9 用卡诺图化简下列函数：

（1） $Y(A,B,C) = \sum m(0,2,4,5,6)$ ；

（2） $Y(A,B,C,D) = \sum m(0,1,2,3,4,5,8,10,11,12)$ ；

（3） $Y(A,B,C,D) = \sum m(2,6,7,8,9,10,11,13,14,15)$ 。

1-10 用卡诺图将函数 $Y(A,B,C,D) = \sum m(0,1,2,3,4,6,8,10,12,13,14,15)$ 化简成最简的与或式、与非－与非式、与或非式和或非－或非式。

1-11 用卡诺图化简下列具有约束条件的逻辑函数：

（1） $Y(A,B,C,D) = \sum m(0,1,2,3,6,8) + \sum d(10,11,12,13,14,15)$；

（2） $Y(A,B,C,D) = \sum m(2,4,6,7,12,15) + \sum d(0,1,3,8,9,11)$；

（3） $Y(A,B,C,D) = \sum m(0,2,4,6,9,13) + \sum d(3,5,7,11,15)$；

（4） $Y(A,B,C,D) = \sum m(0,13,14,15) + \sum d(1,2,3,9,10,11)$。

1-12 用卡诺图化简下列约束条件为 $AB + AC = 0$ 的函数，并写出最简与－或表达式：

（1） $F = \bar{A}B + A\bar{C}$ ；

（2） $F = \bar{A}\bar{B}C + \bar{A}BD + \bar{A}B\bar{D} + \bar{A}\bar{B}\bar{C}D$ ；

（3） $F = \bar{A}CD + \bar{A}BCD + \bar{A}\bar{B}D + A\bar{B}\bar{C}D$ 。

项目 2　逻辑门电路

【学习目标要求】

本项目从二极管、三极管的门电路开始，重点介绍常见的 TTL、CMOS 集成门电路及其应用。

读者通过本项目的学习，要掌握以下知识点和相关技能：

（1）熟悉常用 TTL、CMOS 集成门电路各项参数的含义。

（2）熟悉 TTL、CMOS 集成门电路相互连接的方法。

（3）熟练掌握常用 TTL、CMOS 集成门电路的逻辑功能及使用方法。

（4）学会集成逻辑门的使用方法和测试方法。

（5）能够正确识别和使用常用集成门和组合逻辑芯片。

2.1　逻辑门电路概述

实现基本逻辑运算和复合逻辑运算的电路单元，通称为逻辑门电路。它是按特定逻辑功能构成的系列开关电路，是构成各种复杂逻辑控制及数字运算电路的基本单元，应用极为广泛。常用的逻辑门在功能上有与门、或门、反相器（非门）、与非门、或非门、异或门、与或非门等。

逻辑门电路产品主要有双极型电路、单极型电路、Bi-CMOS 电路等。双极型集成逻辑门电路由双极型三极管、二极管构成，包括 TTL，ECL，I^2L 等；单极型集成逻辑门电路由 MOS 场效应晶体管构成，包括 NMOS、PMOS 和 CMOS 等几种类型；Bi-CMOS 是双极型-CMOS（Bipoler-CMOS）电路的简称。这种门电路的结构特点是逻辑功能部分采用 CMOS 结构，输出级采用双极型三极管，因此兼有 CMOS 门电路功耗低、抗干扰能力高和双极型门电路输出电阻值低、驱动能力大的优点。目前 Bi-CMOS 反相器的传输延迟时间可以减小到 1 ns 以下，驱动能力与 TTL 电路接近。由于 Bi-CMOS 系列电路工作速度极高，也可算作高速 CMOS 电路范围。

TTL 和 CMOS 集成电路是目前数字系统中最常用的集成逻辑门，一般属于 SSI 产品。这两种类型的集成电路正朝高速度、低功耗、高集成度的方向发展。

逻辑门电路中，半导体器件一般工作在开关状态，其输入和输出只有高电平 U_H 和低电平 U_L 两个不同的状态。高电平和低电平不是固定数值，允许有一定变化范围。TTL 和 CMOS 要求有所差别。

在逻辑门电路中，本书采用正逻辑分析，规定用 1 表示高电平，用 0 表示低电平。

【思考与练习】

（1）什么是逻辑门？

（2）双极型电路、单极型电路、Bi-CMOS 电路各有何特点？

2.2　3 种基本逻辑门电路

基本逻辑运算有与、或、非运算，相应的基本逻辑门电路有与门、或门、非门（又称反相器）。利用与、或、非门，能构成所有可以想象出的逻辑电路，如与非门、或非门、与或非门等。

2.2.1　二极管与门和或门电路

用电子电路实现逻辑关系时，它的输入/输出量均为电位（或电平）。输入量作为条件，输出量作为结果，输入/输出量之间满足逻辑关系，则构成逻辑门电路。

1. 二极管与门电路

图 2-1 所示为双输入单输出二极管与门电路（DTL）及逻辑符号。在图 2-1（a）中，A、B 为输入变量，L 为输出变量，用 5 V 正电源。取高、低电平为 3 V、0 V，二极管正向导通电压为 0.7 V，电路分析如下。

（1）A、B 端同时为低电平"0"时，二极管 VD_1、VD_2 均导通，使输出端 L 为低电平"0"（0.7 V）。

（2）当 A、B 中的任何一端为低电平"0"（0 V）时，阴极接低电位的二极管将首先导通，使 L 点电位固定在 0.7 V，此时阴极接高电位的二极管受反向电压作用而截止。这种现象称为二极管的钳位作用。此时，输出端为低电平"0"（0.7 V）。

（3）A、B 端同时为高电平"1"（3 V）时，二极管 VD_1、VD_2 均导通，输出端 L 为高电平"1"（3.7 V）。

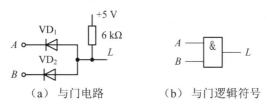

（a）与门电路　　　（b）与门逻辑符号

图 2-1　二极管与门电路及逻辑符号

把上述分析结果归纳列入功能表和真值表（正逻辑赋值），可以发现电路满足与逻辑关系，其逻辑表达式为 $L=A·B$。当与门有多个输入端时，可推广为 $L=A·B·C·…$。

2. 二极管或门电路

图 2-2 所示为双输入单输出二极管或门电路（DTL）及逻辑符号。在图 2-2（a）中，A、B 为输入变量，L 为输出变量。取高、低电平为 3 V、0 V，二极管正向导通电压为 0.7 V。读者可仿照上面方法进行分析，输入与输出信号状态满足"或"逻辑关系。其逻辑表达式为 $L=A+B$，当或门有多个输入端时，可推广为 $L=A+B+C+…$。

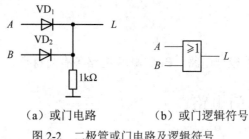

（a）或门电路　　　　（b）或门逻辑符号

图 2-2　二极管或门电路及逻辑符号

二极管门电路结构简单，价格便宜，但存在电平偏移现象，且抗干扰能力和带负载能力都很差，所以目前已很少使用。

【例 2-1】 3 输入二极管与门电路如图 2-3 所示。

已知二极管正向导通电压为 0.7 V，试问：

① 若 C 悬空或接地，对电路功能有何影响？

② 若在输出端接上 200 Ω 的负载电阻器，对电路功能有何影响？

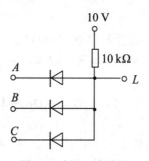

图 2-3　例 2-1 电路图

解：① 当 C 端悬空时，与 C 连接的二极管相当于开路。

输入 A、B 和输出 L 仍是与逻辑关系，即 $L=A \cdot B$。

可见，C 端悬空不影响电路其余输入和输出的逻辑关系。

当 C 端接地时，与 C 连接的二极管导通，使输出电平被钳位在 $U_L=0.7$ V，其余输入端的信号变化对输出基本无影响，电路不能实现逻辑与功能。

② 若在输出端接上 200 Ω 的负载电阻器，输出电平将受负载影响，可能输出的最大电压为

$$U_L = 10 \times \frac{200}{200 + 10 \times 1000} \approx 0.2 \text{ V}$$

此时，输入无论是低电平还是高电平，二极管均不能导通，失去了钳位作用，电路不能实现逻辑与功能。

2.2.2　三极管非门电路

非门只有一个输入端和一个输出端，输入的逻辑状态经非门后被取反。图 2-4 所示，为三极管非门电路及其逻辑符号。当输入端 A 为高电平 1（+5 V）时，选择合适参数晶体管饱和导通，L 端输出 0.2～0.3 V 的电压，属于低电平范围；当输入端为低电平 0（0 V）

时，晶体管截止，晶体管集电极－发射极间呈高阻状态，输出端 L 的电压近似等于电源电压，即输入与输出信号状态满足"非"逻辑关系。用以下逻辑表达式表示：$L=\overline{A}$。

在数字电路的逻辑符号中，若在输入端加一个小圆圈，则表示输入低电平信号有效；若在输出端加一个小圆圈，则表示将输出信号取反。

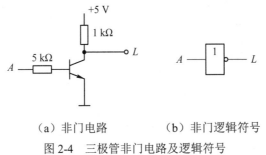

（a）非门电路　　　　（b）非门逻辑符号

图 2-4　三极管非门电路及逻辑符号

三极管非门电路结构简单，是一种具有放大功能的反相器，经常用作负载的驱动器。与三极管一样，MOS 管也可构成非门电路，读者可以自己去分析。

利用二极管与门、或门和三极管、MOS 管非门可以组合成与非、或非、与或非等各种分立逻辑门电路，但由于电气特性较差，实际应用中很少采用，现在已被集成电路所取代。

【思考与练习】

（1）基本逻辑门电路有哪几种？
（2）简述二极管的钳位作用。

2.3　TTL 集成逻辑门电路

TTL 集成逻辑门是最为常用的一种双极型集成电路。TTL 系列集成逻辑门电路主要由双极型三极管构成，由于输入级和输出级都采用三极管，所以称为三极管－三极管逻辑门电路（Transistor-Transistor Logic），简称为 TTL 电路。它的特点是速度较快、抗静电能力强、集成度低、功耗大。TTL 门一般用作单片机中小规模集成电路，其功能类型繁多，但其输入/输出结构相近。TTL 系列集成门电路生产工艺成熟，产品参数稳定，工作稳定可靠，目前广泛应用于中小规模集成电路。

2.3.1　典型 TTL 门电路

图 2-5 所示是高速 HTTL 与非门的典型电路。该电路由输入级、中间级、输出级 3 部分组成。

输入级由多发射极三极管 VT_1 和电阻器 R_1 构成。VT_1 有 1 个基极、1 个集电极和 3 个发射极，在原理上相当于基极、集电极分别连在一起的 3 个三极管。其电路结构如图 2-6（a）所示，输入级功能等效电路如图 2-6（b）所示，输入信号通过多发射极三极管实现"与"的作用。

特别提示：

输入特性与图 2-6（b）所示有较大差别。

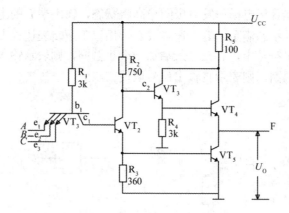

图 2-5　典型 TTL 与非门电路

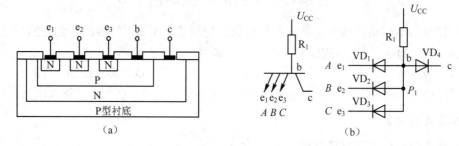

（a）　　　　　　　　　　　　　　　　（b）

图 2-6　多射极晶体管的结构及其等效电路

中间级由三极管 VT_2 和电阻器 R_2、R_3 组成，这一级又称为倒相级，即在 VT_2 的集电极和发射级同时输出两个相反的信号，能同时控制输出级的 VT_4、VT_5 工作在截然相反的工作状态。

输出级是由 VT_3、VT_4、VT_5 和电阻器 R_4、R_5 构成的"推拉式"电路，其中 VT_3、VT_4 复合管称为达林顿管。当 VT_5 导通时，VT_3、VT_4 截止，称为开门；反之，VT_5 截止时，VT_3、VT_4 导通，称为关门。

倒相级和输出级等效逻辑"非"的功能，电路实现逻辑非功能。

这种推拉式输出结构 TTL 集成门功能类型多，应用广泛。其结构相似，输入级都采用多发射极三极管或肖特基二极管，输出级都采用推拉式输出结构，这种输入/输出结构可以获得较高的开关速度和带负载能力。

2.3.2　集电极开路门和三态输出门

除了一般推拉式输出结构，还有两种特殊结构的 TTL 电路，即集电极开路门和三态输出门。

1．集电极开路门（OC）

（1）电路结构和逻辑符号。

在实际使用中，有时需要将多个门的输出端直接并联来实现"与"的功能，这种用"线"连接形成"与"功能的方式称为"线与"。

推拉式输出结构的 TTL 门电路"线与"时，会形成低阻通路，产生很大电流，可能造成电路无法正常工作，甚至损坏门电路（请读者思考原因）。基于此，人们研制出可以"线与"的集电极开路门，即 OC 门。集电极开路与非门电路及逻辑符号如图 2-7 所示。OC 门的电路特点是其输出管的集电极开路，正常工作时，必须在输出端和 $+U_{CC}$ 之间外接"上拉电阻器 R_C"。

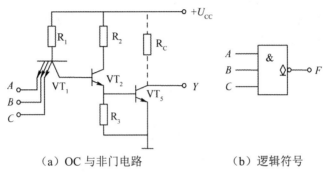

（a）OC 与非门电路　　　　　　（b）逻辑符号

图 2-7　OC 与非门电路及逻辑符号

多个门电路线与可以外接公用上拉电阻器。外接上拉电阻器 R_C 的选取应保证输出的高电平不低于输出高电平的最小值 U_{Ohmin}，输出的低电平不高于输出低电平的最大值 U_{OLmax}。同时，又能使输出三极管的负载电流不致于过大。上拉电阻器的计算方法，请查看相关资料。

OC 门外接电阻器的大小会影响系统的开关速度，其值越大，开关工作速度越低，故 OC 门只适用于开关速度要求不高的场合。

（2）应用。

OC 门可以实现线与逻辑功能，实现多路信号在总线（母线）上的分时传输，实现电平转换，以及驱动非逻辑性负载，等等。

① 实现线与逻辑功能。

两个 OC 门输出端并联的电路如图 2-8（a）所示，图 2-8（b）为其等效电路，公共输出端经上拉电阻器与电源连接。当两个 OC 门输出端 F_1、F_2 均为高电平，输出端 F 为高电平，两个 OC 门输出端 F_1、F_2 为低电平时，输出端 F 为低电平，逻辑表达式为 $F=F_1F_2$，实现了线与逻辑功能（非 OC 门不能进行这种线与）。

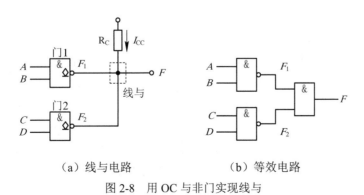

（a）线与电路　　　　　　（b）等效电路

图 2-8　用 OC 与非门实现线与

将 $F_1=\overline{AB}$，$F_2=\overline{CD}$ 代入 $F=F_1F_2$，则 $F=F_1F_2=\overline{AB}\cdot\overline{CD}=\overline{AB+CD}$。可见，OC 门很方便地实现了"与或非"运算，要比用其他门的成本低。

② 实现多路信号在总线（母线）上的分时传输。

OC 门可以实现多路信号在总线（母线）上的分时传输，如图 2-9 所示。图中 D_1、D_2、D_3、…、D_n 是要传送的数据，E_1、E_2、E_3、…、E_n 是各个 OC 门的选通信号。控制选通信号可以将数据传输到总线上。总线上的数据可以同时被所有的负载门接收；也可以加接选通信号，让指定的负载门接收。

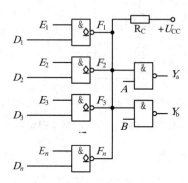

图 2-9 OC 门实现总线传输

③ 实现电平转换——抬高输出高电平。

由 OC 门的功能分析可知，OC 门输出的低电平 $U_{OL}\approx0.3$ V，高电平 $U_{OH}\approx U_{CC}$。所以，改变电源电压可以方便地改变其输出高电平。只要 OC 门输出管的 $U_{(BR)CEO}$ 大于 U_{CC}，即可把输出高电平抬高到 U_{CC} 的值。OC 门的这一特性，被广泛应用于数字系统的接口电路中，实现前级和后级的电平匹配。

④ 驱动非逻辑性负载。

图 2-10（a）所示为 OC 门驱动发光二极管（LED）的逻辑电路。图 2-10（b）所示为 OC 门驱动干簧继电器的逻辑电路。二极管 VD 保护 OC 门的输出管不被击穿。图 2-10（c）所示为 OC 门驱动脉冲变压器的逻辑电路，脉冲变压器与普通变压器的工作原理相同，只是脉冲变压器可工作在更高的频率上。图 2-10（d）所示为 OC 门驱动电容负载的构成锯齿波发生器的逻辑电路。

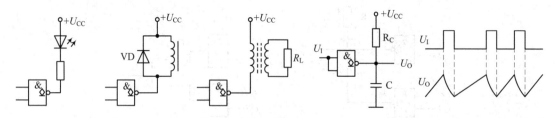

（a）驱动 LED （b）驱动继电器 （c）驱动脉冲变压器   （d）驱动电容负载构成锯齿波发生器

图 2-10 OC 驱动非逻辑性负载

2. 三态输出门（TS 门）

（1）电路结构和逻辑符号。

三态输出门（Three-State Output Gate）是在普通门电路的基础上附加控制电路而构成的，又称为 TSL 或 TS 门。普通 TTL 门的输出只有两种状态——逻辑 0 和逻辑 1，这两种状态都是低阻输出。三态逻辑（TSL）输出门除了具有这两种状态外，还具有高阻输出的第三种状态（或称禁止状态），这时输出端相当于悬空。在禁止状态下，三态门与负载之间无信号联系，对负载不产生任何逻辑功能，所以禁止状态不是逻辑状态，三态门也不是三值逻辑门，叫它"三态门"，只是为区别于其他门的一种方便称呼。

图 2-11（a）所示是一种三态与非门的电路图。从电路图中看出，它由两部分组成。上半部分是三输入与非门。下半部分为控制部分，是一个快速非门，控制输入端为 G，其输出一方面接到与非门的一个输入端，另一方面通过二极管 VD 和与非门的 V_3 管基极相连。

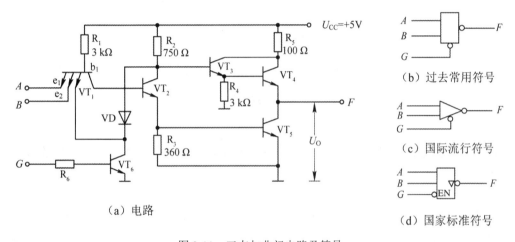

图 2-11　三态与非门电路及符号

在图 2-11（a）中，G 端为控制端，也叫选通端或使能端，A 端与 B 端为信号输入端，F 端为输出端。

当 $G=0$（G 端输入低电平）时，VT_6 截止，其集电极电位 U_{C6} 为高电平，使 VT_1 中与 VT_6 集电极相连的那个发射结也截止。由于和二极管 VD N 区相连的 PN 结全截止，故 VD 截止，相当于开路，不起任何作用。这时三态门和普通与非门一样，完成"与非"功能，即 $F = \overline{AB}$。这是三态门的工作状态，也叫选通状态。

当 $G=1$（G 端输入高电平）时，V_6 饱和导通，U_{C6} 为低电平，VD 导通，使 U_{C2} 被钳制在 1 V 左右，致使 VT_4 截止。同时 U_{C6} 使 VT_1 发射极之一为低电平，所以 VT_2、VT_5 也截止。由于同输出端相接的 VT_4 和 VT_5 同时截止，因而输出端相当于悬空或开路。此电路为低电平选通的三态与非门，符号如图 2-11（b）、（c）、（d）所示。图 2-11 逻辑符号中小圆圈标志，是低电平有效的三态门，若是高电平有效的三态门，逻辑符号中无小圆圈标志。

常见的 TTL 和 CMOS 三态门有三态与非门、三态缓冲门、三态非门（三态倒相门）和三态与门，逻辑符号如图 2-12 所示，G 为使能端。

低电平有效的三态门是指当 $G=0$ 时，三态门工作；当 $G=1$ 时，三态门禁止。其逻辑符号如图 2-12（a）所示。这类三态门也叫作低电平选通的三态门。

高电平有效的三态门是指当 $G=1$ 时，三态门工作；当 $G=0$ 时，三态门禁止。其逻辑符号如图 2-12（b）所示。这类三态门也叫作高电平选通的三态门。

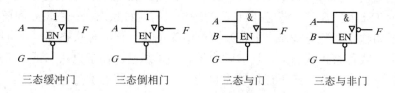

三态缓冲门　　　　三态倒相门　　　　三态与门　　　　三态与非门

（a）低电平选通的三态门逻辑符号

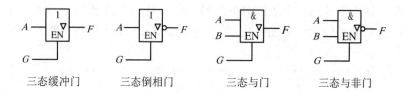

三态缓冲门　　　　三态倒相门　　　　三态与门　　　　三态与非门

（b）高电平选通的三态门逻辑符号

图 2-12　各种三态门的逻辑符号

（2）应用。

TS 门在数字系统中的应用十分广泛，可以实现总线上的分时传送以及信号的可控双向传送。

① 总线上的分时传送。

在数字系统总线结构中的三态门主要应用在数字系统的总线结构中，实现用一条总线有秩序地传送几组不同数据或信号，即实现多路数在总线上的分时传送，如图 2-13（a）所示。

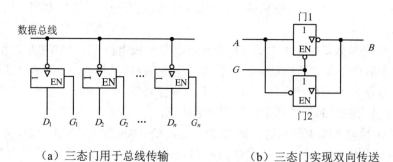

（a）三态门用于总线传输　　　　（b）三态门实现双向传送

图 2-13　三态门的应用

为实现这一功能，必须保证在任何时刻只有一个三态门被选通，即只有一个门向总线传送数据；否则，会造成总线上的数据混乱，并且损坏导通状态的输出管。也就是说，在任一时刻，只能有一个控制端为有效电平，使该门信号进入总线，其余所有控制端均应为无效电平，对应门处于高阻状态，以免影响总线上信号的传输。

传送到总线上的数据可以同时被多个负载门接收，也可在控制信号作用下让指定的负载门接收。

② 信号的可控双向传送。

利用三态门可以实现信号的可控双向传送，如图 2-13（b）所示。当 G=0 时，门 1 选通，门 2 禁止，信号由 A 传送到 B；当 G=1 时，门 1 禁止，门 2 选通，信号由 B 传送到 A。

3.　三态门和 OC 门的性能比较

三态门和 OC 门的结构不同，各具特点，具体比较如下：

（1）三态门的开关速度比 OC 门快。

（2）允许接到总线上的三态门的个数原则上不受限制，但允许接到总线上的 OC 门的个数受到上拉电阻器 R_C 取值条件的限制。

（3）OC 门可以实现"线与"逻辑，而三态门则不能。若把多个三态门输出端并联在一起，并使其同时选通，当它们的输出状态不同时，不但不能输出正确的逻辑电平，而且还会烧坏导通状态的输出管。

2.3.3　TTL 集成逻辑门电路的系列和类型

1.　TTL 系列

TTL 集成逻辑门电路有 74 和 54 两大系列，其中每种系列又有若干子系列产品。54 系列和 74 系列具有相同的子系列。两种系列的电路结构和电气性能参数基本相同，主要区别在于 54 系列比 74 系列的工作温度范围更宽，电源允许的工作范围也更大。74 系列工作温度范围为 0～70℃，而 54 系列为（-55～+125℃）；74 系列和 54 系列均为单电源供电（5 V），74 系列电源电压允许变化范围为±5%，54 系列电源电压允许变化范围为±10%。不同子系列 TTL 门在速度、功耗等参数上有所不同，所有 TTL 系列电路标准电源电压都是 5 V。例如，74 系列包括如下基本子系列。

（1）74：标准 TTL。

国际型号 74 标准系列为早期产品，电路中所用电阻器电阻值较大，输出级采用三极管和二极管串联的推拉式输出结构。每门功耗比 74H 高速系列低，约为 10 mW，平均传输延迟时间约为 10 ns。

（2）74H：高速系列简称 HTTL。

电路中所用电阻器电阻值较小，输出级采用达林顿管推拉式输出结构。它的特点是工作速度较标准系列高，平均传输延迟时间 t_{pd} 约为 6 ns，但每门功耗比较大，约为 20 mW。

（3）74S：肖特基系列。

74S 系列又称肖特基系列，电路简称 STTL。它在电路结构上进行了改进，采用抗饱和三极管和有源泄放电路。这样，既提高了电路的工作速度，也提高了电路的抗干扰能力。STTL 与非门的平均传输延迟时间 t_{pd} 约为 3 ns，每门功耗约为 19 mW。

（4）74LS：低功耗肖特基系列。

国际型号 74LS 系列又称低功耗肖特基系列，电路简称 LSTTL。它是在 STTL 的基础上加大了电阻器的电阻值，同时还采用了将输入端的多发射极三极管也用 SBD 代替等措施。这样，在提高工作速度的同时，也降低了功耗。LSTTL 与非门的每门功耗约为 2 mW，平均传输延迟时间 t_{pd} 约为 5 ns，这是 TTL 门电路中速度－功耗积较小的系列，因而得到广泛应用。

（5）74AS：先进肖特基系列。

国际型号 74AS 系列又称先进肖特基系列，电路简称 ASTTL。ASTTL 系列是为了进一步缩短延迟时间而设计的改进系列。其电路结构与 74LS 系列相似，但电路中采用了电阻值很小的电阻器，从而提高了工作速度，其缺点是功耗较大。每门功耗约为 8 mW，平均传输延迟时间 t_{pd} 约为 1.5 ns。较大的功耗限制了其使用范围。

（6）74ALS：先进低功耗肖特基系列。

74ALS 系列又称先进低功耗肖特基 TTL 系列，电路简称 ALSTTL。ALSTTL 系列是为了获得更小的延迟－功耗积而设计的改进系列。为了降低功耗，电路中采用了电阻值较大的电阻器。更主要的是在生产工艺上进行了改进，同时在电路结构上也进行了局部改进，因而使器件具有高性能。它的延迟－功耗积是 TTL 电路所有系列中最小的一种，每门功耗约为 1.2 mW，平均传输延迟时间 t_{pd} 约为 3.5 ns。

标准 TTL 和 HTTL 两个子系列的延迟－功耗积最大，综合性能较差，目前使用较少；而 LSTTL 子系列的延迟－功耗积很小，是一种性能优越的 TTL 集成电路，并且工艺成熟、产量大、品种全、价格便宜，是目前 TTL 集成电路的主要产品。ASTTL 系列和 ALSTTL 系列虽然性能有较大改善，但产品产量小、品种少、价格也较高，目前应用还不如 LSTTL 普及。

国产 TTL 主要产品有 CT54/74 标准系列、CT54/74H 高速系列、CT54/74S 肖特基系列和 CT54/74LS 低功耗肖特基系列。CT 的含义是中国制造 TTL 电路，以后 CT 可省略。

2. TTL 类型和功能

TTL 系列 TTL 集成逻辑门电路按功能可分为与门、或门、非门、与非门、或非门、与或非门、异或门等类型。

每个系列 TTL 电路都有很多功能类型，用不同数字代码表示，不同子系列 TTL 门电路中，只要器件型号后面几位数字代码相同，则它们的逻辑功能、外形尺寸、外引线排列都相同。例如 CT7400、CT74L00、CT74H00、CT74S00、CT74LS00、CT74AS00、CT74ALS00，它们都是四输入与非门，外引线都为 14 根且排列顺序相同，如图 2-14（a）所示。CT7420、CT74L20、CT74H20、CT74S20、CT74LS20、CT74AS20、CT74ALS20，它们都是二输入与非门，外引线都为 14 根且排列顺序相同，如图 2-14（b）所示。

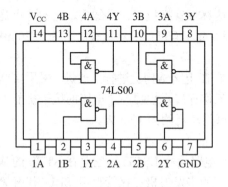
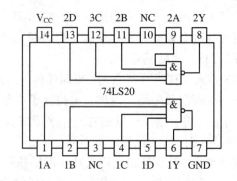

（a）74LS00 的管脚图　　　　　　　　（b）74LS20 的管脚图

图 2-14　74LS00 和 74LS20 的管脚图

特别提示：

为了满足生产实践中不断提出的各种特殊要求，例如高速、高抗干扰以及高集成度等，人们生产出了各种类型的双极型集成电路。TTL 只是其中应用最为广泛的一种，除 TTL 以外，还有二极管—三极管逻辑（Diode-Transistor Logic，简称 DTL）、高阈值逻辑（High Threshold Logic，简称 HTL）、发射极耦合逻辑（Emitter Coupled Logic，简称 ECL）和集成注入逻辑（Integrated Injection Logic，简称 IIL）等几种逻辑电路。

【思考与练习】

（1）什么是线与？普通 TTL 门电路为什么不能线与？哪种门电路可以线与？

（2）三态门输出有哪三种状态？为保证接至同一母线上的许多三态门电路能够正常工作的必要条件是什么？

（3）集电极开路门和三态门有何不同？

2.4　CMOS 集成逻辑门电路

2.4.1　CMOS 集成逻辑门电路的特点

MOS 逻辑门是用 MOS 管制作的逻辑门，MOS 逻辑电路有 PMOS、NMOS 和 CMOS 三种类型，目前最理想的是 CMOS 逻辑电路。

CMOS 逻辑电路一般是由 P 沟道和 N 沟道两种增强型 MOS 管构成的互补电路。CMOS 电路具有静态功耗低、抗干扰能力强、电源电压范围宽、输出逻辑摆幅大、输入阻抗高、扇出能力强、温度稳定性好、便于和 TTL 电路连接等优点。同时，由于它完成一定功能的芯片所占面积小，特别适用于大规模集成电路。它既适宜制作大规模数字集成电路，如寄存器、存储器、微处理器及计算机中的常用接口等，又适宜制作大规模通用型逻辑电路，如可编程逻辑器件等。它的缺点在于其工作速度比双极型组件略逊一筹，目前高速 CMOS 逻辑电路已可以与 TTL 相媲美。CMOS 门电路同样具有推拉式互补输出结构、漏极开路结构、三态输出结构三种结构形式。

2.4.2　典型 CMOS 集成门电路

CMOS 门电路的种类很多，主要有 CMOS 反相器、CMOS 与非门、CMOS 或非门以及 CMOS 传输门。任何复杂的 CMOS 电路都可以看成是由这几种典型门电路组成的。这里将介绍典型的 CMOS 反相器、CMOS 传输门。

1.　CMOS 反相器

CMOS 反相器是 CMOS 集成电路最基本的逻辑单元，如图 2-15 所示。它是由两个 MOS 场效应晶体管组成的。P 沟道 MOS 管与 N 沟道 MOS 管串联，它们的漏极连在一起作输出端，栅极连在一起作输入端。电源极性为正，与 PMOS 管的源极相连，NMOS 管的源极接地。为了使电路能正常工作，要求电源电压 $U_{DD} > U_{TN} + |U_{TP}|$。式中，$U_{DD}$ 的取值范围为 2～18 V，U_{TP}（<0）是 PMOS 管的开启电压，U_{TN}（>0）是 NMOS 管的开启电压。

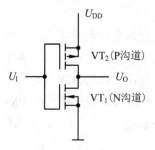

图 2-15　CMOS 门反相器电路

反相器的工作原理如下：

（1）当输入为高电平时，NMOS 管的栅源电压大于其开启电压，VT_1 导通；对于 PMOS 管 VT_2 而言，由于栅极电位高，栅源间电压绝对值小于其开启电压，该管截止，电路输出低电平。

（2）当输入为低电平时，VT_1 的栅源电压小于开启电压，VT_1 截止；VT_2 由于其栅极电位较低，栅源电压绝对值大于开启电压绝对值，VT_2 导通，电路输出高电平。

至此，电路完成了反相功能，即 $F = \overline{A}$。

当反相器处于稳定的逻辑状态时，无论是输出高电平还是输出低电平，两个 MOS 管中总有一个导通，另一个截止。电源只向电路提供纳安级的沟道漏电流，因而使得 CMOS 电路的静态功耗很低，这正是 CMOS 类型电路的突出优点。

CMOS 电路产品，一般加保护电路。

2. CMOS 传输门和双向模拟开关

CMOS 传输门也是 CMOS 集成电路的基本单元电路之一。传输门的功能，是对所要传送的信号起允许通过或禁止通过的作用，在集成电路中，主要用来作模拟开关以传递模拟信号。CMOS 传输门被广泛用于采样/保持电路、A/D 及 D/A 转换电路中。用 CMOS 集成技术制造的双向传输门开关接通时电阻值很小，断开时电阻值很大，接通与断开的时间可以忽略不计，已接近理想开关的要求。

（1）CMOS 传输门。

CMOS 传输门的电路和符号如图 2-16（a）、（b）所示。它由完全对称的 NMOS 管 VT_1 和 PMOS 管 VT_2 并联而成。VT_1 和 VT_2 的源极和漏极分别相接作为传输门的输入端和输出端。两管的栅极是一对互补控制端，C 端称为高电平控制端，$\overline{C}$ 端称为低电平控制端。两管的衬底均不和源极相接。NMOS 管的衬底接地，PMOS 管的衬底接正电源 U_{DD}，以便于控制沟道的产生。

设输入信号的变化范围为 $0 \sim U_{DD}$，控制信号的高电平为 U_{DD}，低电平为 0，电路的工作过程如下：

① 当 $C = 0$，$\overline{C} = 1$ 时，NMOS 管与 PMOS 管均处于截止状态，传输门截止，输入与输出之间呈现大电阻值状态（$R_{TG} > 1\,G\Omega$），传输门截止，相当于开关断开。

② 在 $C = 1$，$\overline{C} = 0$ 的情况下，当 $0 \leqslant U_I \leqslant (U_{DD} - U_{TN})$ 时，VT_1 导通，而当 $|U_{TP}| < U_I < U_{DD}$ 时，VT_2 导通。因此，U_I 在 $0 \sim U_{DD}$ 之间变化时，VT_1 和 VT_2 至少有一个是导通的，使 U_I 与 U_O 两端之间呈低电阻值状态（R_{TG} 小于 $1\,k\Omega$），传输门导通，相当于开关接通。

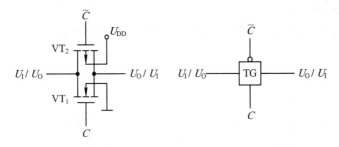

（a）传输门电路　　　　　　　　（b）逻辑符号

图 2-16　CMOS 传输门

若 CMOS 传输门所驱动负载为 R_L，则输出电压为

$$U_O = U_I \frac{R_L}{R_L + R_{TG}}$$

U_O 与 U_I 的比值称为电压传输系数 K_{TG}，为

$$K_{TG} = \frac{R_L}{R_L + R_{TG}}$$

为了保证电压传输系数尽量大而且稳定，要求所驱动负载 R_L 要远大于 VT$_1$，VT$_2$ 的导通电阻值。传输信号的大小对 MOS 管的导通电阻值影响很大，但是 CMOS 传输门中两个管子并联运行，且随着传输信号的变化，两个管子的导通电阻值一个增加一个减小，因而使传输信号的大小对传输门导通电阻值 R_{TG} 的影响极小，这是其显著优点。

由于 MOS 管在结构上的对称性，当输入/输出端互换时，传输门同样可以工作，因而可进行双向传输。

（2）模拟开关。

传输门的一个重要用途是作模拟开关，它可以用来传输连续变化的模拟电压信号。模拟开关的基本电路由 CMOS 传输门和一个 CMOS 反相器组成，如图 2-17（a）所示。图 2-17（b）所示是其逻辑符号。当 $C=1$ 时，开关接通；$C=0$ 时，开关断开。因此它只要一个控制电压即可工作。和 CMOS 传输门一样，模拟开关也是双向器件。

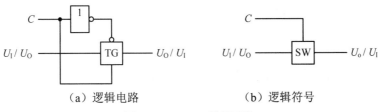

（a）逻辑电路　　　　　　　　（b）逻辑符号

图 2-17　CMOS 模拟开关

由于传输信号的大小对传输门导通电阻值 R_{TG} 的影响，传输门导通电阻值 R_{TG} 并不是常数，并且不够小，改进的国产四双向模拟开关 CC4066 的导通电阻值 R_{TG} 已下降到 240 Ω 以下，并且在传输信号变化时，R_{TG} 基本不变。目前一些精密 CMOS 模拟开关的导通电阻

值 R_{TG} 已下降到 20 Ω 以下。

利用传输门和 CMOS 反相器可以组合成各种复杂的逻辑电路，如数据选择器、寄存器和计数器等。

3. CMOS 漏极开路门和三态门

（1）CMOS 漏极开路门。

如同 TTL 电路中的 OC 门一样，CMOS 门的输出电路结构也可以做成漏极开路形式。CMOS 漏极开路门简称 OD 门。在 CMOS 电路中，CMOS 漏极开路门经常用作输出缓冲/驱动器，或用于输出电平转换，或用于驱动较大电流负载。同 TTL 电路中的 OC 门一样，CMOS 漏极开路门同样可以实现线与逻辑，同样需要外接上拉电阻器。

（2）CMOS 三态门。

CMOS 三态门和 TTL 三态门的逻辑符号以及逻辑功能与应用没有区别，但是在电路结构上，CMOS 三态门的电路要简单得多。一般在 CMOS 非门、与非门、或非门的基础上增加控制 MOS 管和传输门，就可以构成多种形式的 CMOS 三态门。

2.4.3 CMOS 集成门电路类型

CMOS 数字集成电路具有微功耗、高抗干扰能力、高集成度等突出优点，在大规模电路中被广泛应用。CMOS 数字集成电路系列有多种，基本结构相似，国内、国际上同系列同序号产品可以互换使用。同 TTL 门电路一样，CMOS 集成门电路也有 74 和 54 两大系列。74 和 54 系列的差别是工作温度范围有所不同，74 系列的工作温度范围较 54 系列小，54 系列适合在温度条件恶劣的环境下工作，74 系列适合在常规条件下工作。

CMOS 集成门电路的供电电源较宽。随着集成工艺的完善，CMOS 系列的速度不断提高。国产高速 CMOS 器件，目前主要有 MOS74/54HC×× 系列和 MOS74/54HCT××（T 表示与 TTL 兼容）两个子系列，它们的逻辑功能、外引线排列与同型号（最后几位数字）的 TTL 电路 CT74/54LS 系列相同，这为 HCMOS 电路替代 CT74/54LS 系列提供了方便。

超高速、低电压 CMOS 集成门电路已经出现，工作电源电压为 1.2～3.6 V，其工作频率可达 150 MHz。可以与 LSTTL 电路直接接口。目前开发出的 AHC/AHCT 系列，其工作频率可达 185 MHz。

【思考与练习】

（1）普通 CMOS 门电路为什么不能线与？

（2）CMOS 门电路有何突出优点？

2.5 集成逻辑门电路的性能参数及应用

2.5.1 集成逻辑门电路的性能参数

对器件的使用者来说，正确地理解器件的各项参数是十分重要的。集成门电路的性能指标主要包括直流电源电压、输入/输出逻辑电平、输入/输出电流、阈值电压、扇出系数、空载功耗和平均传输延迟时间等。

1. 直流电源电压

TTL 电路直流电源电压为 4.5～5.5 V，CMOS 电路直流电源电压有 5 V 和 3.3 V 两种。CMOS 电路的电源变化范围大，如 5 V CMOS 电路，电源电压在 2～6 V 内，能正常工作，3.3 V CMOS 电路，电源电压在 1.2～3.6 V 内，能正常工作。

2. 输入/输出逻辑电平

集成逻辑门电路有 4 个不同的输入/输出逻辑电平参数，它们都有一个许可范围，在许可范围内，电路可以确定是 1 还是 0，超越范围将会出现逻辑错误。

（1）输入高电平 U_{IH}：应满足 $U_{IH} > U_{IH(min)}$，$U_{IH(min)}$ 是输入高电平的最小值。

（2）输入低电平 U_{IL}：应满足 $U_{IL} < U_{IL(max)}$，$U_{IL(max)}$ 是输入低电平的最大值。

（3）输出高电平 U_{OH}：应满足 $U_{OH} > U_{OH(min)}$，$U_{OH(min)}$ 是输出高电平的最小值。

（4）输出低电平 U_{OL}：应满足 $U_{OL} < U_{OL(max)}$，$U_{OL(max)}$ 是输出低电平的最大值。

这些指标，对于 TTL、CMOS 有较大差别，具体请参阅有关资料。

3. 输入/输出电流

集成逻辑门电路有 4 个不同的输入/输出电流参数。

（1）高电平输入电流 I_{IH}：是指把门的一个输入端接高电平时，流入该输入端的电流，也叫输入漏电流。

（2）低电平输入电流 I_{IL}：常用输入短路电流 I_{IS} 表示，是指把门的一个输入端直接接地，由该输入端流向参考地的电流，又称低电平输入电流。

特别提示：

CMOS 的输入电流小于 TTL 的输入电流，TTL 输入端接电阻器时有限制。

（3）高电平输出电流 I_{OH}：输出电流过大，输出高电平将小于下限高电平。I_{OH} 有最大值，应保证 $I_{OH} < I_{OH(max)}$。一般流出门电路称拉流。

（4）低电平输出电流 I_{OL}：输出电流过大，输出低电平将大于上限低电平。I_{OL} 有最大值，应保证 $I_{OL} < I_{OL(max)}$。一般流入门电路称灌流。

CMOS 的输出电流小于 TTL 的输出电流。

4. 阈值电压

阈值电压也称门槛电压，用 U_{TH} 表示。U_{TH} 是电压传输特性的转折区中点所对应的 U_I 值，是输出高、低电平的分界线，阈值电压有一定范围，大于 $U_{IL(max)}$，小于 $U_{IH(min)}$。TTL 与 CMOS 的阈值电压差别很大。TTL 一般为 1.0～1.4 V；CMOS 的阈值电压与电源有关，一般约等于 1/2 电源。

5. 扇出系数

在正常工作范围内，门电路输出端允许连接的同类门的输入端数，称为扇出系数 N_O，它是衡量门电路带负载能力的一个重要参数。

N_O 由 I_{OL}/I_{IS} 和 I_{OH}/I_{IH} 中的较小者决定。一般 $N_O \geq 8$，N_O 越大，表明门的负载能力越强。例如，74LS00 与非门的 $I_{OH}=0.4$ mA，$I_{IH}=20$ μA，$I_{OL}=8$ mA，$I_{IL}=0.4$ mA，则扇出系数 $N_O=20$。

这说明一个 74LS00 与非门的输出端，最多可驱动 74LS 系列门电路（不一定是与非门）的 20 个输入端。

特别提示：

一般情况下，CMOS 的扇出系数大于 TTL 的扇出系数。

6. 空载功耗和平均传输延迟时间

（1）空载功耗。

输出端不接负载时，门电路消耗的功率叫空载功耗。定义为空载时电源电压与电源平均电流的乘积，包括静态功耗和动态功耗。

静态功耗是门电路输出状态不变时，门电路消耗的功率。静态功耗又分为截止功耗和导通功耗。截止功耗 P_{Dff} 是门输出高电平时消耗的功率；导通功耗 P_{Don} 是门输出低电平时消耗的功率。导通功耗一般大于截止功耗。

动态功耗是门电路的输出状态由 U_{OH} 变为 U_{OL}（或相反）时，门电路消耗的功率。动态功耗一般大于静态功耗。作为门电路的功耗指标通常是指空载静态功耗。

CMOS 电路的功耗较低，而且与频率关系密切，TTL 门电路的功耗较大，受工作频率影响较小。

（2）平均传输延迟时间 t_{pd}。

平均延迟时间是衡量门电路速度的重要指标，它表示输出信号滞后于输入信号的时间，如图 2-18 所示。输出电压由高电平跳变为低电平所经历的时间称为导通延迟时间，记作 t_{PHL}；输出电压由低电平跳变为高电平的传输延迟时间称为截止延迟时间 t_{PLH}。t_{pd} 为 t_{PHL} 和 t_{PLH} 的平均值，可用下式表示：

$$t_{pd} = \frac{1}{2}(t_{PHL} + t_{PLH})$$

t_{pd} 是衡量门电路开关速度的一个重要参数。通常，TTL、CMOS 门的 t_{pd} 在 3～40 ns 之间。

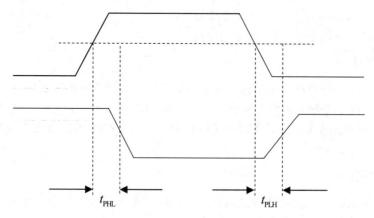

图 2-18　平均延迟时间 t_{pd}

（3）功耗延迟积 M。

门的平均延迟时间 t_{pd} 和空载导通功耗 P_{ON} 的乘积叫功耗延迟积，也叫品质因数，记作 M。

$$M = P_{ON} \cdot t_{pd}$$

若 P_{ON} 的单位是 mW，t_{pd} 的单位是 ns，则 M 的单位是 pJ（皮焦耳）。M 是全面衡量一个门电路品质的重要指标。M 越小，其品质越高。

此外，还有输入阻抗、噪声容限、开门电平和关门电平、开门电阻和关门电阻（TTL特有）等技术指标，具体请参阅有关资料或手册。

2.5.2 集成逻辑门电路的应用

1. 集成逻辑门电路的选择

设计一个复杂的数字系统时，需要用到大量的门电路。应根据各个部分的性能要求选择合适的门电路，以使系统经济、稳定、可靠，性能优良。

在优先考虑功耗，对速度要求不高的情况下，可选用 CMOS 门电路；当要求很高速度时，可选用 ECL 门电路。TTL 电路速度较高、功耗适中，产品丰富，无特殊要求时，均选用 TTL 电路。

2. 集成门电路的使用注意事项

在使用集成门电路时，应注意以下几个问题。

（1）电源电压的稳定及电源干扰的消除。

首先，电源电压不允许超出具体系列允许的范围。其次，为防止动态尖峰电流或脉冲电流通过公共电源内阻耦合到逻辑电路造成的干扰，须对电源进行滤波。通常采用在印刷电路上加接电容器的方式进行滤波。

（2）电路输出端的连接。

① 门电路输出端不能直接和地线或电源线相连。

② 所接负载不能超过规定的扇出系数，更不允许输出端短路，输出电流应小于产品手册上规定的最大值。

③ 一般门电路输出端不能直接并联使用。开路门输出端可以直接并联使用，但公共输出端和电源之间必须接上拉电阻器。三态门输出端可以直接并联使用，但在同一时刻只能有一个门工作，其他门输出都处于高阻值状态。

（3）多余输入端的处理方法。

TTL 门的输入端悬空，相当于输入高电平或低电平，但是，为防止引入干扰，通常不允许其输入端悬空。

MOS 门的输入端是 MOS 管的绝缘栅极，输入阻抗高，易受外界干扰的影响，它与其他电极间的绝缘层很容易被击穿。虽然内部设置有保护电路，但它只能防止稳态过压，对瞬变过压保护效果差。因此，MOS 门的闲置端不允许悬空。

闲置输入端应根据逻辑要求接低电平或高电平，在前级门的扇出系数有富余，且速度许可时，也可以和有用输入端并联连接。注意：TTL 门的输入端接电阻器时有要求。

（4）并联使用。

为提高电路的驱动能力，可将同一集成芯片内相同门电路的输入端和输出端并联使用。注意，只能是同一集成芯片。

（5）保护。

CMOS 电路容易产生栅极击穿问题，有时甚至会破坏电路的工作。为防止这种现象发生，应特别注意避免静电损失、输入电路的过流保护。

另外，在实际操作时，还要注意用线的布局，焊接的功率和时间以及焊剂的选取。

3. TTL 门电路和 CMOS 门电路的连接

TTL 门电路和 CMOS 门电路是两种不同类型的电路，它们的参数并不完全相同。因此，在一个数字系统中，如果同时使用 TTL 门和 CMOS 门，为了保证系统能够正常工作，必须考虑两者之间的连接问题。

TTL 门电路和 CMOS 门电路连接时，无论是用 TTL 门电路驱动 CMOS 门电路，还是用 CMOS 门电路驱动 TTL 门电路，驱动门都必须为负载门提供合乎标准的高、低电平和足够的驱动电流，也就是必须同时满足下列条件：

驱动门　　　　负载门

$$U_{\text{OH(min)}} \geqslant U_{\text{IH(min)}}$$

$$U_{\text{OL(max)}} \leqslant U_{\text{IL(max)}}$$

$$I_{\text{OH(max)}} \geqslant N_{\text{OH}}I_{\text{IH(max)}}$$

$$I_{\text{OL(max)}} \geqslant N_{\text{OL}}I_{\text{IL(max)}}$$

其中，N_{OH} 和 N_{OL} 分别为输出高、低电平扇出系数，上式左边为驱动门的极限参数，右边为负载门的极限参数。由于 TTL、CMOS 电路输入/输出特性参数具有不一致性，因此合理连接不同的电路十分重要。

如果不满足上面条件，必须增加接口电路。常用的方法有增加上拉电阻器、采用开路门、采用三极管放大、采用驱动门并接、采用专用接口电路等。

【思考与练习】

（1）如果将 TTL、CMOS 与非门、异或门和同或门作为非门使用，其输入端应如何连接？

（2）TTL 和 CMOS 电路相互驱动时，应注意哪些问题？

项目 2 小结

目前，普遍使用的数字集成电路基本上有两大类：一类是双极型数字集成电路。TTL，HTL，IIL，ECT 都属于此类电路。另一类是金属氧化物半导体（MOS）数字集成电路。PMOS，NMOS，CMOS 都属于此类电路。

在双极型数字集成电路中，TTL 与非门电路在工业控制上应用最广泛。对该电路要着重了解其外部特性和参数，以及使用时的注意事项。在 MOS 数字集成电路中，CMOS 电路是重点。由于 MOS 管具有功耗小、输入阻抗高、集成度高等优点，在数字集成电路中逐渐被广泛采用。

项目 2 习题

2-1 已知电路和两个输入信号的波形如图 2-19 所示，信号的重复频率为 1 MHz，每个门的平均延迟时间 t_{pd}=20 ns，试画出不考虑 t_{pd} 时的输出波形。若考虑 t_{pd} 时，输出波形会如何变化？

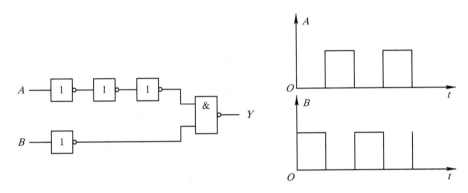

图 2-19 题 2-1 电路和输入波形

2-2 图 2-20 所示均为 TTL 门电路。

（1）写出 Y_1、Y_2、Y_3、Y_4 的逻辑表达式。

（2）若已知 A、B、C 的波形，分别画出 Y_1～Y_4 的波形。

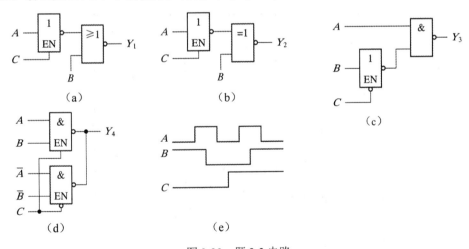

图 2-20 题 2-2 电路

2-3 TTL 门电路能否串接大电阻器？CMOS 门电路输入端能否悬空？请说明原因。

2-4 试判断图 2-21 所示 TTL 或 CMOS 电路能否按各图要求的逻辑关系正常工作？若电路的接法有错，则修改电路。

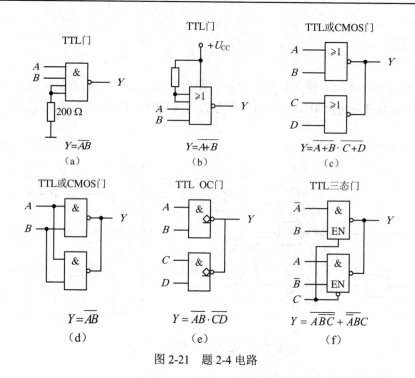

图 2-21 题 2-4 电路

2-5 试分析图 2-22 所示电路的逻辑功能，列出真值表，写出表达式，并说明这是一个什么逻辑功能部件。

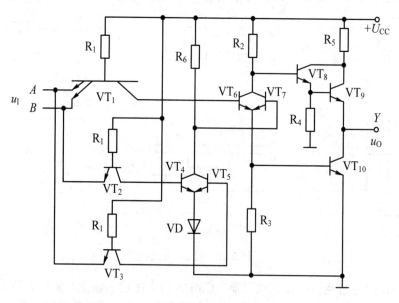

图 2-22 题 2-5 电路

2-6 用最少的二输入与非门和或非门实现 $F_1 = A+B+C+D$ 和 $F_2 = ABCD$。

项目 3 组合逻辑电路

【学习目标要求】

本项目从组合逻辑电路的分析方法和设计方法入手，详细介绍了组合逻辑电路的相关知识，介绍了常见的中规模组合逻辑芯片及其应用。

读者通过本项目的学习，要掌握以下知识点和技能：

（1）掌握组合逻辑电路的特点及分析方法、设计方法，了解组合逻辑电路的竞争冒险现象。

（2）了解中规模集成芯片（编码器、译码器、加法器、选择器及比较器）的电路结构。

（3）熟悉常用组合逻辑部件集成电路的真值表、使能端的作用及功能扩展，能够正确识别中小规模集成芯片的引脚排列。

（4）掌握常用中规模集成芯片的功能、特点及应用，能够分析简单的逻辑电路。

（5）掌握利用中规模集成芯片实现组合电路的方法。

（6）能够应用中小规模集成芯片进行简单的逻辑电路设计。

3.1 组合逻辑电路概述

按照逻辑功能的不同，数字逻辑电路可分为两大类：一类是组合逻辑电路（简称组合电路）；另一类是时序逻辑电路（简称时序电路）。本项目着重介绍组合逻辑电路，时序逻辑电路将在项目 5 中介绍。

3.1.1 组合逻辑电路的特点及类型

1. 组合逻辑电路的特点

所谓组合逻辑电路，是指电路在任一时刻的电路输出状态，只与同一时刻各输入状态的组合有关，而与前一时刻的输出状态无关。

为了保证组合电路的逻辑功能，组合电路在电路结构上要满足以下两点：

（1）输出/输入之间没有反馈延迟通路，即只有从输入到输出的通路，没有从输出到输入的回路。

（2）电路中不包含存储单元，例如触发器等。

组合电路没有记忆功能，这是组合电路功能上的共同特点。逻辑门电路就是简单的组合逻辑电路。

2. 组合逻辑电路的类型

组合逻辑电路的类型有多种。目前，集成组合逻辑电路主要有 TTL 和 CMOS 两大类产品。根据实际用途，常用产品可分为加法器、编码器、译码器、数据选择器、数值比较器和数据分配器等，它们都属于 MSI 产品。

3.1.2 组合逻辑电路的逻辑功能描述

构成组合逻辑电路的基本单元电路是门电路，它可以有多个输入端和多个输出端。组合电路的示意图如图 3-1 所示。它有 n 个输入变量（$X_1, X_2, X_3, \cdots, X_n$），有 m 个输出变量（$Y_1, Y_2, Y_3, \cdots, Y_m$），输出变量是输入变量的逻辑函数。

图 3-1　组合电路示意图

根据组合逻辑电路的概念，可以用下面逻辑函数表达式来描述该逻辑电路的逻辑功能：

$$Y_i = F_i(X_1, X_2, X_3, \cdots, X_n)(i=1, 2, 3, \cdots, n) \tag{3-1}$$

组合逻辑电路的逻辑功能除了可以用逻辑函数表达式来描述外，还可以用逻辑真值表、卡诺图和逻辑图等其他方法来描述。

【思考与练习】

（1）组合逻辑电路的特点是什么？
（2）逻辑门电路是组合逻辑电路吗？

3.2　组合逻辑电路的分析和设计

3.2.1　组合逻辑电路的分析

所谓组合逻辑电路的分析，就是根据给定的组合逻辑电路写出输出逻辑函数式和真值表，并指出电路的逻辑功能。有时还要检查电路设计是否合理。组合逻辑电路的分析过程一般按下列步骤进行。

（1）根据给定的逻辑电路，从输入端开始，逐级推导出输出端的逻辑函数表达式。表达式不够简明时，应利用公式法或卡诺图法化简逻辑函数表达式。

（2）根据输出函数表达式列出真值表。

（3）根据函数表达式或真值表的特点用简明文字概括出电路的逻辑功能。

通过实验测试也可得出组合逻辑电路的逻辑功能，这里不做介绍。

【例 3-1】分析如图 3-2 所示组合逻辑电路的功能。

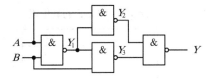

图 3-2   例 3-1 的组合逻辑图

解：① 写出如下逻辑表达式。

由图 3-2 可得

$$Y_1 = \overline{AB}, \quad Y_2 = \overline{A \cdot Y_1} = \overline{A \cdot \overline{AB}}, \quad Y_3 = \overline{Y_1 \cdot B} = \overline{\overline{AB} \cdot B}$$

由此可得电路的逻辑表达式为

$$Y = \overline{Y_2 Y_3} = \overline{\overline{A \cdot \overline{AB}} \cdot \overline{\overline{AB} \cdot B}}$$
$$= \overline{(\overline{A} + AB) \cdot (AB + \overline{B})}$$
$$= \overline{\overline{AB} + AB}$$

② 根据逻辑函数式可列出表 3-1 所示的真值表。

表 3-1   例 3-1 的真值表

A	B	Y
0	0	0
0	1	1
1	0	1
1	1	0

③ 确定逻辑功能。从逻辑表达式和真值表可以看出，电路具有"异或"功能，为异或门。

【例 3-2】分析图 3-3 所示组合逻辑电路的逻辑功能。

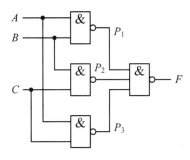

图 3-3   例 3-2 的组合逻辑图

解：根据给出的逻辑图，逐级推导出输出端的逻辑函数表达式为

$$P_1 = \overline{AB}, \quad P_2 = \overline{BC}, \quad P_3 = \overline{AC}$$
$$F = \overline{P_1 \cdot P_2 \cdot P_3} = \overline{\overline{AB} \cdot \overline{BC} \cdot \overline{AC}} = AB + BC + AC$$

根据逻辑函数式可列出表 3-2 所示的真值表。

表 3-2　例 3-2 的真值表

A B C	F
0　0　0	0
0　0　1	0
0　1　0	0
0　1　1	1
1　0　0	0
1　0　1	1
1　1　0	1
1　1　1	1

从逻辑表达式和表 3-2 所示的真值表可以看出，在 3 个输入变量中，只要有两个或两个以上的输入变量为 1，则输出函数 F 为 1，否则为 0。它表示了一种"少数服从多数"的逻辑关系。此电路在实际应用中可作为多数表决电路使用。该电路为三变量多数表决器。

3.2.2　组合逻辑电路的设计

组合逻辑电路的设计就是根据给定的实际逻辑问题，设计出能实现这一逻辑要求的最简逻辑电路。这里所说的"最简"，是指逻辑电路所用的逻辑器件数目最少，器件的种类最少，且器件之间的连线最简单。这样的电路又称"最小化"电路。这里要明确的是，"最小化"电路不一定是实际上的最佳逻辑电路。"最佳化"电路，是逻辑电路的最佳设计，必须从经济指标和速度、功耗等多个指标综合考虑，才能设计出最佳电路。

组合逻辑电路可以采用小规模集成电路来实现，也可以采用中规模集成电路器件或存储器、可编程逻辑器件来实现。虽然采用中、大规模集成电路设计时，其最佳含义及设计方法都有所不同，但采用传统的设计方法仍是数字电路设计的基础。组合逻辑电路的设计一般可按以下步骤进行。

1.　进行逻辑抽象

将文字描述的逻辑命题转换成逻辑真值表叫逻辑抽象。进行逻辑抽象时应该注意以下几点：

（1）要分析逻辑命题，确定输入/输出变量，一般把引起事件的原因定为输入变量，而把事件的结果定为输出变量。

（2）用二值逻辑的 0、1 两种状态分别对输入/输出变量进行逻辑赋值，即确定 0，1 的具体含义。

（3）根据输出与输入之间的逻辑关系列出真值表。

2.　根据真值表写出与选择器件类型相应的逻辑函数表达式

（1）根据对电路的具体要求和器件的资源情况选择器件类型。

（2）根据逻辑真值表写出逻辑函数表达式。

（3）根据实际要求把逻辑函数表达式化简或变换为与所选器件相对应的表达式形式。

特别提示：

当采用 SSI 集成门设计时，为了获得最简单的设计结果，应将逻辑函数表达式化简，一般化简为最简与一或式。若对所用器件种类有附加的限制，则要将逻辑函数表达式变换为和门电路相对应的最简式。例如，若实际要求只允许使用单一与非门，则要把逻辑函数表达式变换为与非一与非式。

当选用 MSI 组合逻辑器件设计电路时，需要把逻辑函数表达式变换为与 MSI 逻辑函数式相对应的形式，这样才能得到最简电路。每个 MSI 器件的逻辑功能都可以写成一个逻辑函数式。

选用存储器和可编程逻辑器件设计组合逻辑电路的方法与前面不同。选用 MSI 和选用存储器以及可编程逻辑器件设计组合逻辑电路的方法将在后续章节中介绍，本节只介绍采用 SSI 集成门设计组合逻辑电路的方法。

目前用于逻辑设计的计算机辅助设计软件几乎都具有对逻辑函数进行化简和变换的功能，因而在采用计算机辅助设计时，逻辑函数的化简和变换都是由计算机自动完成的。

3. 根据逻辑函数表达式及选用的逻辑器件画出逻辑电路图

至此，理论上原理性设计已经完成。这里要指出的是，把逻辑电路实现为具体的电路装置还需要进行工艺设计，最后还要组装、调试。这部分内容本书不做介绍，读者可参阅有关资料。

【例 3-3】有 3 个班学生上自习，大教室能容纳两个班学生，小教室能容纳 1 个班学生。设计两个教室是否开灯的逻辑控制电路，要求：1 个班学生上自习，开小教室的灯；两个班上自习，开大教室的灯；3 个班上自习，两教室均开灯。

解：①根据电路要求，设输入变量 A、B、C 分别表示 3 个班学生是否上自习。1 表示上自习，0 表示不上自习；输出变量 Y、G 分别表示大教室、小教室的灯是否亮，1 表示亮，0 表示灭。由此可以列出真值表如表 3-3 所示，卡诺图如图 3-4 所示。

表 3-3　例 3-3 的真值表

A	B	C	Y	G
0	0	0	0	0
0	0	1	0	1
0	1	0	0	1
0	1	1	1	0
1	0	0	0	1
1	0	1	1	0
1	1	0	1	0
1	1	1	1	1

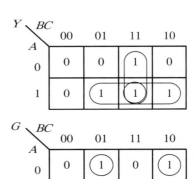

图 3-4　例 3-3 的卡诺图

② 将图 3-4 所示的卡诺图化简并变换可得：

$$Y = AB + BC + AC = \overline{\overline{AB} \cdot \overline{BC} \cdot \overline{AC}}$$

$$G = \overline{A}\,\overline{B}C + \overline{A}B\overline{C} + A\overline{B}\,\overline{C} + ABC = \overline{A}(B \oplus C) + A(B \odot C\text{或}\overline{B \oplus C}) = A \oplus B \oplus C$$

$$G = \overline{\overline{A}\,\overline{B}C} + \overline{A}B\overline{C} + A\overline{B}\,\overline{C} + ABC = \overline{\overline{\overline{A}\,\overline{B}C}\ \overline{\overline{A}B\overline{C}}\ \overline{A\overline{B}\,\overline{C}}\ \overline{ABC}}$$

③ 根据逻辑式画逻辑图如图 3-5 所示。用与门、或门和异或门实现的逻辑电路图如图 3-5（a）所示，用与非门实现的逻辑电路图如图 3-5（b）所示。若要求用与非门实现，首先将化简后的与或逻辑表达式转换为与非形式；然后再画出如图 3-5（b）所示的逻辑图。本例也可用或非门和与或非门实现读者可自己去做。

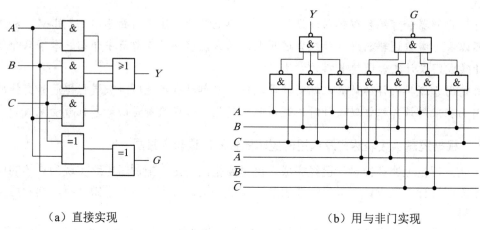

（a）直接实现　　　　　　　　　　　（b）用与非门实现

图 3-5　例 3-3 的逻辑图

*3.2.3　组合电路的竞争冒险现象

前面在对组合电路的分析和设计中，都是考虑电路在稳态时的工作情况，并未考虑门电路的延迟时间对电路产生的影响。实际上从信号输入到稳定输出需要一定的时间。由于从输入到输出存在不同的通路，而在这些通路上门电路的级数不同，并且门电路平均延迟时间也存在差异，因而信号经过不同路径输入到输出级所需的时间不同，这就可能会使电路输出干扰脉冲（电压毛刺），造成系统中某些环节误动作，通常这种现象被称为竞争冒险。

1.　竞争冒险的产生原因

在图 3-6（a）所示电路中，与门 G_2 的输入是 A 和 $\overline{A}$ 两个互补信号。由于 G_1 的延迟，$\overline{A}$ 的下降沿要滞后于 A 的上升沿，因此在很短的时间内，G_2 的两个输入端都会出现高电平，这样就会在它的输出端短暂出现一个高电平脉冲，如图 3-6（b）所示。与门 G_2 的两个输入信号通过不同路径在不同时刻到达的现象为竞争，由此产生输出干扰脉冲的现象称为冒险。在图 3-6 所示电路中，产生高电平尖峰脉冲的现象，称为 1 型冒险；产生低电平尖峰脉冲的现象，称为 0 型冒险。在图 3-7（a）所示电路中，会出现 0 型冒险；图 3-7（b）所示为其竞争冒险波形。

由以上分析可以看出，在组合逻辑电路中，当一个门电路的两个输入信号到达时间不同且向相反方向变化时，则在输出端可能出现不应有的尖峰脉冲，这是产生冒险的主要原因。尖峰脉冲只发生在输入信号转化瞬间，在稳定状态下是不会出现的。

对于速度要求不高的数字系统，尖峰脉冲影响不大；但是对于高速工作的数字系统，尖峰脉冲将使系统逻辑混乱，不能正常工作，这是必须要克服的。为此，应当识别电路是否存在竞争冒险，并采取措施加以消除。

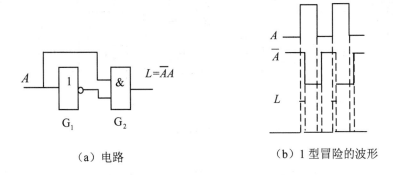

（a）电路 　　　　　　　　　　　（b）1 型冒险的波形

图 3-6 产生 1 型冒险的电路和波形

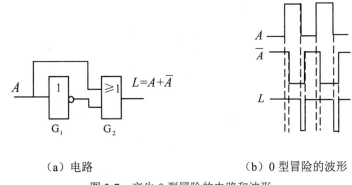

（a）电路 　　　　　　　　　　　（b）0 型冒险的波形

图 3-7 产生 0 型冒险的电路和波形

2. 竞争冒险的判断和识别

对于已经设计出的组合逻辑电路必须进行竞争冒险的判断和识别，常用的方法主要有以下几种。

（1）代数法判断。

在输入变量每次只有一个改变状态的简单情况下，可以通过逻辑函数式判断组合逻辑电路是否有竞争冒险存在。假若输出端门电路的两个输入信号 A 和 $\overline{A}$ 是经过不同的传输通路而来的，那么当变量 A 的状态发生变化时，输出端必然存在竞争冒险。因此，只要输出函数在一定条件下能简化成 $Y = A + \overline{A}$ 或 $Y = A \cdot \overline{A}$，就可以判定存在竞争冒险。

【例 3-4】试判断图 3-8 所示电路是否存在竞争冒险。已知输入变量每次只有一个改变状态。

解：在图 3-8（a）所示电路中，当 $B = C = 1$ 时，输出逻辑函数式为

$$Y_1 = AB + \overline{A}C = A + \overline{A}$$

所以图 3-8（a）所示电路存在竞争冒险，应该为 0 型冒险。

在图 3-8（b）所示电路中，当 $A = C = 0$ 时，输出逻辑函数式为

$$Y_2 = (A + B)(\overline{B} + C) = B\overline{B}$$

所以图 3-8（b）所示电路存在竞争冒险，应该为 1 型冒险。

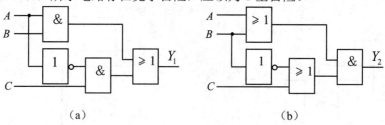

图 3-8　例 3-4 的电路

（2）卡诺图法判断。

凡是函数卡诺图中存在相切而不相交的方格群的逻辑函数都存在竞争冒险现象。图 3-8 所示电路已经判断出都存在竞争冒险现象。观察它们的卡诺图，可以看到它们都存在相切而不相交的方格群，如图 3-9 所示。

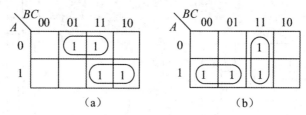

图 3-9　图 3-8 对应的卡诺图

（3）计算机辅助分析判断。

通过在计算机上运行数字电路的模拟程序，能够迅速查出电路是否存在竞争冒险现象。目前已有这类成熟的程序可供选用。

（4）实验法判断。

在电路输入端加入包含所有状态变化的波形，观察输出端是否出现高电平窄脉冲或低电平窄脉冲的这种方法比较直观可靠。即使是计算机辅助分析手段检查过的电路，也需要实验方法检验。因为仿真电路模型和实际电路参数有差别，只有实验检查结果才是最终结论。

3. 竞争冒险的消除

若判断组合逻辑电路中存在竞争冒险现象，则必须将其消除。常用的消除方法主要有以下几种。

（1）并接滤波电容器。

由于竞争冒险现象所产生的干扰脉冲非常窄，所以可以在输出端并接一个电容量很小的滤波电容器来加以消除，电容器一般为几十到几百皮法。这种方法简单易行，但会使输出波形的上升沿和下降沿变化缓慢，从而使输出波形质量变坏。

（2）修改逻辑设计，增加冗余项。

在图 3-8（a）所示电路中，$Y_1 = AB + \overline{A}C$，卡诺图如图 3-9（a）所示，将产生竞争冒险现象。但在图 3-9（a）所示卡诺图中增加一个方格群，即可消除竞争冒险现象。增加一个方格群后的卡诺图如图 3-10（a）所示。根据图 3-10（a）所示的卡诺图，可以写出函数表达式

$$Y_1 = AB + \overline{A}C + BC \tag{3-2}$$

增加 BC 项后，当 $B=C=1$ 时，无论 A 如何变化，输出始终等于 1，因此不再有干扰脉冲出现，消除了竞争冒险现象。从逻辑关系上看 BC 项对于函数 Y_1 是多余的，所以称为冗余项。根据式（3-2）可以画出如图 3-10（b）所示的逻辑图。

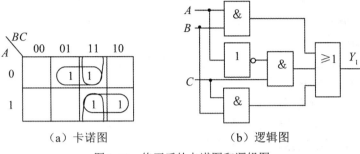

（a）卡诺图　　　　　　　　　　（b）逻辑图

图 3-10　修正后的卡诺图和逻辑图

利用增加冗余项的方法消除竞争冒险现象，适用范围是十分有限的。在图 3-10（b）所示电路中，若 A 和 B 同时改变，即 AB 从 01 到 10（或 10 到 01）时，电路仍存在竞争冒险现象。可见，增加冗余项 BC 以后，仅仅消除了在 $B=C=1$ 时，由于 A 的变化所导致的竞争冒险现象。

（3）引入选通脉冲。

在电路中引入一个选通脉冲，在确定电路进入稳定状态后，再让电路输出选通，否则封锁电路输出。这种方法效果较好，但对选通脉冲要求苛刻。例如，要求其与输入信号同步，且对脉冲宽度和作用时间有严格要求。

【思考与练习】

（1）最简组合电路是否一定是最佳组合电路，请说明原因。

（2）组合电路分析的基本任务是什么？简述组合电路的分析方法。

（3）组合电路逻辑设计的基本任务是什么？简述组合电路的设计方法。

（4）什么是竞争？什么是冒险？简述其产生原因。

（5）克服竞争冒险的方法有哪些？

3.3　常见组合逻辑电路及其应用

为了方便实际应用，厂家把一些经常使用的电路做成了标准化集成产品，常见的中规模组合逻辑芯片主要有编码器、译码器、数据选择器、加法器以及数值比较器。

3.3.1　编码器及其应用

1. 编码器的特点及类型

（1）编码器的特点。

在数字系统中，常常需要将信息（输入信号）变换为某一特定的代码（输出）。用文字、数字、符号来表示某一特定对象或信号的过程，称为编码。实现编码操作的数字电路称为编码器。在逻辑电路中，信号都是以高、低电平的形式给出的，编码器的逻辑功能就是把输入的高、低电平信号编成一组二进制代码并进行输出。

编码器通常有 m 个输入端（$I_0 \sim I_{m-1}$），用于特编的信号输入；有 n 个输出端（$Y_0 \sim Y_{n-1}$），用于编码后的二进制信号输出。n 位二进制数有 2^n 个代码组合，最多为 2^n 个信息编码，m 与 n 之间应满足 $m \leqslant 2^n$ 的关系。另外，集成编码器还设置有一些控制端，用于控制编码器是否进行编码，主要用于编码器间的级联扩展。

（2）编码器的分类。

编码器可分为二进制编码器和非二进制编码器。待编输入信号的个数 m 与输出变量的位数 n 满足 $m=2^n$ 关系的编码器称为二进制编码器。

编码器可分为普通编码器和优先编码器。允许多个信号同时进入，但只对优先级高的信号进行编码的编码器称为优先编码器；只允许一个信号进入并对其进行编码的编码器称为普通编码器。普通编码器输入的 m 个信号是互相排斥的，只允许一个信号为有效电平，因此又称互斥变量编码器。

普通编码器的输入信号互相排斥。当多个输入有效时，输出的二进制代码将出现紊乱，限制了它的应用。与普通编码器不同，优先编码器允许多个输入信号同时有效，但它只为其中优先级别最高的有效输入信号编码，对级别较低的输入信号不予理睬。在设计优先编码器时，已经将所有输入信号按优先顺序排了队。优先编码器有二进制和非二进制优先编码器两种。优先编码器常用于优先中断系统和键盘编码。

2. 编码器的工作原理

普通编码器的输入信号只能有一个为有效电平，根据设计规定，可以是高电平有效，也可以是低电平有效。下面以 2 位二进制普通编码器为例说明其工作原理。

2 位二进制普通编码器的功能是对 4 个相互排斥的输入信号进行编码。它有 I_0、I_1、I_2、I_3 共 4 个输入信息，输出为两位代码 Y_0、Y_1，因此又称为 4 线-2 线编码器。

规定 $I_i (i=0, 1, 2, 3)$ 为 1 时编码，为 0 时不编码，并依此按 I_i 下角标的值与 Y_0、Y_1 二进制代码的值相对应进行编码。据此可列出如表 3-4 所示的编码真值表。表 3-4 中只列出了 I_0、I_1、I_2、I_3 可能出现的组合，其他组合都是不允许出现的，约束条件为 $I_i I_j = 0 \ (i \neq j)$。由编码真值表可以写出如下逻辑表达式：

$$Y_1 = \overline{I_3} I_2 \overline{I_1} \overline{I_0} + I_3 \overline{I_2} \overline{I_1} \overline{I_0}, \quad Y_0 = \overline{I_3} \overline{I_2} I_1 \overline{I_0} + I_3 \overline{I_2} \overline{I_1} \overline{I_0}$$

表 3-4 编码真值表

输 入				输 出	
I_0	I_1	I_2	I_3	Y_1	Y_0
1	0	0	0	0	0
0	1	0	0	0	1
0	0	1	0	1	0
0	0	0	1	1	1

利用约束条件 $I_i I_j = 0 \ (i \neq j)$，进行化简可得逻辑表达式：

$$Y_1 = I_2 + I_3, \quad Y_0 = I_1 + I_3$$

用或门实现的编码器电路如图 3-11 所示。I_1、I_2、I_3 都为 0 时，则对 I_0 编码，所以 I_0 线可以不画。

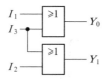

图 3-11　4 线-2 线普通编码器

【例 3-5】电话室有 3 种电话，按由高到低优先级排序依次是火警电话、急救电话、工作电话，要求电话编码依次为 00、01、10。试设计电话编码控制电路。

解：根据题意知，同一时间电话室只能处理一部电话，假如用 A、B、C 分别代表火警、急救、工作 3 种电话，设电话铃响用 1 表示，铃没响用 0 表示。当优先级别高的信号有效时，低级别的不起作用，用×表示；用 Y_1、Y_2 表示输出编码。

根据规定可以列出如表 3-5 所示的真值表。由真值表写逻辑表达式得出下式：

$$Y_1 = \overline{A}\,\overline{B}C，\quad Y_2 = \overline{A}B$$

表 3-5　例 3-5 的真值表

输　　入			输　　出	
A	B	C	Y_1	Y_2
1	×	×	0	0
0	1	×	0	1
0	0	1	1	0

根据逻辑表达式可画出如图 3-12 所示的优先编码器逻辑图。

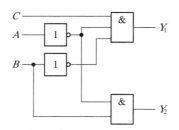

图 3-12　例 3-5 的优先编码器逻辑图

3.　集成编码器及其应用

MSI 优先编码器一般设计为输入/输出低电位有效，反码输出。有的电路还采用缓冲级，以提高驱动能力。为了实际应用方便，集成电路还增加了功能控制端。常用的 MSI 优先编码器主要有 10 线-4 线、8 线-3 线两种。10 线-4 线集成优先编码器常见型号为 54/74147，54/74LS147，74HC147；8 线-3 线的常见型号为 54/74148，54/74LS148，74HC148。下面以 74LS147，74LS148 为例进行介绍。

（1）集成优先编码器 74LS147。

74LS147 是 10 线-4 线集成优先编码器，74LS147 编码器的引脚图及逻辑符号如图 3-13

所示，功能如表 3-6 所示，现对各引脚解释如下。

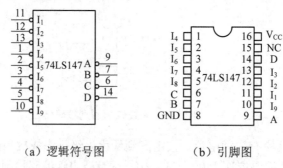

（a）逻辑符号图　　　　　　（b）引脚图

图 3-13　优先编码器 74LS147

表 3-6　优先编码器 74LS147 的功能表

输　　入										输　　出			
I_9	I_8	I_7	I_6	I_5	I_4	I_3	I_2	I_1	I_0	D	C	B	A
1	1	1	1	1	1	1	1	1	0	1	1	1	1
1	1	1	1	1	1	1	1	0	×	1	1	1	0
1	1	1	1	1	1	1	0	×	×	1	1	0	1
1	1	1	1	1	1	0	×	×	×	1	1	0	0
1	1	1	1	1	0	×	×	×	×	1	0	1	1
1	1	1	1	0	×	×	×	×	×	1	0	1	0
1	1	1	0	×	×	×	×	×	×	1	0	0	1
1	1	0	×	×	×	×	×	×	×	1	0	0	0
1	0	×	×	×	×	×	×	×	×	0	1	1	1
0	×	×	×	×	×	×	×	×	×	0	1	1	0

引脚图及逻辑符号中输入端的小圆圈表示低电平输入有效，输出端的小圆圈表示反码输出。注意这种情况也经常用反变量表示，并没有硬性规定。编码器有 10 个输入信号（I_0～I_9），输入低电平有效，其中 I_9 状态信号级别最高，I_0 状态信号级别最低。4 个编码输出信号（A、B、C、D）以反码输出，D 为最高位，A 为最低位。

一组 4 位二进制代码表示一位十进制数。I_0 是隐含输入。当输入信号 I_1～I_9 均为无效，即 9 个输入信号全为"1"时，电路输出 $DCBA=1111$（0 的反码）是 0 的编码，代表输入的十进制数是 0。若 I_1～I_9 均为有效信号输入，则根据输入信号的优先级别，输出级别最高信号的编码。I_9 有效时，$DCBA=0110$（9 的反码）是 9 的编码，代表输入的十进制数是9。依此类推。

特别提示：

74LS147 编码器中，每一个十进制数字分别独立编码，不用扩展编码位数，所以，它没有设置扩展端。

（2）集成优先编码器 74LS148。

74LS148 是 8 线-3 线优先编码器，其逻辑符号图和引脚图如图 3-14 所示。小圆圈表示低电平有效。74LS148 的功能如表 3-7 所示。

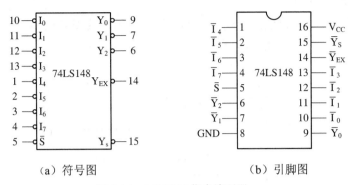

（a）符号图　　　　　　　　（b）引脚图

图 3-14　74LS148 优先编码器

表 3-7　优先编码器 74LS148 的功能表

使能输入	输　入								输　出			扩展输出	使能输出
$\overline{S}$	$\overline{I_7}$	$\overline{I_6}$	$\overline{I_5}$	$\overline{I_4}$	$\overline{I_3}$	$\overline{I_2}$	$\overline{I_1}$	$\overline{I_0}$	$\overline{Y_2}$	$\overline{Y_1}$	$\overline{Y_0}$	$\overline{Y_{EX}}$	$\overline{Y_S}$
1	×	×	×	×	×	×	×	×	1	1	1	1	1
0	1	1	1	1	1	1	1	1	1	1	1	1	0
0	0	×	×	×	×	×	×	×	0	0	0	0	1
0	1	0	×	×	×	×	×	×	0	0	1	0	1
0	1	1	0	×	×	×	×	×	0	1	0	0	1
0	1	1	1	0	×	×	×	×	0	1	1	0	1
0	1	1	1	1	0	×	×	×	1	0	0	0	1
0	1	1	1	1	1	0	×	×	1	0	1	0	1
0	1	1	1	1	1	1	0	×	1	1	0	0	1
0	1	1	1	1	1	1	1	0	1	1	1	0	1

现对各引脚解释如下：

图 3-14 所示编码器中，$\overline{I_7} \sim \overline{I_0}$ 为输入信号，$\overline{S}$ 是使能输入信号，$\overline{Y_2}$、$\overline{Y_1}$、$\overline{Y_0}$ 是 3 个代码（反码）输出信号。其中，$\overline{Y_2}$ 为最高位，$\overline{Y_S}$ 和 $\overline{Y_{EX}}$ 是用于扩展功能的输出信号，主要用于级联和扩展。

$\overline{S}$：使能（允许）输入，低电平有效。只有 $\overline{S}=0$ 时编码器工作，允许编码；$\overline{S}=1$ 时编码器不工作，电路禁止编码。

$\overline{Y_S}$：使能输出。当 $\overline{S}=0$ 允许工作时，如果 $\overline{I_7} \sim \overline{I_0}$ 端有信号输入，$\overline{Y_S}=1$；若 $\overline{I_7} \sim \overline{I_0}$ 端无信号输入时，$\overline{Y_S}=0$。

$\overline{Y_{EX}}$：扩展输出（标志输出端）。当 $\overline{S}=0$ 时，只要有编码信号输入，$\overline{Y_{EX}}=0$；若无编码信号输入，$\overline{Y_{EX}}=1$。

综合以上可以看出，$\overline{S}=0$（允许编码）时，若有编码信号输入，$\overline{Y_S}=1$，$\overline{Y_{EX}}=0$；若无编码信号输入，$\overline{Y_S}=0$，$\overline{Y_{EX}}=1$。根据这两个输出端的值，可判断编码器是否有码可编。

输入为低电平有效，$\overline{I_7}$ 优先级最高，$\overline{I_0}$ 优先级最低，即只要 $\overline{I_7}=0$，不管其他输入端的值是 0 还是 1，输出只对 $\overline{I_7}$ 编码，且对应的输出为反码，$\overline{Y_2}$、$\overline{Y_1}$、$\overline{Y_0}=000$。

（3）74LS148 的扩展。

利用 $\overline{S}$，$\overline{Y_S}$ 和 $\overline{Y_{EX}}$ 可以实现优先编码器的扩展。用两块 74LS148 可以扩展为一个 16 线-4 线优先编码器。电路连接图如图 3-15 所示。

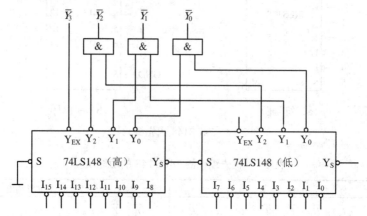

图 3-15　两片 8 线-3 线优先编码器扩展为 16 线-4 线优先编码器的连接图

对图 3-15 进行分析可以看出，若 I_8～I_{15} 有编码请求，则高位片 $\overline{Y_S}$ =1，使得低位片 $\overline{S}$ =1，低位片禁止编码；但若 I_8～I_{15} 都是高电平，即均无编码请求，则高位片 $\overline{Y_S}$ =0，使得低位片 $\overline{S}$ =0 允许低位片对输入端 I_0～I_7 编码。显然，高位片的编码级别优先于低位片。读者自己进行扩展时，要注意输入端数、输出端数的确定以及芯片间的连接等若干问题。用一片 74LS148 附加门电路还可以实现 10 线-4 线优先编码等。这部分内容请读者自行分析。

（4）编码器的应用。

编码器的应用是非常广泛的。例如，计算机键盘内部就有一个采用 ASCII 码的字符编码器。字符编码器的种类很多，用途不同，其电路形式各异，是一种用途十分广泛的编码器。它将键盘上的大、小写英文字母、数字、符号及一些功能键等编成一系列的 7 位二进制代码，送到计算机的 CPU 进行数字处理、存储后，再输出到显示器或打印机等输出设备上。计算机的显示器和打印机也都使用专用的字符编码器。显示器把每个要显示的字符分成 m 行，每行又分成 n 列，每行用一组 n 位二进制数来表示。因此每一个字符变成 $m×n$ 的二进制阵列。显示时，只要按行将某字符的行二进制编码送到屏幕上，经过 m 行后，一个完整的字符就会显示在屏幕上。这些字符的编码都存储在 ROM 中。

编码器还可用在工业控制中。例如，74LS148 编码器可用来监控炉罐的温度，若其中任何一个炉温超过标准温度或低于标准温度，则检测传感器输出一个 0 电平到 74LS148 编码器的输入端，编码器编码后输出三位二进制代码到微处理器进行控制。

3.3.2　译码器及其应用

1.　译码器的特点及分类

译码是编码的逆过程，即将输入的二进制代码按其原意转换成与代码对应的输出信号。实现译码功能的数字电路称为译码器。根据译码信号特点的不同，可把译码器分为二进制译码器、二—十进制译码器和显示译码器 3 种。

（1）二进制译码器。

二进制译码器有 n 个输入端（n 位二进制码），2^n 个输出线。一个代码组合只能对应一个指定信息，二进制译码器所有的代码组合全部使用，因此称为完全译码。集成二进制译码器的输出端常常是反码输出，低电位有效。为了扩展功能，增加了使能端；为了减轻信号的负载，集成电路输入一般都采用缓冲级。

（2）二－十进制译码器。

二－十进制译码器也称 BCD 译码器，它的功能是将输入的一位 BCD 码（四位二进制）译成相应的 10 个高、低电平输出信号，因此也叫 4 线-10 线译码器。

（3）显示译码器。

显示译码器能把二进制代码翻译成高、低电平以驱动显示器件，显示数字或字符。

译码器多为 MSI 部件，其应用范围很广。译码器除了用来驱动各种显示器件外，还可实现存储系统和其他数字系统的地址译码、指令译码，组成脉冲分配器、程序计数器、代码转换和逻辑函数发生器等。

2.　译码器的工作原理

图 3-16（a）所示为 2 位二进制译码器的逻辑电路，下面以此为例简单说明其工作原理。根据逻辑电路图可以写出如下逻辑表达式：

$$\overline{Y}_0 = \overline{\overline{E}\,\overline{A_1}\,\overline{A_0}} = \overline{E\,\overline{A_1}\,\overline{A_0}}，\quad \overline{Y}_1 = \overline{E\,\overline{A_1}\,A_0}，\quad \overline{Y}_2 = \overline{E\,A_1\,\overline{A_0}}，\quad \overline{Y}_3 = \overline{E\,A_1\,A_0}$$

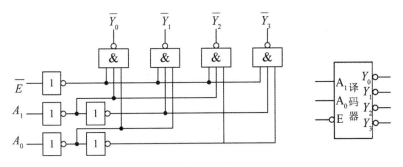

（a）逻辑电路　　　　　　　（b）逻辑符号

图 3-16　译码器的逻辑电路及符号

由逻辑表达式可以列出表 3-8 所示的逻辑真值表。

表 3-8　图 3-16 的真值表

$\overline{E}$	A_1	A_0	$\overline{Y}_3$	$\overline{Y}_2$	$\overline{Y}_1$	$\overline{Y}_0$
1	×	×	1	1	1	1
0	0	0	1	1	1	0
0	0	1	1	1	0	1
0	1	0	1	0	1	1
0	1	1	0	1	1	1

分析逻辑真值表可知，A_1、A_0 为地址输入端，A_1 为高位端。$\overline{Y}_3$、$\overline{Y}_2$、$\overline{Y}_1$、$\overline{Y}_0$ 为状态信号输

出端，逻辑符号中的小圆圈表示低电平有效。$\overline{E}$ 为使能端（或称选通控制端），低电平有效。当 $\overline{E}=0$ 时，允许译码器工作，$\overline{Y_3}$、$\overline{Y_2}$、$\overline{Y_1}$、$\overline{Y_0}$ 中有一个为低电平输出；当 $\overline{E}=1$ 时，禁止译码器工作，所有输出 $\overline{Y_3}$、$\overline{Y_2}$、$\overline{Y_1}$、$\overline{Y_0}$ 均为高电平。图 3-16（a）所示为 2 线-4 线译码器，图 3-16（b）所示为其逻辑符号。

特别提示：

一般使能端有两个用途：一是可以引入选通脉冲，以抑制冒险脉冲的发生；二是可以用来扩展输入变量数，以实现功能扩展。

3. 集成二进制译码器及其应用

（1）集成二进制译码器 74LS138。

集成二进制译码器种类很多。常见的 MSI 译码器有 2 线-4 线译码器、3 线-8 线译码器和 4 线-16 线译码器。常用的有 TTL 系列中的 54/74LS138，CMOS 系列中的 54/74HCT138 等。

图 3-17 所示为集成 3 线-8 线译码器 74LS138 的符号图和引脚图，其逻辑功能表如表 3-9 所示。

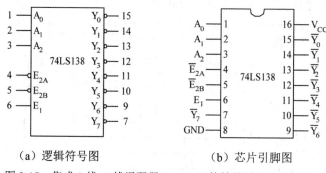

（a）逻辑符号图　　　　　　　　（b）芯片引脚图

图 3-17　集成 3 线-8 线译码器 74LS138 的符号图和引脚图

表 3-9　74LS138 译码器逻辑功能表

输　入			输　出							
E_1	$\overline{E}_{2A}+\overline{E}_{2B}$	$A_2\ A_1\ A_0$	$\overline{Y}_7$	$\overline{Y}_6$	$\overline{Y}_5$	$\overline{Y}_4$	$\overline{Y}_3$	$\overline{Y}_2$	$\overline{Y}_1$	$\overline{Y}_0$
×	1	× × ×	1	1	1	1	1	1	1	1
0	×	× × ×	1	1	1	1	1	1	1	1
1	0	0 0 0	1	1	1	1	1	1	1	0
1	0	0 0 1	1	1	1	1	1	1	0	1
1	0	0 1 0	1	1	1	1	1	0	1	1
1	0	0 1 1	1	1	1	1	0	1	1	1
1	0	1 0 0	1	1	1	0	1	1	1	1
1	0	1 0 1	1	1	0	1	1	1	1	1
1	0	1 1 0	1	0	1	1	1	1	1	1
1	0	1 1 1	0	1	1	1	1	1	1	1

由功能表 3-9 可知，A_2、A_1、A_0 为地址输入端，A_2 为高位端。$\overline{Y}_0 \sim \overline{Y}_7$ 为状态信号输出

端，低电平有效。由功能表可看出，E_1 和 $\overline{E}_{2A}$、$\overline{E}_{2B}$ 为使能端，只有当 E_1 为高电平，且 $\overline{E}_{2A}$、$\overline{E}_{2B}$ 都为低电平时，该译码器才处于工作状态，才有译码状态信号输出；若有一个条件不满足，则译码器不工作，输出全为高电平。

如果用 $\overline{Y}_i$ 表示 i 端的输出值，则输出函数为

$$\overline{Y}_i = \overline{Em_i} \ (i=0\sim7)$$

其中，$E = E_1 \cdot \overline{\overline{E}}_{2A} \cdot \overline{\overline{E}}_{2B} = E_1 E_{2A} E_{2B}$。

可见，当使能端有效（$E=1$）时，每个输出函数也正好等于输入变量最小项的非。因此，二进制译码器也称为最小项译码（或称全译码器）。

（2）逻辑功能扩展。

用两片 3 线-8 线译码器可以构成 4 线-16 线译码器，或者用两片 4 线-16 线译码器可以构成 5 线-32 线译码器。两片 3 线-8 线译码器 74LS138 构成 4 线-16 线译码器的具体连接如图 3-18 所示。

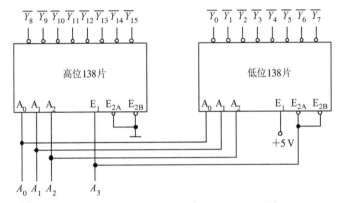

图 3-18 3 线-8 线译码器 74LS138 扩展为 4 线-16 线译码器的连接图

利用译码器的使能端作为高位输入端，4 位输入变量 A_3、A_2、A_1、A_0 的最高位 A_3 接到高位片的 E_1 和低位片的 E_{2A} 和 E_{2B}，其他 3 位输入变量 A_2、A_1、A_0 分别接两块 74LS138 的变量输入端 A_2、A_1、A_0。

当 $A_3=0$ 时，由表 3-9 可知，低位片 74LS138 工作，对输入 A_3、A_2、A_1、A_0 进行译码，还原出 $Y_0\sim Y_7$，此时高位片禁止工作。当 $A_3=1$ 时，高位片 74LS138 工作，还原出 $Y_8\sim Y_{15}$，而低位片禁止工作。

（3）实现逻辑函数。

二进制译码器在选通时，各输出函数为输入变量相应最小项之非，而任意逻辑函数总能表示成最小项之和的形式。利用这个特点，可以实现组合逻辑电路的设计，而不需要经过化简过程。因此，利用全译码器和门电路可实现逻辑函数。

【例 3-6】用全译码器 74LS138 实现逻辑函数

$$F= \overline{A}\ \overline{B}\ \overline{C}+\overline{A}\ \overline{B} C+\overline{A}\ B\ \overline{C}+ABC$$

解： ① 全译码器的输出为输入变量相应最小项之非，故先将逻辑函数式 F 写成最小项之反的形式。由摩根定律得

$$F=\overline{\overline{\overline{A}\,\overline{B}\,\overline{C}}\cdot\overline{\overline{A}\,\overline{B}\,C}\cdot\overline{\overline{A}\,B\,\overline{C}}\cdot\overline{A\,B\,C}}$$

② F 有 3 个变量，因而选用三变量译码器。将变量 A、B、C 分别接三变量译码器的 A_2、A_1、A_0 端，则上式变为

$$F=\overline{\overline{\overline{A}\,\overline{B}\,\overline{C}}\cdot\overline{\overline{A}\,\overline{B}\,C}\cdot\overline{\overline{A}\,B\,\overline{C}}\cdot\overline{A\,B\,C}}=\overline{\overline{Y_0}\,\overline{Y_1}\,\overline{Y_2}\,\overline{Y_7}}$$

③ 根据上式可以画出用三变量译码器 74LS138 实现上述函数的逻辑图，如图 3-19 所示。译码器的选通端均应接有效电平，例如图 3-19 中，E_1 和 E_{2A}、E_{2B} 端就分别接 1 和 0。

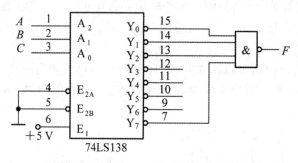

图 3-19　74LS138 实现逻辑符号图

由以上例题可以看出，采用输出为低电平有效的译码器时，应将最小项表达式变换成"与非－与非"表达式，并用译码器的输出取代式中各最小项的非，然后加一个与非门就可以完成设计；若采用输出为高电平有效的译码器时，则需要用译码器的输出取代式中各最小项，然后加或门完成设计。

特别提示：

全译码器可以实现任意函数，并且可以有多路输出，但函数变量数不能超过译码器地址端数。

（4）用译码器构成数据分配器或时钟分配器。

数据分配器也称为多路分配器，它可以在地址的控制下，把每一路输入数据或脉冲分配到多输出通道某一特定输出通道中去输出。一个数据分配器有一个数据输入端、n 个地址输入端、2^n 个数据输出端。二进制译码器和数据分配器的输出都是地址的最小项。二进制译码器可以方便地构成数据分配器。数据分配器基本无产品，一般将译码器改接成分配器。下面举例说明。

将带使能端的 3 线-8 线译码器 74LS138 改作 8 路数据分配器的电路图如图 3-20（a）所示。译码器的使能端作为分配器的数据输入端，译码器的输入端作为分配器的地址码输入端，译码器的输出端作为分配器的输出端。这样分配器就会根据所输入的地址码将输入数据分配到地址码所指定的输出通道。

例如，要将输入信号序列 00100100 分配到 Y_0 通道输出，只要使地址 $X_0X_1X_2=000$，输入信号从 D 端输入，Y_0 端即可得到和输入信号相同的信号序列。波形图如图 3-20（b）所

示。此时，其余输出端均为高电平。若要将输入信号分配到 Y_1 输出端，只要将地址码变为 001 即可。依此类推，只要改变地址码，就可以把输入信号分配到任何一个输出端输出。

74LS138 作分配器时，按图 3-20（a）的接法可得到数据的原码输出。若将数据加到 E_1 端，而 E_{2A}，E_{2B} 接地，则输出端得到数据的反码。在图 3-20（a）中，如果 D 输入的是时钟脉冲，则可将该时钟脉冲分配到 $Y_0 \sim Y_7$ 的某一个输出端，从而构成时钟脉冲分配器。

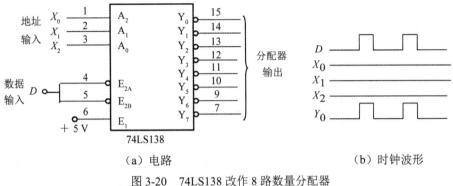

（a）电路　　　　　　　　　　　　　　（b）时钟波形

图 3-20　74LS138 改作 8 路数量分配器

4. 集成二－十进制译码器及其应用

二－十进制译码器常用型号有 TTL 系列中的 54/74LS42 和 CMOS 系列中的 54/74HC42，54/74HCT42 等。

（1）逻辑电路与逻辑功能。

图 3-21 所示是二－十进制译码器 74LS42 的逻辑符号图和芯片引脚图。该译码器有 $A_0 \sim A_3$ 共 4 个输入端，输入为 8421 BCD 码；$Y_0 \sim Y_9$ 共有 10 个输出端，输出为代码对应信号，输出低电平有效。

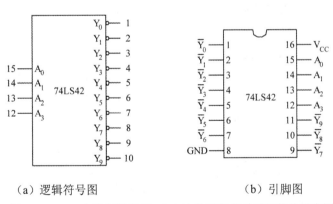

（a）逻辑符号图　　　　　　　　　　　（b）引脚图

图 3-21　二－十进制译码器 74LS42 的逻辑符号图和芯片引脚图

74LS42 的功能真值表如表 3-10 所示。由表 3-10 可知，逻辑功能为 $A_3A_2A_1A_0$ 输入的 8421 BCD 码，只用到二进制代码的前 10 种组合。0000～1001 表示 0～9 共 10 个十进制数或信息，而后 6 种组合 1010～1111 没有用，称为伪码。当输入伪码时，输出全为 1，不会出现 0。因此，译码不会出现误译码。也就是说，这种电路结构具有拒绝翻译伪码的功能。

表 3-10 二—十进制译码器 74LS42 的真值表

序 号	输 入				输 出									
	A_3	A_2	A_1	A_0	$\overline{Y_0}$	$\overline{Y_1}$	$\overline{Y_2}$	$\overline{Y_3}$	$\overline{Y_4}$	$\overline{Y_5}$	$\overline{Y_6}$	$\overline{Y_7}$	$\overline{Y_8}$	$\overline{Y_9}$
0	0	0	0	0	0	1	1	1	1	1	1	1	1	1
1	0	0	0	1	1	0	1	1	1	1	1	1	1	1
2	0	0	1	0	1	1	0	1	1	1	1	1	1	1
3	0	0	1	1	1	1	1	0	1	1	1	1	1	1
4	0	1	0	0	1	1	1	1	0	1	1	1	1	1
5	0	1	0	1	1	1	1	1	1	0	1	1	1	1
6	0	1	1	0	1	1	1	1	1	1	0	1	1	1
7	0	1	1	1	1	1	1	1	1	1	1	0	1	1
8	1	0	0	0	1	1	1	1	1	1	1	1	0	1
9	1	0	0	1	1	1	1	1	1	1	1	1	1	0
伪码	1	0	1	0	1	1	1	1	1	1	1	1	1	1
	1	0	1	1	1	1	1	1	1	1	1	1	1	1
	1	1	0	0	1	1	1	1	1	1	1	1	1	1
	1	1	0	1	1	1	1	1	1	1	1	1	1	1
	1	1	1	0	1	1	1	1	1	1	1	1	1	1
	1	1	1	1	1	1	1	1	1	1	1	1	1	1

特别提示：

若把二—十进制译码器 74LS42 的 Y_8、Y_9 端闲置不用,并将 A_3 端作为使能端,则 74LS42 可以作为 3 线-8 线译码器使用。

通常也可用 4 线-16 线译码器实现二—十进制译码器。例如，可以用 4 线-16 线译码器 74154 实现二—十进制译码器。如果采用 8421 BCD 编码表示十进制数，译码时只须取 74154 的前 10 个输出信号就可表示十进制数 0～9；如果采用余 3 码，译码器须输出 3～12；如果采用其他形式的 BCD 码，可根据需要选择输出信号。

（2）实现逻辑函数。

部分译码器也可以实现一些函数，但要求译码器的输出要含有函数所包含的最小项。

【例 3-7】用 4 线-10 线译码器（8421 BCD 码译码器）实现单"1"检测电路。

解：单"1"检测的函数式为

$$F = \overline{A}\,\overline{B}\,\overline{C}D + \overline{A}\,\overline{B}C\overline{D} + \overline{A}B\overline{C}\,\overline{D} + A\overline{B}\,\overline{C}\,\overline{D}$$

将变量 A、B、C、D 分别接 4 线-10 线译码器的 A_3、A_2、A_1、A_0 端，则上式变为

$$F = m_1 + m_2 + m_4 + m_8 = \overline{\overline{m_1}\,\overline{m_2}\,\overline{m_4}\,\overline{m_8}}$$

单"1"检测电路逻辑图如图 3-22 所示。

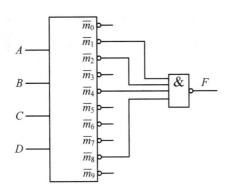

图 3-22　单"1"检测电路逻辑图

5.　数码管及集成显示译码器

在数字系统中，经常需要将表示数字、文字、符号的二进制代码翻译成人们习惯的形式直观地显示出来，以便掌握和监控系统的运行情况。把二进制代码翻译成高、低电平，驱动显示器件显示数字或字符的 MSI 部件，称为显示译码器。

（1）数码管。

显示器件按材料可分为荧光显示器、半导体（发光二极管）显示器和液晶显示器。半导体显示器件和液晶显示器件都可以用 CMOS 和 TTL 电路直接驱动。数字电路中最常用的是由发光二极管（LED）组成的分段式显示器，主要用来显示字形或符号，一般称为 LED 数码管。LED 数码管根据发光段数分为七段数码管和八段数码管。其中，七段显示器应用最普遍。

七段 LED 数码管由 7 条线段围成"8"字型，每一段包含一个发光二极管，其表示符号如图 3-23 所示。选择不同段的发光，可显示不同的字形。如当 a、b、c、d、e、f、g 段全发光时，显示"8"；当 b、c 段发光时，显示"1"；等等。发光二极管的工作电压一般为 1.5～3 V，工作电流为几毫安到几十毫安，寿命很长。

七段 LED 数码管有共阴、共阳两种接法。图 3-24（a）所示为发光二极管的共阴极接法。共阴极接法是将各发光二极管的阴极相接。使用时，公共阴极接地，对应阳极接高电平时亮。图 3-24（b）所示为发光二极管的共阳极接法。共阳极接法是将各发光二极管阳极相接。使用时，公共阳极接正电源，对应阴极接低电平时亮。7 个阳极或阴极 a～g 由相应的 BCD 七段译码器来驱动（控制）。R 是上拉电阻器，也称限流电阻器，用来保证 LED 数码管亮度的稳定性，同时防止电流过大损坏发光管。当译码器内部带有上拉电阻器时，则可省去。

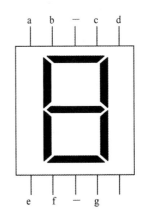

图 3-23　LED 数码管

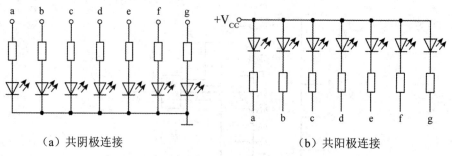

（a）共阴极连接 （b）共阳极连接

图 3-24 七段 LED 数码管的两种接法

（2）七段显示译码器的设计。

BCD 七段译码器的输入是一位 BCD 码（以 $DCBA$ 或 $A_3A_2A_1A_0$ 表示），输出是数码管各段的驱动信号（以 $F_a \sim F_g$ 表示），也称 4 线-7 线译码器。若用它驱动共阴 LED 数码管，则输出应为高电平有效，即输出为高（用 1 表示）时，相应显示段发光。例如，当输入 8421 码 $DCBA$=0100 时，应显示"4"，即要求同时点亮 b、c、f、g 段，熄灭 a、d、e 段，故译码器的输出应为 $F_a \sim F_g$=0110011，这也是一组代码，常称为段码。同理，根据组成 0~9 这 10 个字形的要求可以列出如表 3-11 所示的 8421 BCD 七段译码器真值表（未用码组省略）。将未用码组作为约束项处理后，很容易列出表达式，画出逻辑电路图（过程不再详述）。

表 3-11 BCD 七段译码器真值表

输 入				输 出							字 形
D	C	B	A	F_a	F_b	F_c	F_d	F_e	F_f	F_g	
0	0	0	0	1	1	1	1	1	1	0	
0	0	0	1	0	1	1	0	0	0	0	
0	0	1	0	1	1	0	1	1	0	1	
0	0	1	1	1	1	1	1	0	0	1	
0	1	0	0	0	1	1	0	0	1	1	
0	1	0	1	1	0	1	1	0	1	1	
0	1	1	0	1	0	1	1	1	1	1	
0	1	1	1	1	1	1	0	0	0	0	
1	0	0	0	1	1	1	1	1	1	1	
1	0	0	1	1	1	1	1	0	1	1	

实际产品中，为了鉴别输入情况，当输入码大于 9 时，仍使数码管显示一定图形，这

时未用码组所对应输出，要根据要求选择为 0 或 1。人们在上述设计的基础上增加功能扩展电路和驱动电路，生产了多种类型的集成显示译码器，主要有 TTL 和 CMOS 两大类产品，不同类型产品结构和参数不同，但基本功能相似。

（3）集成显示译码器。

数字显示译码器的种类很多，有将计数器、锁存器、译码驱动电路集于一体的集成器件，也有连同数码显示器也集成在一起的电路。不同类型的集成译码器产品，输入/输出结构也各不相同，因而使用时要注意。常见的七段显示译码器有 74LS47，74LS48，74LS49，4511 等。

集成显示译码器的输入为四位二进制代码 $A_3A_2A_1A_0$，它的输出为 7 位高、低电平信号，分别驱动七段显示器的 7 个发光段，输出高或低电平有效，为推拉式输出或开路门输出结构，还附加有灯测试输入端、灭"0"输入端、双功能的灭灯输入/灭"0"输出端。另外，4511 还有锁存功能。现以 TTL 电路 74LS47 为例进行介绍。

集成显示译码器 74LS47 的功能示意图如图 3-25 所示。它的输入为 4 位二进制代码 $A_3A_2A_1A_0$，它的输出为 7 位高低电平信号 $\overline{Y}_a\overline{Y}_b\overline{Y}_c\overline{Y}_d\overline{Y}_e\overline{Y}_f\overline{Y}_g$，分别驱动七段显示器的 7 个发光段，输出 $\overline{Y}_a\overline{Y}_b\overline{Y}_c\overline{Y}_d\overline{Y}_e\overline{Y}_f\overline{Y}_g$ 低电平有效，且为集电极开路门输出。

$\overline{LT}$、$\overline{I}_{BR}$、$\overline{I}_B/\overline{Y}_{BR}$ 为附加的功能扩展输入/输出端，用来扩展电路功能。当附加的功能扩展端无效时，74LS47 完成基本的显示功能，输出低电平有效。附加控制段的功能和用法如下：

① 灯测试输入端 $\overline{LT}$，当 $\overline{LT}$ =0 时，不管输入 $A_3A_2A_1A_0$ 状态如何，7 段均发亮，显示"8"。它主要用来检测数码管是否损坏。$\overline{LT}$ =1 时，译码器方可进行译码显示。

② 灭"0"输入端 $\overline{I}_{BR}$，当 $\overline{LT}$ =1，输入 $A_3A_2A_1A_0$ 为 0000 时，若 $\overline{I}_{BR}$ =0，显示器各段均熄灭，不显示"0"。而 $A_3A_2A_1A_0$ 为其他各种组合时，正常显示。它主要用来熄灭无效的前零和后零。如 0093.2300，显然前两个 0 和后两个 0 均无效，则可使用 $\overline{I}_{BR}$ 使之熄灭，显示 93.23。

③ $\overline{I}_B/\overline{Y}_{BR}$ 是一个双功能的输入/输出端。当作为输入端使用时，称为灭灯输入端。当 $\overline{I}_B$ =0 时，不管其他任意输入端状态如何，7 段数码管均处于熄灭状态，不显示数字。当作为输出端使用时，称为灭"0"输出端，$\overline{Y}_{BR}$ 的逻辑表达式为

$$\overline{Y}_{BR} = \overline{\overline{LT}\,\overline{A_3\,A_2\,A_1\,A_0\,\overline{I}_{BR}}}$$

上式表明，只有当输入 $A_3A_2A_1A_0$=0000，而且 $\overline{I}_{BR}$ =0，$\overline{LT}$ =1 时，$\overline{Y}_{BR}$ 才为 0。它的物理意义是当本位为"0"且熄灭时，$\overline{Y}_{BR}$ 才为 0。在多位显示系统中，可以用它与高位或低位的 $\overline{I}_{BR}$ 相连。$\overline{I}_B/\overline{Y}_{BR}$ 公用一个引出端。

（4）译码器和显示器的应用。

数字电路处理的信息都是以二进制代码表示的，而显示器显示的是文字、符号等信息，所以译码器和显示器总是结合起来使用的。

LED 七段数码管有共阴极结构和共阳极结构两种形式。共阴极形式高电平驱动阳极发光，共阳极结构形式低电平驱动阴极发光。显示译码器有输出高电平有效和低电平有效两种驱动方式，因此需要合理匹配。输出低电平有效的显示译码器应与共阳极结构显示器相

连，输出高电平有效的显示译码器应与共阴极结构显示器相连。对于开路输出结构的显示译码器要注意上拉电阻器的连接。有些集成器件内部已集成有上拉电阻器，这时则不需要外接。

74LS47 驱动共阳极结构显示器的逻辑电路如图 3-25 和图 3-26 所示。LED 七段显示器的驱动电路由 74LS47 译码器、1 kΩ 的双列直插限流电阻排、七段共阳极 LED 显示器组成。由于 74LS47 是集电极开路输出（OC 门），驱动七段显示器时，需要外加限流电阻器。图 3-26 中所接电阻器为上拉电阻器，起限流作用，可以保证发光段上有合适的电流流过，应根据发光亮度要求和译码器驱动能力进行选取。

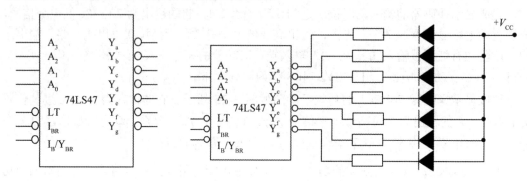

图 3-25　74LS47 的功能示意图　　　　　图 3-26　74LS47 显示电路

其工作过程是输入的 8421 BCD 码经译码器译码，产生 7 个低电平有效的输出信号，这 7 个输出信号通过限流电阻器分别接至 7 段共阳极显示器对应的 7 个段；当 LED 七段显示器的 7 个输入端有一个或几个为低电平时，与其对应的字段点亮。

显示多位时，注意灭"0"输入、灭"0"输出的配合，这样可以灭掉不需要显示的"0"。图 3-27 为灭"0"控制的连接电路。只须在整数部分把高位的 $\overline{Y}_{BR}$ 与低位的 $\overline{I}_{BR}$ 相连，在小数部分把低位的 $\overline{I}_{BR}$ 与高位的 $\overline{I}_{BR}$ 相连，就可以把前后多余的"0"熄灭了。在这种连接方式下，整数部分只有高位是"0"，而且在被熄灭的情况下，只有低位才有灭"0"输入信号；同理，小数部分只有低位是"0"，而且在被熄灭的情况下，只有高位才有灭"0"输入信号。图 3-27 中要求小数点前后一位必须显示，不灭"0"。

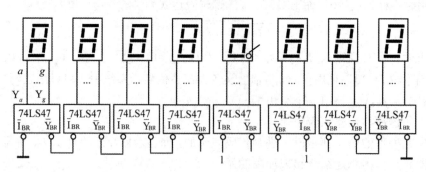

图 3-27　有灭"0"控制的 8 位数码显示系统

实际显示译码器，不仅可以将 BCD 码变成十进制数字，还可以将 BCD 码变成字母和符号并在数码管上显示出来，因此在数字式仪表、数控设备和微型计算机中是不可缺少的人机联系手段。

3.3.3　数据选择器及其应用

1.　集成数据选择器的特点和类型

数据选择器又称多路选择器或多路开关（Multiplexer，简称 MUX），其功能类似于一个单刀多掷开关，每次在地址输入的控制下，可从多路输入数据中选择一路输出。它一般有 n 位地址输入，2^n 位数据输入，1 位数据输出。数据选择器与数据分配器功能相反。

常用的数据选择器电路结构主要有 TTL 和 CMOS 两种类型，不同电路结构参数各有不同，但功能是相似的。根据输入数据的数目有 2 选 1、4 选 1、8 选 1、16 选 1 等。

2.　数据选择器的工作原理

数据选择器的逻辑电路及符号如图 3-28 所示，有两个地址输入端 A_1、A_0，4 个数据输入端 $D_0 \sim D_3$，1 个输出端 Y 以及 1 个选通使能端 $\overline{E}$。

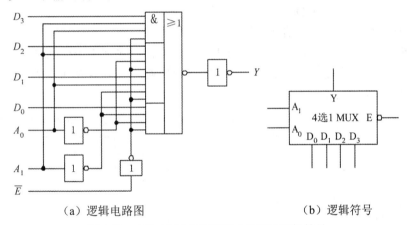

（a）逻辑电路图　　　　　　　　　　（b）逻辑符号

图 3-28　4 选 1 MUX 的逻辑电路图和逻辑符号

根据逻辑电路图可以写出逻辑表达式

$$Y = (\overline{A_1}\,\overline{A_0}D_0 + \overline{A_1}A_0D_1 + A_1\overline{A_0}D_2 + A_1A_0D_3)E$$

即当 $\overline{E}$=1 时，输出 Y=0；当 $\overline{E}$=0 时，在地址输入端 A_1、A_0 的控制下。从 $D_0 \sim D_3$ 中选择一路输出。数据选择器的功能表如表 3-12 所示，为 4 选 1 数据选择器。

表 3-12　4 选 1 MUX 功能表

$\overline{E}$	A_1	A_0	Y
0	0	0	D_0
0	0	1	D_1
0	1	0	D_2
0	1	1	D_3
1	×	×	0

当 $\overline{E}=0$ 时，4 选 1 MUX 的逻辑功能还可以用以下表达式表示，即

$$Y = \overline{A_1}\,\overline{A_0}D_0 + \overline{A_1}A_0D_1 + A_1\overline{A_0}D_2 + A_1A_0D_3 = \sum_{i=0}^{3} m_iD_i$$

式中，m_i 是地址变量 A_1，A_0 所对应的最小项，称地址最小项。当 D_i 全为 1 时，MUX 的输出函数正好是所有地址最小项的和。因此，MUX 又称为最小项输出器。

3. 集成数据选择器及应用

集成数据选择器在数字系统中的应用十分广泛，除了可以选择数据还可以实现为函数等。集成数据选择器主要有 TTL 和 CMOS 两大类，产品较多。下面以 74LS151、74LS153 为例介绍其功能及应用。

（1）集成 4 选 1 数据选择器 74LS153。

74LS153 是一个双 4 选 1 数据选择器，包含两个完全相同的 4 选 1 数据选择器，每个 4 选 1 数据选择器的逻辑图如图 3-28 所示。但要注意：两个 4 选 1 数据选择器有共同的两个地址输入端，但数据输入端、输出端和使能端是独立的，分别有一个低电平有效的选通使能端 $\overline{E}$ 和 4 个数据输入端 $D_0 \sim D_3$ 以及一个输出端 Y。

（2）集成 8 选 1 数据选择器 74LS151。

74LS151 是一个具有互补输出的 8 选 1 数据选择器，它有 3 个地址输入端，8 个数据输入端，两个互补输出端，一个低电平有效的选通使能端。图 3-29 所示为 8 选 1 MUX 逻辑符号示意图，其功能如表 3-13 所示。

表 3-13　8 选 1 MUX 功能表

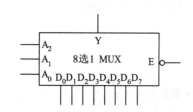

图 3-29　8 选 1 MUX 逻辑符号示意图

$\overline{E}$	A_2	A_1	A_0	Y
1	×	×	×	0
0	0	0	0	D_0
0	0	0	1	D_1
0	0	1	0	D_2
0	0	1	1	D_3
0	1	0	0	D_4
0	1	0	1	D_5
0	1	1	0	D_6
0	1	1	1	D_7

根据表 3-13 所示，可以写出的输出表达式为

$$Y = E\sum_{i=0}^{7} m_iD_i$$

当 $\overline{E}=0$ 时，MUX 正常工作；当 $\overline{E}=1$ 时，输出恒为 0，MUX 不工作。

另外，除了 TTL 数据选择器产品，还有不少 CMOS 产品，CC4539 就是一个双 4 选 1 数据选择器。CC4539 的功能与 74LS153 相同，但电路结构不同。CC4539 电路内部由传输门和门电路构成，这也是 CMOS 产品经常使用的设计工艺。CC74HC151 也是一个 8 选 1 数据选择器，CC74HC151 的功能与 74LS151 相同，但电路结构不同。

（3）集成数据选择器的扩展。

利用使能端可以将两片 4 选 1 MUX 扩展为 8 选 1 MUX。图 3-30 所示是将双 4 选 1 MUX 实现为 8 选 1 MUX 的逻辑图。其中，A_2 是 8 选 1 MUX 地址端的最高位，A_0 是最低位，8 选 1 MUX 的输出 $Y=Y_1+Y_2$。当 $A_2=0$ 时，左边 4 选 1 工作，右边 4 选 1 禁止工作，$Y_2=0$，$Y=Y_1$；当 $A_2=1$ 时，右边 4 选 1 工作，左边 4 选 1 禁止工作，$Y_1=0$，$Y=Y_2$。

另外还有一种扩展方法称为树状扩展法。用 5 个 4 选 1 MUX 实现 16 选 1 MUX 的逻辑图如图 3-31 所示，请读者自己思考其工作原理。

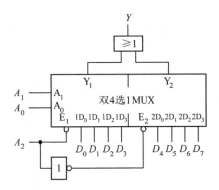

图 3-30 双 4 选 1 MUX 实现 8 选 1 MUX 的逻辑图

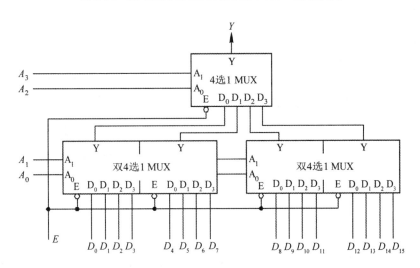

图 3-31 5 个 4 选 1 MUX 实现 16 选 1 MUX 的逻辑图

（4）数据选择器的应用。

数据选择器的应用很广泛，典型应用之一就是可以作为函数发生器实现逻辑函数。逻辑函数可以写成最小项之和的标准形式，数据选择器的输出正好包含了地址变量的所有最小项，根据这一特点，我们可以方便地实现逻辑函数。

【例 3-8】试用 8 选 1 数据选择器 74LS151 产生逻辑函数 $Y=AB\overline{C}+\overline{A}BC+\overline{A}\,\overline{B}$。

解：把逻辑函数变换成最小项表达式

$$Y=AB\overline{C}+\overline{A}BC+\overline{A}\,\overline{B}C+\overline{A}\,\overline{B}\overline{C}=m_0+m_1+m_3+m_6$$

8 选 1 数据选择器有效工作时输出逻辑函数的表达式为

$$Y=\overline{A_2}\,\overline{A_1}\,\overline{A_0}D_0+\overline{A_2}\,\overline{A_1}\,A_0D_1+\overline{A_2}A_1\,\overline{A_0}D_2+\overline{A_2}A_1\,A_0D_3+A_2\,\overline{A_1}\,\overline{A_0}D_4+A_2\,\overline{A_1}\,A_0D_5+A_2\,A_1\,\overline{A_0}D_6+A_2\,A_1\,A_0D_7$$

$$=m_0D_0+m_1D_1+m_2D_2+m_3D_3+m_4D_4+m_5D_5+m_6D_6+m_7D_7$$

若将式中 A_2、A_1、A_0 用 A、B、C 来代替，对比两式可以看出，当 $D_0=D_1=D_3=D_6=1$，$D_2=D_4=D_5=D_7=0$ 时，两式相等。画出该逻辑函数的逻辑图如图 3-32 所示。

特别提示：

因为函数中各最小项的标号是按 A、B、C 的权为 4、2、1 写出的，因此 A、B、C 必须依次加到 A_2、A_1、A_0 端。

【例 3-9】 试用 4 选 1 MUX 实现三变量函数 $F=\overline{A}\,\overline{B}\,C+\overline{A}\,\overline{B}\,\overline{C}+\overline{A}\,B\,C+A\,B\,\overline{C}$。

解：首先选择地址输入，令 $A_1A_0=AB$，则多余输入变量为 C。

用代数法将 F 的表达式变换为与 Y 相应的形式（4 选 1 式子）

$$Y=\overline{A_1}\,\overline{A_0}D_0+\overline{A_1}\,A_0D_1+A_1\,\overline{A_0}D_2+A_1\,A_0D_3$$

$$F=\overline{A}\,\overline{B}\cdot1+\overline{A}\,B\cdot C+A\,\overline{B}\cdot\overline{C}+AB\cdot0$$

将 F 与 Y 对照可知，当 $D_0=1$，$D_1=C$，$D_2=\overline{C}$，$D_3=0$ 时，$Y=F$。逻辑图如图 3-33 所示。

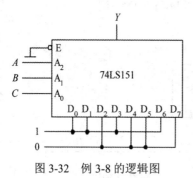

图 3-32　例 3-8 的逻辑图

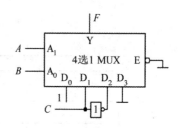

图 3-33　例 3-9 的逻辑图

3.3.4　加法器及其应用

1.　加法器的概念和类型

实现两个二进制数相加功能的逻辑电路称为加法器。加法器有一位加法器和多位加法器之分。在计算机中进行加减乘除等各种算术运算时，往往是通过加法器进行的。加法器是计算机的基本运算单元。

2.　一位加法器

实现两个 1 位二进制数相加的逻辑电路称为一位加法器。一位加法器又分为半加器和全加器。

（1）半加器。

只考虑本位两个二进制数相加，而不加来自低位进位的逻辑电路，称为半加器。1 位二进制半加器的输入变量有两个，分别为加数 A 和被加数 B；输出也有两个，分别为本位

和数 S 和向高位的进位 C。

根据二进制加法运算规则列真值表如表 3-14 所示。

表 3-14　半加器的逻辑真值表

A	B	S	C
0	0	0	0
0	1	1	0
1	0	1	0
1	1	0	1

由真值表可以写出如下逻辑表达式：

$$S=\overline{A}B + A\overline{B}$$

$$C=AB$$

半加器逻辑图如图 3-34（a）所示，图 3-34（b）所示是半加器的逻辑符号。

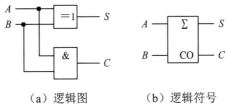

　　（a）逻辑图　　　　　　（b）逻辑符号

图 3-34　半加器的逻辑图和逻辑符号

（2）全加器。

将来自低位的进位和本位两个二进制数相加的逻辑电路称为全加器。一位二进制全加器的输入变量有 3 个，分别为加数 A_i、被加数 B_i 及相邻低位的进位 C_{i-1}（或 C_i）；输出也有两个，分别为本位和数 S_i 和本位向高位的进位 C_i（或 C_{i+1}）。

根据二进制加法运算规则列真值表如表 3-15 所示。

表 3-15　全加器的真值表

A_i	B_i	C_{i-1}	S_i	C_i
0	0	0	0	0
0	0	1	1	0
0	1	0	1	0
0	1	1	0	1
1	0	0	1	0
1	0	1	0	1
1	1	0	0	1
1	1	1	1	1

由真值表写出逻辑表达式如下：

$$S_i = \overline{A_i}\,\overline{B_i}C_{i-1} + \overline{A_i}B_i\overline{C_{i-1}} + A_i\overline{B_i}\,\overline{C_{i-1}} + A_iB_iC_{i-1}$$

$$\overline{C_i} = A_i\overline{B_i}C_{i-1} + \overline{A_i}B_iC_{i-1} + A_iB_i\overline{C_{i-1}} + A_iB_iC_{i-1}$$

将上式变换可得逻辑表达式如下：

$$S_i = \overline{A_i}\overline{B_i}C_{i-1} + \overline{A_i}B_i\overline{C_{i-1}} + A_i\overline{B_i}\overline{C_{i-1}} + A_iB_iC_{i-1} = (\overline{A_i}B_i + A_i\overline{B_i})\overline{C_{i-1}} + (\overline{A_i}\overline{B_i} + A_iB_i)C_{i-1}$$
$$= (A_i \oplus B_i)\overline{C_{i-1}} + \overline{A_i \oplus B_i}C_{i-1} = A_i \oplus B_i \oplus C_{i-1}$$
$$\overline{C_i} = A_i\overline{B_i}C_{i-1} + \overline{A_i}B_iC_{i-1} + A_iB_i\overline{C_{i-1}} + A_iB_iC_{i-1} = (A_i\overline{B_i} + \overline{A_i}B_i)C_{i-1} + A_iB_i = (A_i \oplus B_i)C_{i-1} + A_iB_i$$

由以上逻辑表达式可得用异或门构成的全加器逻辑图如图 3-35 所示。

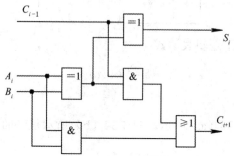

图 3-35　用异或门构成的全加器逻辑图

由真值表（或函数变换）可以写出如下逻辑表达式：

$$\overline{S_i} = \overline{A_i}\overline{B_i}\overline{C_{i-1}} + \overline{A_i}B_iC_{i-1} + A_i\overline{B_i}C_{i-1} + A_iB_i\overline{C_{i-1}}$$
$$\overline{C_i} = \overline{A_i}\overline{B_i} + \overline{B_i}\overline{C_{i-1}} + \overline{A_i}\overline{C_{i-1}}$$

根据上式，可用与或非门实现全加器，由与或非门组成的全加器逻辑电路如图 3-36（a）所示，图 3-36（b）所示为全加器的逻辑符号。在全加器的逻辑符号中，C_I 是进位输入端，C_O 是进位输出端。

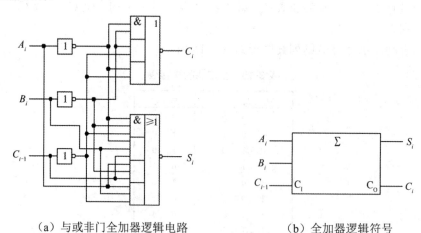

（a）与或非门全加器逻辑电路　　　　　　　（b）全加器逻辑符号

图 3-36　用与或非门组成的全加器的逻辑电路及符号

3. 多位加法器

实现两个多位二进制数相加的逻辑电路称为多位加法器。多位数相加时，要考虑进位，进位的方式有串行进位和超前进位两种，因此多位加法器可分为串行进位加法器和超前进位加法器。

（1）串行进位加法器。

全加器只能实现两个一位二进制数相加。当进行多位二进制数相加运算时，就必须使用多个全加器才能完成。n 位串行进位加法器由 n 个全加器串联构成。图 3-37 所示是一个 4 位串行进位加法器。在串行进位加法器中，采用串行进位运算方式，由低位至高位进行运算，每一位的运算都必须等待相邻低位的进位输入。

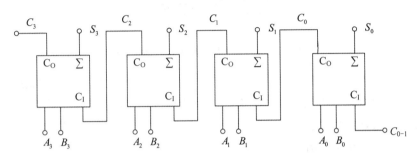

图 3-37　4 位串行进位加法器

这种电路结构简单，但运算速度慢，一个 n 位串行进位加法器至少需要经过 n 个全加器的传输延迟时间才能得到可靠的运算结果，适合在运算速度要求不高的场合使用。

（2）超前进位加法器。

为了提高加法器的运算速度，必须设法减小进位信号的传递时间，采用超前进位加法器可较好地解决这个问题。所谓超前进位，是指电路在进行二进制加法运算时，通过快速进位电路产生除最低位外的其余所有全加器的进位信号，无须由低位到高位逐位传递进位信号，消除了串行进位加法器逐位传递进位信号的时间，提高了加法器的运算速度。

前面已经得到全加器的表达式为

$$S_i = A_i \oplus B_i \oplus C_{i-1}$$
$$C_i = A_iB_i + (A_i \oplus B_i)C_{i-1}$$

令 $G_i = A_iB_i$，称为进位产生函数，$P_i = A_i \oplus B_i$ 称为进位传输函数。将其代入 S_i、C_i 表达式中，得到递推公式如下

$$S_i = P_i \oplus C_{i-1}$$
$$C_i = G_i + P_iC_{i-1}$$

这样可得各位进位信号的逻辑表达式如下

$$C_0 = G_0 + P_0C_{-1}$$
$$C_1 = G_1 + P_1C_0 = G_1 + P_1G_0 + P_1P_0C_{-1}$$
$$C_2 = G_2 + P_2C_1 = G_2 + P_2P_1G_0 + P_2P_1P_0C_{-1}$$
$$C_3 = G_3 + P_3C_2 = G_3 + P_3G_2 + P_3P_2G_1 + P_3P_2P_1G_0 + P_3P_2P_1P_0C_{-1}$$

利用上面逻辑表达式可以得到超前进位电路，超前进位加法器是由超前进位电路和若干全加器组合而成的。图 3-38 所示是一个 4 位超前进位加法器的电路结构图，图中未画出具体的超前进位电路。

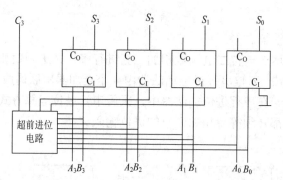

图 3-38　4 位超前进位加法器电路结构图

超前进位加法器的速度得到了很大提高，但增加了电路的复杂程度，随着加法器位数的增加，电路的复杂程度也随之急剧上升。目前的集成加法器多是超前进位加法器，由超前进位电路和全加器组成。

4. 集成加法器及其应用

集成加法器主要有 TTL 和 CMOS 两大类，产品较多，下面以 MSI74LS283 为例介绍其功能及应用。

（1）引脚图和逻辑符号。

MSI74LS283 是四位二进制超前进位加法器，其引脚图和功能示意图如图 3-39 所示。图中"$\sum$"为加法运算符号，A_3、A_2、A_1、A_0 和 B_3、B_2、B_1、B_0 为两组四位二进制数的输入端，S_3、S_2、S_1、S_0 为加法器和数输出端，C_I 为低位进位输入端，C_O 为进位输出端。

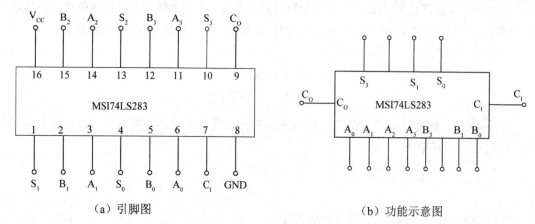

（a）引脚图　　　　　　　　　　　　　　　（b）功能示意图

图 3-39　MSI74LS283 的引脚图和功能示意图

（2）功能扩展。

将 MSI74LS283 进行简单级联，可以构成多位加法器，图 3-40 所示为用两个 MSI74LS283 构成的 8 位二进制加法器。

（3）应用。

集成加法器在数字系统中的应用十分广泛。其除了能进行多位二进制数的加法运算外，也可以用来完成二进制减法和乘除运算。另外，利用加法器还可以很方便地实现一些逻辑电路，如实现码组变换。

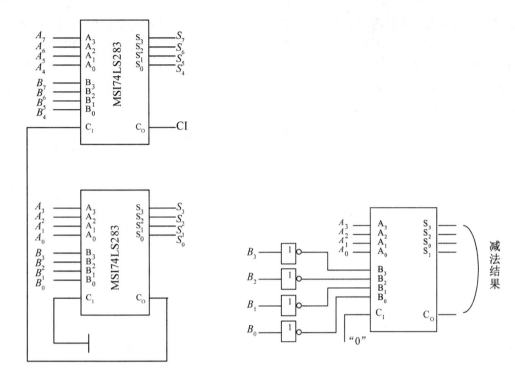

图3-40   MSI74LS283构成的8位二进制加法器   图 3-41   实现二进制减法电路

利用"加补"的概念，即可将减法用加法来实现，构成二进制减法器，实现二进制减法电路，如图 3-41 所示。8421 BCD 码加 0011，即为余 3 码。8421 BCD 码到余 3 码的转换电路如图 3-42 所示。要实现余 3 码到 8421 BCD 码的转换，只须从余 3 码减去 0011 即可，余 3 码到 8421 BCD 码转换电路图如图 3-43 所示。

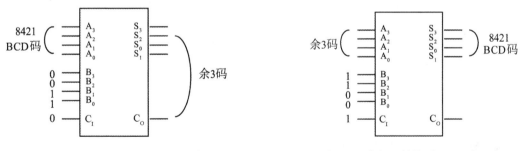

图 3-42   8421 BCD 码转换到余 3 码   图 3-43   余 3 码转换到 8421 BCD 码

【例 3-10】用 4 位加法器构成一位 8421 BCD 码加法器。

解：两个用 BCD 码表示的数字相加，并以 BCD 码给出其和的电路称为 BCD 码加法器。利用加法器可以实现 8421 BCD 码相加。

两个一位十进制数相加，若考虑低位的进位，其和应为 0～19。8421 BCD 码加法器的输入/输出都应该用 8421 BCD 码表示，而 4 位二进制加法器是按二进制数进行运算的，因此必须将输出的二进制数（和数）进行等值变换。表 3-16 列出了与十进制数 0～19 相应的二进制数 $C_3S_3S_2S_1S_0$ 及 8421 BCD 码 $CS_3S_2S_1S_0$。从表 3-16 中看出，当和小于等于 9 时不需要修正，当和大于 9 时需要加 6 修正，即当和大于 9 时，二进制和数加 0110 才等于相应的 8421 BCD 码。故修正电路应含一个判 9 电路，当和数大于 9 时对结果加 0110，小于等于 9 时加 0000。考虑约束条件，从表 3-16 中还可以看出，和大于 9 的条件为 $C = C_3 + S_3S_2 + S_3S_1$。用两片 4 位二进制全加器和判 9 电路，可以完成两个一位 8421 BCD 码的加法运算。电路如图 3-44 所示，第 I 片完成二进制数相加的操作，第 II 片完成和的修正操作。

表 3-16　例 3-10 的变换表

十进制和	二进制和					BCD 码和					十进制和	二进制和					BCD 码和				
	C_3	S_3	S_2	S_1	S_0	C	S_3	S_2	S_1	S_0		C_3	S_3	S_2	S_1	S_0	C	S_3	S_2	S_1	S_0
0	0	0	0	0	0	0	0	0	0	0	10	0	1	0	1	0	1	0	0	0	0
1	0	0	0	0	1	0	0	0	0	1	11	0	1	0	1	1	1	0	0	0	1
2	0	0	0	1	0	0	0	0	1	0	12	0	1	1	0	0	1	0	0	1	0
3	0	0	0	1	1	0	0	0	1	1	13	0	1	1	0	1	1	0	0	1	1
4	0	0	1	0	0	0	0	1	0	0	14	0	1	1	1	0	1	0	1	0	0
5	0	0	1	0	1	0	0	1	0	1	15	0	1	1	1	1	1	0	1	0	1
6	0	0	1	1	0	0	0	1	1	0	16	1	0	0	0	0	1	0	1	1	0
7	0	0	1	1	1	0	0	1	1	1	17	1	0	0	0	1	1	0	1	1	1
8	0	1	0	0	0	0	1	0	0	0	18	1	0	0	1	0	1	1	0	0	0
9	0	1	0	0	1	0	1	0	0	1	19	1	0	0	1	1	1	1	0	0	1

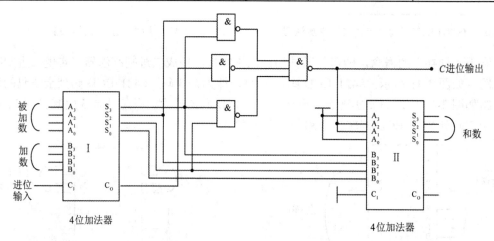

图 3-44　1 位 8421 BCD 码加法器

3.3.5　数值比较器及其应用

1. 数值比较器的特点和类型

在数字系统中，特别是在计算机中，经常需要比较两个数 A 和 B 的大小，而数字比较器就可对两个位数相同的二进制数 A 和 B 进行比较。其结果有 $A>B$、$A<B$ 和 $A=B$ 3 种可能性。比较器有 1 位和多位之分。

2. 数值比较器的工作原理

（1）1 位数值比较器。

将两个 1 位数 A 和 B 进行比较，一般有 $A>B$、$A<B$ 和 $A=B$ 3 种可能。因此，比较器应

有两个输入端 A 和 B，3 个输出端 $F_{A>B}$、$F_{A<B}$、$F_{A=B}$。假设与比较结果相符的输出为 1，不相符的输出为 0，则可列出其真值表如表 3-17 所示。

表 3-17　1 位数字比较器的真值表

输　入		输　出		
A	B	$F_{A>B}$	$F_{A<B}$	$F_{A=B}$
0	0	0	0	1
0	1	0	1	0
1	0	1	0	0
1	1	0	0	1

由真值表可以得出各输出逻辑函数表达式为

$$F_{A>B} = A\bar{B}，\quad F_{A<B} = \bar{A}B，\quad F_{A=B} = \overline{A}\,\overline{B} + AB = \overline{A \oplus B} = \overline{F_{A>B} + F_{A<B}}$$

由逻辑函数表达式可以画出 1 位数字比较器的逻辑电路图，如图 3-45 所示。

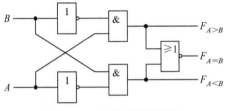

图 3-45　1 位比较器逻辑图

（2）多位数值比较器。

2 位数值比较器也可以用同样的方法设计。但对于多位数值比较器，因输入变量数目太多，非常麻烦，考虑多位比较器高、低位之间的约束一般应采用灵活的设计方法进行设计。当两个多位二进制数进行比较时，须从高位到低位逐位比较，高位比较结果即为多位二进制数比较结果。只有高位二进制数相等时，才对低位进行比较，直到比较出结果为止。1 位数字比较器是多位数值比较器的基础，多个 1 位数字比较器再附加一些门电路则可以构成多位数值比较器。

3. 集成数值比较器及其应用

集成数值比较器在数字系统中的应用十分广泛。集成数值比较器主要有 TTL 和 CMOS 两大类，产品较多。下面以 MSI74LS85 为例介绍其功能及应用。

（1）逻辑符号及逻辑功能。

集成数值比较器 MSI74LS85 的逻辑引脚图如图 3-46 所示。图中 A_3、A_2、A_1、A_0 和 B_3、B_2、B_1、B_0 为两组相比较的数据输入端；$I_{A>B}$、$I_{A<B}$、$I_{A=B}$ 为 3 个级联输入端，用于数值比较器的扩展；$F_{A>B}$、$F_{A<B}$、$F_{A=B}$ 为 3 个比较结果输出端。其功能表如表 3-18 所示。

从表中可以看出，若比较两个 4 位二进制数 A（$A_3A_2A_1A_0$）和 B（$B_3B_2B_1B_0$）的大小，从最高位开始进行比较。如果 $A_3>B_3$，则 A 一定大于 B，这时输出 $F_{A>B}=1$；如果 $A_3<B_3$，则可以肯定 $A<B$，这时输出 $F_{A<B}=1$；如果 $A_3=B_3$，则比较次高位 A_2 和 B_2，依此类推，直到比较到最低位。这种从高位开始比较的方法要比从低位开始比较的方法速度要快。

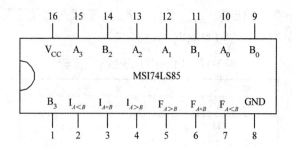

图 3-46 4 位比较器 MSI74LS85 的引脚图

表 3-18 4 位数字比较器功能表

数值输入和级联输入							比较输出		
$A_3 B_3$	$A_2 B_2$	$A_1 B_1$	$A_0 B_0$	$I_{A>B}$	$I_{A<B}$	$I_{A=B}$	$F_{A>B}$	$F_{A<B}$	$F_{A=B}$
$A_3>B_3$	×	×	×	×	×	×	1	0	0
$A_3<B_3$	×	×	×	×	×	×	0	1	0
$A_3=B_3$	$A_2>B_2$	×	×	×	×	×	1	0	0
$A_3=B_3$	$A_2<B_2$	×	×	×	×	×	0	1	0
$A_3=B_3$	$A_2=B_2$	$A_1>B_1$	×	×	×	×	1	0	0
$A_3=B_3$	$A_2=B_2$	$A_1<B_1$	×	×	×	×	0	1	0
$A_3=B_3$	$A_2=B_2$	$A_1=B_1$	$A_0>B_0$	×	×	×	1	0	0
$A_3=B_3$	$A_2=B_2$	$A_1=B_1$	$A_0<B_0$	×	×	×	0	1	0
$A_3=B_3$	$A_2=B_2$	$A_1=B_1$	$A_0=B_0$	1	0	0	1	0	0
$A_3=B_3$	$A_2=B_2$	$A_1=B_1$	$A_0=B_0$	0	1	0	0	1	0
$A_3=B_3$	$A_2=B_2$	$A_1=B_1$	$A_0=B_0$	0	0	1	0	0	1

当 $A_3A_2A_1A_0=B_3B_2B_1B_0$ 时，比较的结果取决于"级联输入"端，应用"级联输入"端扩展逻辑功能。当应用一块芯片来比较 4 位二进制数时，应使级联输入端的 $I_A=I_B$ 端接 1，$I_A>I_B$ 端与 $I_A<I_B$ 端都接 0，这样就能完整地比较出 3 种可能的结果。若要扩展比较位数时，可应用级联输入端做片间连接。

（2）比较器的扩展。

MSI74LS85 数字比较器的级联输入端 $I_{A>B}$、$I_{A<B}$、$I_{A=B}$ 是为了扩大比较器的功能而设置的。当不需要扩大比较位数时，$I_{A>B}$、$I_{A<B}$ 接低电平，$I_{A=B}$ 接高电平；若需要扩大比较器的位数时，只要将低位的 $F_{A>B}$、$F_{A<B}$ 和 $F_{A=B}$ 分别接高位相应的串接输入端 $I_{A>B}$、$I_{A<B}$、$I_{A=B}$ 即可。用两片 MSI74LS85 的 4 位比较器组成 8 位数字比较器的电路如图 3-47 所示。这样，当高 4 位都相等时，就可由低 4 位来决定两数的大小。这种扩展方式称为串联方式扩展。

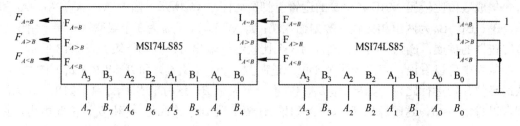

图 3-47 4 位比较器扩展为 8 位比较器

当比较位数较多且要满足一定的速度要求时，可以采用并联方式。图 3-48 所示为 5 片 MSI74LS85 的 4 位比较器扩展为 16 位比较器的连接图，这种扩展方式称为并联方式扩展。由图 3-48 中可以看出，这里采用两级比较方法，将 16 位按高低位次序分成 4 组，每组 4 位，各组的比较是并行进行的。将每组的比较结果再经过 4 位比较器进行比较后得出结果。显然，从数据输入到稳定输出只需两倍的 4 位比较器延迟时间。若用串联方式，则 16 位的数值比较器从输入到稳定输出需要 4 倍的 4 位比较器延迟时间。

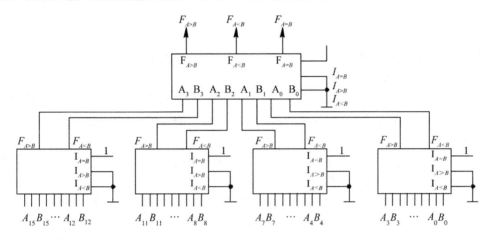

图 3-48　4 位比较器扩展为 16 位比较器的连接图

特别提示：

目前生产的数字比较器产品中，电路结构形式多样。电路结构形式不同，扩展输入端的用法也不完全一样，使用时应注意区别。例如，CC74HC85 就是一款 4 位比较器产品，具有与 MSI74LS85 相同的逻辑功能。但它不需要扩大比较位数时，应把 $I_{A>B}$、$I_{A=B}$ 接高电平，$I_{A<B}$ 接低电平。

（3）数值比较器的应用。

数值比较器除了在数字系统中进行两组二进制数的比较之外，在自动控制系统中还常用于反馈量与给定量之间的数字比较。例如，在装料生产中，要控制某个容器的装料量，可以将装料量或料位采样，并将其采样数据送至控制机构中与某一标准值比较，然后将比较结果由控制机构送回到执行机构来决定是否继续装料。

【思考与练习】

（1）编码器的功能是什么？优先编码器有什么优点？

（2）编码器扩展时使能端如何连接？

（3）什么是译码？简述译码器的分类和特点。

（4）显示译码器与数码管连接时，应注意什么？

（5）译码器扩展时使能端如何连接？何种译码器可以作为数据分配器使用？为什么？

（6）二进制译码器能否同时实现多路函数输出？为什么？

（7）74LS138 译码器作为数据分配器使用时，对于 E_1、E_{2A}、E_{2B} 的设置方法有哪些？

（8）数据分配器与数据选择器各具有什么功能？简述数据选择器的扩展方法。

（9）数据选择器能否同时实现多路函数输出？为什么？若函数变量与数据选择器地址控制端个数不同，如何实现逻辑函数？

（10）什么是半加器？什么是全加器？串行进位和超前进位加法器各有什么特点？

（11）利用半加器和门电路能否构成全加器？如何连接？

（12）MSI74LS85 的 3 个输入端 $I_{A>B}$、$I_{A<B}$、$I_{A=B}$ 有什么作用？

项目 3 小结

组合逻辑电路的特点即任何时刻的输出仅取决于该时刻的输入，而与电路原来的状态无关，一般由若干逻辑门组成。

组合逻辑电路的分析过程：逻辑图→逻辑表达式→化简和变换逻辑表达式→列出真值表→确定功能。组合逻辑电路的设计方法：列出真值表→写出逻辑表达式→逻辑化简和变换→画出逻辑图。

本项目着重介绍了具有特定功能的一些常用组合逻辑电路，如比较器、加法器、数据选择器、数据分配器、编码器和译码器等，并在介绍这些组合逻辑电路的一般设计方法的基础上，重点介绍 MSI 集成芯片的逻辑功能以及集成电路的扩展和应用。其中，编码器和译码器功能相反，都设有使能控制端，便于多片连接扩展；数据选择器和分配器功能相反，分配器一般由二进制译码器构成，并不生产专门产品；数字比较器用来比较数的大小，加法器用来实现算术运算。

用数据选择器和译码器可实现逻辑函数及组合逻辑电路。译码器可以实现单输出和多输出逻辑函数，数据选择器只能实现单输出逻辑函数，显示译码器可以驱动显示器显示数字、符号和文字。

组合逻辑电路在过渡状态有可能出现冒险现象，实际电路设计中要设法消除。消除方法有滤波、修改逻辑设计和引入选通脉冲等措施。

项目 3 习题

3-1 试分析图 3-49 所示各组合逻辑电路的逻辑功能。

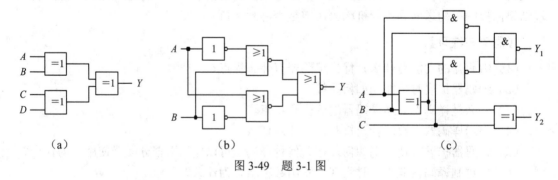

（a）　　　　　　　　　（b）　　　　　　　　　（c）

图 3-49 题 3-1 图

3-2 采用与非门设计下列逻辑电路：

（1）三变量判奇电路（含 1 的个数）；

（2）三变量多数表决电路；

（3）三变量非一致电路。

3-3 有一个车间，有红、黄两个故障指示灯，用来表示 3 台设备的工作情况。当有 1 台设备出现故障时，黄灯亮；当有两台设备出现故障时，红灯亮；当 3 台设备都出现故障时，红灯、黄灯都亮。试用与非门设计一个控制灯亮的逻辑电路。

3-4 判断下列逻辑函数是否存在冒险现象：

$Y_1 = AB + \overline{A}C + \overline{B}C + \overline{A}\,\overline{B}\,\overline{C}$;

$Y_2 = (A+B)(\overline{B}+\overline{C})(\overline{A}+\overline{C})$ 。

3-5 旅客列车分特快、直快、慢车 3 种。它们的优先顺序由高到低分别是特快、直快、慢车。试设计一个列车从车站开出的逻辑电路。

3-6 为使 74LS138 译码器的第 10 引脚输出为低电平，请标出各输入端应设置的逻辑电平。

3-7 用译码器实现下列逻辑函数，画出连线图。

（1）$Y_1 = \sum m$（3，4，5，6）；

（2）$Y_2 = \sum m$（1，3，5，9）。

3-8 试用 74LS151 数据选择器实现逻辑函数：

（1）$Y_1(A，B，C) = \sum m(2，4，5，7)$；

（2）$Y_2 = ABC + AB\overline{C} + \overline{A}BC + \overline{A}\,\overline{B}C$ 。

3-9 用 4 选 1 数据选择器和译码器，组成 20 选 1 数据选择器。

3-10 仿照半加器和全加器的设计方法，试用与非门设计一个半减器和一个全减器。

3-11 试用 74LS153 数据选择器设计半加器和全加器。

3-12 试用集成电路实现将 16 路输入中的任意一组数据传送到 16 路输出中的任意一路，并画出逻辑连接图。

3-13 用与非门设计一个 8421 BCD 码的七段显示译码器，要求能显示 0~9，其他情况灭灯。

3-14 用二进制译码器和门电路设计一个 8 选 1 数据选择器。

3-15 在图 3-50 所示电路中，当比较器 C 输入端信号 $u_i > 0$ 时，C 输出高电平；当 $u_i < 0$ 时，C 输出低电平，且 C 输出电平与 TTL 器件输出电平兼容。若 u_i 为正弦波，其频率为 1 Hz，问数码管显示图案是怎样的？

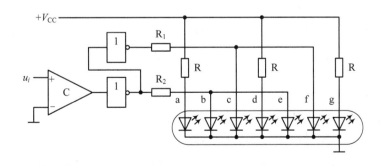

图 3-50 题 3-15 图

项目 4　触　发　器

【学习目标要求】

本项目介绍了触发器的类型、特点，常见触发器的逻辑功能、动作特点以及触发器的应用。

读者通过本项目的学习，要掌握以下知识点和相关技能：

（1）学会集成触发器的性能测试方法、使用方法。

（2）了解集成触发器的电路结构和工作原理。

（3）掌握各种触发器的逻辑电路符号、特性方程及真值表。

（4）熟练掌握常用集成触发器的逻辑功能及使用方法。

（5）掌握相关时序图分析方法及各种触发器之间的相互转换。

（6）熟悉常用集成触发器各项参数的含义，能够正确识别和使用常用触发器。

4.1　触发器的特点及类型

触发器（Flip Flop，简称 FF）是构成数字电路的又一基本单元，它是具有记忆功能的存储单元，可以存储 1 位 0 或 1；它是构成时序逻辑电路的基本单元电路。若干个触发器组合在一起可寄存多位二值信号。

4.1.1　触发器的特点

触发器有双稳态触发器、单稳态触发器和无稳态触发器等好几种，本节主要介绍双稳态触发器，即其输出有两个稳定状态 0、1，专门用来接收、存储和输出 0、1 代码。

触发器有一个或多个信号输入端，两个互补的输出端 Q 和 $\overline{Q}$。一般用 Q 的状态表明触发器的状态。$Q=0$、$\overline{Q}=1$ 为 0 态，$Q=1$、$\overline{Q}=0$ 为 1 态。若外界信号使 $Q=\overline{Q}$，则破坏了触发器的状态，这种情况在实际应用中是不允许出现的。

只有输入触发信号有效时，输出状态才有可能转换；否则，输出将保持不变。为了实现记忆二值信号的功能，触发器应具有以下两个基本特点：

（1）具有两个自行保持的稳定状态，即 0 态、1 态；

（2）随不同输入信号改变为 1 态或 0 态。

输入信号变化时，触发器可以从一个稳定状态转换到另一个稳定状态。为了分析方便，我们把触发器接收输入信号之前的状态称为现在状态（简称现态），用 Q^n（上标可省略）

表示；把触发器接收输入信号之后所进入的状态称为下一状态（简称次态），用 Q^{n+1} 表示。现态和次态是两个相邻离散时间里触发器输出端的状态，它们之间的关系是相对的，每一时刻触发器的次态就是下一相邻时刻触发器的现态。

4.1.2　触发器的分类

触发器由分立元器件、集成门电路构成（现在基本上都是中小规模集成产品），主要有 TTL 和 CMOS 两大类，其内部电路都是由门电路构成的。

（1）依据电路结构形式和工作特点分类。

按照电路结构形式和工作特点不同，触发器可分为基本触发器（RS）、时钟触发器（CP 或 CI）两大类，不同电路结构的触发器具有不同的动作方式。CP 不影响触发器的逻辑功能，只是控制触发器的工作节奏，不是输入信号。

时钟信号触发器又可分为电平控制的触发器和边沿触发器两种类型。属于前一类型的有同步触发器和主从触发器两种，在 CP 信号为 0 或 1 时动作；属于后一类的有维持—阻塞触发器、利用 CMOS 传输门的主从、利用门电路延时时间的触发器，在 CP 信号处于上升沿或下降沿时动作。

（2）依据逻辑关系分类。

由于内部逻辑电路的不同，触发器的输入与输出信号间的逻辑关系也有所不同。其输出信号在输入信号作用下会按不同的逻辑关系进行变化，从而构成各种不同逻辑功能的触发器，如 RS 触发器、D 触发器、JK 触发器、T 触发器和 T′触发器。

（3）依据存储数据的原理分类。

根据存储数据的原理不同，触发器可分为静态触发器和动态触发器。静态触发器是靠电路的自锁存储数据的。动态触发器是通过在 MOS 管栅极输入电容器上存储电荷来存储数据的，如输入电容器上存有电荷时为 0 状态，没有存有电荷时则为 1 状态。本节只介绍静态触发器，动态触发器将在半导体存储器中介绍。

【思考与练习】

（1）什么叫触发器？按控制时钟状态可分成哪几类？

（2）触发器当前的输出状态与哪些因素有关？

4.2　基本 RS 触发器

基本 RS 触发器是构成各种功能触发器的基本单元，所以称为基本触发器。它可以由两个与非门或两个或非门交叉耦合构成。

4.2.1　基本 RS 触发器的电路结构和工作原理

图 4-1（a）所示是由与非门构成的基本 RS 触发器逻辑电路，由两个与非门 G_1、G_2 互相交叉连接，有两个输入端（或称激励端）$\overline{S}$、$\overline{R}$，两个互补输出端 Q 和 $\overline{Q}$。一般用 Q 端的逻辑值来表示触发器的状态（下标 D 表示直接输入）。

根据图 4-1（a）所示电路中的与非逻辑关系，可以得出以下结果：

（1）当 $\overline{R}_{D}=0$、$\overline{S}_{D}=1$ 时，$Q=0$、$\overline{Q}=1$，称触发器处于置 0（复位）状态。

（2）当 $\overline{R}_{D}=1$、$\overline{S}_{D}=0$ 时，$Q=1$、$\overline{Q}=0$，称触发器处于置 1（置位）状态。

（3）当 $\overline{R}_{D}=1$、$\overline{S}_{D}=1$ 时，$Q^{n+1}=Q^{n}$，称触发器处于保持（记忆）状态。

（4）当 $\overline{R}_{D}=0$、$\overline{S}_{D}=0$ 时，$Q=\overline{Q}=1$，此时两个与非门输出均为 1（高电平），破坏了触发器的互补输出关系，而且当 $\overline{R}_{D}$、$\overline{S}_{D}$ 同时从 0 变化为 1 时，由于门的延迟时间不一致，使触发器的次态不确定，即 $Q=\times$。这种情况是不允许的。因此规定输入信号 $\overline{R}_{D}$、$\overline{S}_{D}$ 不能同时为 0，它们应遵循 $\overline{R}_{D}+\overline{S}_{D}=1$ 的约束条件。

从以上分析可知，基本 RS 触发器具有置 0、置 1 和保持的逻辑功能，$\overline{S}$ 端称为直接置 1 端或置位（SET）端，$\overline{R}$ 端称为直接置 0 或复位（RESET）端。因此该触发器又称为置位－复位（Set-Reset）触发器，其逻辑符号如图 4-1（b）所示。因为它是以 $\overline{R}_{D}$ 和 $\overline{S}_{D}$ 为低电平时被清 0 和置 1 的，所以称 $\overline{R}_{D}$ 和 $\overline{S}_{D}$ 低电平有效，且在图 4-1（b）中 $\overline{R}_{D}$、$\overline{S}_{D}$ 的输入端加有小圆圈表示，习惯上用反变量表示输入低电平有效。输出端的小圆圈表示输出非端，Q 和 $\overline{Q}$ 在正常情况下状态互补。

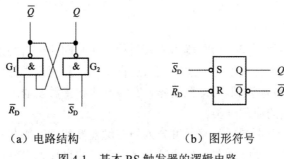

（a）电路结构　　　　　　（b）图形符号

图 4-1　基本 RS 触发器的逻辑电路

4.2.2　基本 RS 触发器的功能

基本 RS 触发器的逻辑功能可采用状态转换真值表、特征方程式、状态转换图与激励表、工作波形图（时序图）来描述。

（1）状态转换真值表。

将触发器的次态 Q^{n+1} 与现态 Q^{n}、输入信号之间的逻辑关系用表格形式表示出来，这种表格就称为状态转换真值表，简称状态表。根据以上分析，图 4-1（a）所示基本 RS 触发器的状态转移真值表如表 4-1 所示。它们与组合电路的真值表相似，不同的是触发器的次态 Q^{n+1} 不仅与输入信号有关，还与它的现态 Q^{n} 有关（Q^{n} 也是输入），这正体现了存储电路的特点。

表 4-1　基本 RS 触发器的状态转移真值表

输　　入		输　　出	
$\overline{R}_{D}$	$\overline{S}_{D}$	Q^{n+1}	功能说明
1	1	Q^{n}	保持
1	0	1	置1
0	1	0	置0
0	0	×	禁止

（2）特征方程（状态方程）式。

描述触发器逻辑功能的函数表达式称为特征方程或状态方程。根据表 4-1，可以求得基本 RS 触发器的特征方程为

$$\begin{cases} Q^{n+1} = S_D + \overline{R}_D Q^n \\ S_D R_D = 0 \end{cases} \tag{4-1}$$

特征方程中的约束条件表示 R_D 和 S_D 不允许同时为 1，即 R_D 和 S_D 总有一个为 0。

（3）状态转换图（状态图）与激励表。

状态转换图是用图形方式来描述触发器的状态转移规律的。图 4-2 所示为基本 RS 触发器的状态转换图。图中两个圆圈分别表示触发器的两个稳定状态，箭头表示在输入信号作用下状态转移的方向，箭头旁的标注表示转换条件。

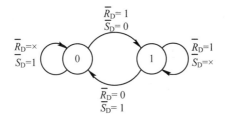

图 4-2　基本 RS 触发器的状态转换图

激励表（也称驱动表）是表示触发器由当前状态 Q^n 转至确定的下一状态 Q^{n+1} 时，对输入信号的要求。基本 RS 触发器的激励表如表 4-2 所示。

表 4-2　基本 RS 触发器的激励表

$Q^n \rightarrow Q^{n+1}$		S_D	R_D
0	0	0	×
0	1	1	0
1	0	0	1
1	1	×	0

（4）工作波形图。

工作波形图又称时序图，如图 4-3 所示，反映了触发器的输出状态随时间和输入信号变化的规律，是实验中可观察到的波形。阴影部分为不确定态。

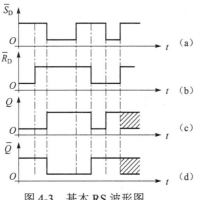

图 4-3　基本 RS 波形图

由或非门构成的基本 RS 触发器的电路结构和逻辑符号如图 4-4（a）和（b）所示。逻辑符号中，S_D、R_D 的输入端无小圆圈，表示高电平有效。它和与非门构成的基本 RS 触发器功能相同，区别是高、低电平不同。

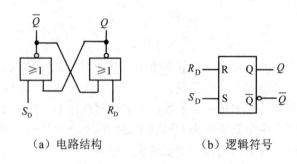

（a）电路结构　　　　　　　（b）逻辑符号

图 4-4　或非门电路结构和逻辑符号

4.2.3　基本 RS 触发器的工作特点

通过以上分析可以知道，基本 RS 触发器具有如下特点。

（1）直接复位－置位。

它具有两个稳定状态，分别为 1 和 0。如果没有外加触发信号作用，它将保持原有状态不变。触发器具有记忆作用。只有在外加触发信号作用下，触发器输出状态才可能发生变化。其输出状态直接受输入信号的控制，也称其为直接复位－置位触发器，属于非时钟控制触发器。

（2）存在约束。

对于与非门构成的基本 RS 触发器，当 $R_D=S_D=1$，$Q=\overline{Q}=1$ 时，则违反了互补关系。实际运用中不允许出现这种情况。

基本 RS 触发器电路结构简单，可存储 1 位二进制代码，是构成各种性能更好的触发器和时序逻辑电路的基础。常用的集成基本 RS 触发器电路有 CMOS 型的"四三态正逻辑 RS触发器" CC4043B，LSTTL 型的"四低电平锁存器" 54LS279/74LS279 等。由于存在直接置位和约束的问题，其使用受到了很大限制。

【思考与练习】

（1）基本 RS 触发器有哪几种功能？RS 各在什么时候有效？

（2）基本 RS 触发器有哪几种电路类型？

（3）基本 RS 触发器的不定状态有哪几种情况？

4.3　常见触发器的逻辑功能

4.3.1　D 触发器

凡在时钟作用下，逻辑状态变化情况符合表 4-3 所示真值表数据的触发器，统称为D 触发器。D 触发器有一个输入信号 D，输出状态跟随 D 变化，具有置 1、置 0 功能。式

（4-2）是其特性方程，其状态图如图 4-5 所示。

表 4-3　D 触发器的真值表

D	Q^{n+1}	功能说明
0	0	置 0
1	1	置 1

$$Q^{n+1} = D \qquad (4-2)$$

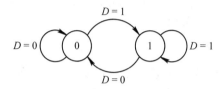

图 4-5　D 触发器的状态图

4.3.2　JK 触发器

凡在时钟作用下，逻辑状态变化情况符合表 4-4 所示真值表数据的触发器，统称为 JK 触发器。JK 触发器有两个输入信号 J、K，具有置 1、置 0、保持和变反功能。式（4-3）是其特性方程，其状态图如图 4-6 所示。

$$Q^{n+1} = J\overline{Q^n} + \overline{K}Q^n \qquad (4-3)$$

表 4-4　JK 触发器的真值表

输　　入		输　　出	
J	K	Q^{n+1}	功能说明
0	0	Q^n	保持
0	1	0	置 0
1	0	1	置 1
1	1	$\overline{Q^n}$	变反

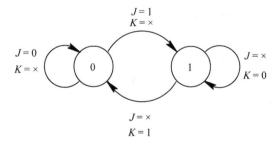

图 4-6　JK 触发器的状态图

4.3.3　T 触发器和 T'触发器

$J=K=T$ 的触发器，称为 T 触发器；$T=1$ 的触发器，称为 T'触发器。T 触发器和 T'触发器的特性方程分别为式（4-4）和式（4-5）。

$$Q^{n+1} = T\overline{Q^n} + \overline{T}Q^n = T \oplus Q^n \tag{4-4}$$

$$Q^{n+1} = 1 \oplus Q^n = \overline{Q^n} \tag{4-5}$$

T 触发器有一个输入信号 T，具有保持和变反功能；T'触发器只有变反功能，一般由 D 触发器、JK 触发器和 T 触发器实现。

【思考与练习】

（1）RS 触发器、D 触发器、JK 触发器、T 触发器各有什么功能？

（2）哪种触发器存在约束？哪种触发器功能最完善？

4.4　触发器的电路结构和动作特点

每一个触发器都有一定的电路结构形式和逻辑功能。触发器的电路结构形式和逻辑功能是两个不同性质的概念。所谓逻辑功能，是指触发器的次态和现态及输入信号在稳态下的逻辑关系。据此，触发器被分为 RS、D、JK、T 和 T'触发器等几种类型。不同的电路结构形式使触发器在状态转换时，有不同的动作特点和脉冲特性。基本触发器、同步触发器、主从触发器和边沿触发器是电路结构的几种不同类型。

同一种逻辑功能的触发器可以用不同的电路结构实现。例如，JK 触发器就有同步、主从和边沿 3 种电路结构。而同一电路结构的触发器，逻辑功能又有多种形式，如同步触发器就有 RS、D、JK、T 和 T'多种功能形式。

4.4.1　同步触发器

给基本 RS 触发器增加时钟控制端 CP 及控制门（JK 触发器还可引入反馈），则可构成各种功能的同步时钟触发器。其功能和电路结构有所不同，但其动作特点一致。同步时钟触发器由 CP 电平控制触发，有高电平触发与低电平触发两种类型，有 RS、D、JK 和 T 等多种逻辑功能电路。

1.　同步触发器的逻辑符号及逻辑功能

（1）同步 RS 触发器。

同步 RS 触发器的功能真值表、特性方程、状态图如表 4-1、式（4-1）、图 4-2 所示，区别是 CP=1 有效。同步 RS 触发器的逻辑电路符号及波形图如图 4-7 所示。R 端为置 0 端，S 端为置 1 端，CP 端为时钟输入端。

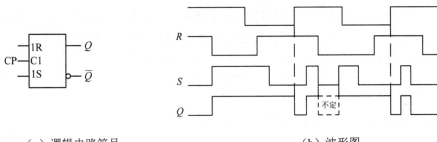

（a）逻辑电路符号 （b）波形图

图 4-7 同步 RS 触发器的逻辑电路符号及波形图

（2）同步 D 触发器。

同步 D 触发器的功能真值表、特性方程、状态图如表 4-3、式（4-2）、图 4-5 所示，区别是 CP=1 有效。同步 D 触发器的逻辑电路符号及波形图如图 4-8 所示。CP 端为时钟输入端。

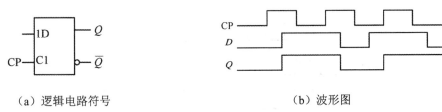

（a）逻辑电路符号 （b）波形图

图 4-8 同步 D 触发器的逻辑电路符号及波形图

同步 D 触发器在时钟作用下，其次态 Q^{n+1} 始终和 D 输入一致，因此常把它称为数据锁存器或延迟（Delay）触发器。由于 D 触发器的功能和结构都很简单，目前得到了普遍应用。

（3）同步 JK 触发器。

同步 JK 触发器的功能真值表、特性方程、状态图如表 4-4、式（4-3）、图 4-6 所示，区别是 CP =1 有效。同步 JK 触发器的逻辑符号及波形图如图 4-9 所示。CP 为时钟输入端。

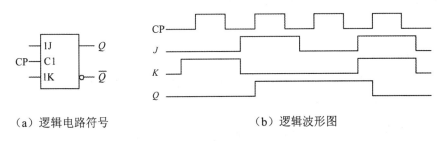

（a）逻辑电路符号 （b）逻辑波形图

图 4-9 同步 JK 触发器的逻辑符号及波形图

（4）同步 T 触发器和 T′触发器。

T 和 T′触发器一般由 D、JK 触发器产品构成。T′触发器，用途广泛。

2. 同步触发器的工作特点

从以上分析可以看出，同步触发器具有以下工作特点：

（1）脉冲电平触发器，又称电平触发器，抗干扰能力好于基本 RS 触发器。CP=1 期间，触发器的状态对输入信号敏感，输入信号的变化会引起触发器的状态变化；CP=0 期间，不论输入信号如何变化，都不会影响输出，触发器的状态维持不变。

（2）同步 RS 触发器，R、S 之间仍存在约束，约束关系为 $RS=0$，即 CP=1 期间不允许 $R=S=1$。其他功能触发器不存在约束。

（3）空翻和振荡现象。空翻现象就是在 CP=1 期间，触发器的输出状态随输入信号的变化翻转两次或两次以上的现象。在同步 JK 触发器中，由于互补输出引到了输入端，即使输入信号不发生变化，由于 CP 脉冲过宽，也会产生多次翻转，称振荡现象。空翻和振荡波形图如图 4-10 所示。第 1 个 CP=1 期间和第 2 个 CP=1 期间 Q 状态变化了两次。第 3 个脉冲 CP=1 时，$J=K=1$ 不变，$Q^{n+1}=\overline{Q^n}$，触发器翻转了多次，产生振荡现象。CP=1 期间，同步触发器的多次翻转在实际工作中是不允许的。为了避免空翻现象，必须对以上的同步触发器在电路结构上加以改进。

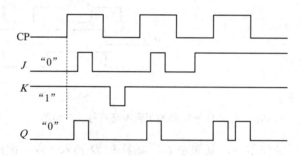

图 4-10　空翻和振荡波形图

同步触发器的集成芯片主要有两大类：CMOS 型的有"四时钟控制 D 锁存器"CC4042、"双 4 位 D 锁存器"CC4508、"4 位 D 锁存器"CC75HC75；LSTTL 型的有"8 位 D 锁存器"54LS373/74LS373、"双 2 位 D 锁存器"54LS375/74LS375、"双 4 位 D 锁存器"54LS116/74LS116 等。同步 D 触发器结构简单、控制方便，在微控制器接口电路中应用广泛。

*4.4.2　主从触发器

为了提高触发器的可靠性，要求每来一个 CP 脉冲信号，触发器仅发生 1 次翻转，主从时钟触发器可以满足这个要求。

1. 主从触发器的逻辑符号和逻辑功能

将两个同步 RS 触发器串联再增加门电路，引入适当反馈，便可构成各种功能的主从触发器。主从触发器主要有两种电路结构：一种是主从 RS 触发器；另一种是主从 JK 触发器。

主从 RS 触发器、主从 JK 触发器的逻辑符号如图 4-11 所示。图中的"¬"为输出延迟符号，表示主从触发器；小圆圈表示主从触发器的输出状态变化在 CP 的下降沿，如何变化，则由时钟 CP 下降沿到来前一瞬间的输入值 R、S 或 J、K 来决定。主从触发器实质上还是电平触发。

特别提示：

主从 RS 触发器、主从 JK 触发器的逻辑功能与同步 RS 触发器、同步 JK 触发器相同。

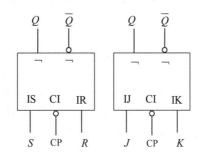

图 4-11　主从 RS 和 JK 触发器的逻辑符号

2.　主从触发器的工作特点

（1）主从控制，两步动作，实质上仍是同步电平触发器。

主从触发器在 CP=1 时为准备阶段。CP 由 1 下跳变至 0 时触发器状态发生转移，因此它是一种电平触发方式，而状态转移发生在 CP 下降沿时刻。

（2）主从 RS 触发器 R、S 之间仍存在与同步 RS 触发器一样的约束关系，其他触发器不存在约束关系。

（3）主从触发器的 1 次变化现象。

主从触发器在 CP=1 期间，接收输入信号，但整个触发器的输出状态并不改变，只有当 CP 由 1 变为 0 后，其输出状态才能根据主触发器的存储输出进行改变。此时，主触发器处于保持状态。因此，在 CP 的一个变化周期内，整个触发器的输出状态只可能改变 1 次，并且是在 CP 下降沿到来后翻转，称为"1 次变化现象"。若在 CP=1 期间混入了干扰信号，整个触发器的状态会依据干扰信号而变。

为了避免 1 次变化现象，使 CP 在下降沿时输出值跟随当时的 R、S 或 J、K 信号变化，必须要求在 CP=1 的期间信号不变化。但实际上由于干扰信号的影响，主从触发器的 1 次翻转现象仍会使触发器产生错误动作，因此主从 JK 触发器数据输入端抗干扰能力较弱。为了减少接收干扰的机会，应使 CP=1 的宽度尽可能窄。

主从触发器的集成芯片主要有 CMOS，TTL 两大类。具有直接置位和复位功能的 CMOS 型芯片有"双 JK 主从触发器"CC4027B，"三输入主从 JK 触发器"CC4095B、CC4096B，等等。LSTTL 集成芯片有"双 JK 主从触发器"74LS107、74LS78，"单 JK 主从触发器"74LS71、74LS72，等等。由于主从触发器存在 1 次变化现象，对信号要求严格，加之电路相对复杂，目前作为通用触发器的使用较少。

4.4.3　边沿触发器

边沿触发器仅在 CP 的上升沿或下降沿到来时才接收输入信号，才可能改变状态，除此以外，任何时刻的输入信号变化都不会引起触发器输出状态的变化。因此，边沿触发器不仅克服了空翻现象，而且大大提高了抗干扰能力，工作更为可靠。

边沿触发方式的触发器有两种类型：一类是维持－阻塞式触发器，它是利用直流反馈来维持翻转后的新状态。维持－阻塞式触发器在同一时钟内再次产生翻转。另一类是边沿 D 触发器，它是利用触发器内部逻辑门之间延迟时间的不同，使触发器只在约定时钟跳变时才接收输入信号。

1. 维持－阻塞式触发器

维持－阻塞式触发器是一种可以克服空翻的电路结构。它利用触发器翻转时内部产生的反馈信号，把引起空翻的信号传送通道锁住，从而克服了空翻和振荡现象。维持－阻塞式触发器有 RS、JK、D、T、T′等，应用较多的是维持－阻塞式 D 触发器。其逻辑电路符号如图 4-12 所示。图中，时钟信号 CP（或 C1）端的“>”表示上升沿触发，若下降沿触发再加一个小圆圈。

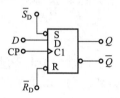

图 4-12　维持－阻塞式 D 触发器的逻辑电路符号

为了设初始状态的需要还设置了异步输入端。图中，R 和 S 为异步输入端，也称直接复位和置位端，两个输入端的小圆圈代表低电平有效。

当 $\overline{R_D}$ =0、$\overline{S_D}$ =1 时，触发器被直接复位到 0 状态，当 $\overline{R_D}$ =1、$\overline{S_D}$ =0 时，触发器被直接置位到 1 状态，此时，CP 和输入信号不起作用；当 $\overline{R_D} = \overline{S_D}$ =1 时，同步输入 D 和 CP 才起作用，同步输入 D 能否有效进入，取决于 CP 的同步控制。这里要注意，$\overline{R_D}$ 和 $\overline{S_D}$ 不能同时有效，即不允许 $\overline{R_D} = \overline{S_D}$ =0，否则将出现不正常状态。

当异步端不起作用，触发器状态才可能随 CP 和输入信号变化改变，此时维持－阻塞式 D 触发器功能真值表、状态图、特性方程与同步 D 触发器完全相同，区别只是 CP 的作用时刻不同。维持－阻塞式 D 触发器的输入/输出波形如图 4-13 所示。

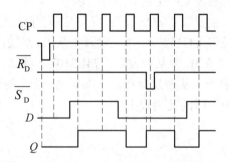

图 4-13　维持－阻塞式 D 触发器的输入/输出波形图

维持－阻塞式 D 触发器具有以下工作特点。

（1）边沿触发。维持－阻塞式 D 触发器的工作分两个阶段，CP=0 期间为准备阶段，CP 由 0 变至 1 时为触发器的状态变化阶段。维持－阻塞式 D 触发器是在 CP 上升沿到达前接收输入信号，上升沿到达时刻触发器翻转，上升沿以后输入被封锁。因此，维持－阻塞式 D 触发器具有边沿触发的功能，不仅有效地防止了空翻，同时还克服了 1 次变化现象。

（2）数据输入端具有较强的抗干扰能力，且工作速度快，故应用较广泛。

2.　利用门延迟时间的边沿触发器

利用 TTL 门传输延迟时间可以构成负边沿 JK 触发器。负边沿 JK 触发器的逻辑符号如图 4-14 所示。时钟信号 CP（或 C1）端的"∧"和小圆圈，表示下降沿触发输入。

负边沿 JK 触发器的特性方程、状态表、状态图与同步 JK 触发器相同，只是逻辑符号和时序图不同。其时序图如图 4-15 所示。

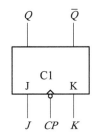

图 4-14　负边沿 JK 触发器的逻辑符号

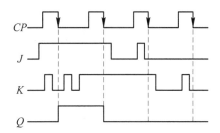

图 4-15　边沿 JK 触发器的理想波形图

负边沿 JK 触发器是在 CP 下降沿产生翻转，翻转方向取决于 CP 下降前瞬间的 J, K 输入信号。其不存在 1 次变化现象，比维持－阻塞式触发器在数据输入端具有更强的抗干扰能力、更快的工作速度。

3.　CMOS 传输门型边沿触发器

CMOS 传输门型边沿触发器是利用 CMOS 传输门构成的一种边沿触发器，其结构也是一种主从结构，但它们与前面所讲的主从触发器具有完全不同的特点，主要有 D 和 JK 两种功能形式。

传输门型边沿 D 触发器、JK 触发器的特性方程、状态表、状态图与同步 D，JK 触发器相同，只是逻辑符号和时序图不同。其逻辑符号分别如图 4-16（a）、（b）所示，CP（或 C1）端的"∧"，表示上升沿触发输入。CMOS 边沿触发器采用主从结构，属于边沿触发，不存在 1 次变化现象。

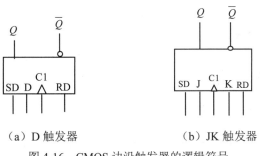

（a）D 触发器　　　　　（b）JK 触发器

图 4-16　CMOS 边沿触发器的逻辑符号

4. 常用集成边沿触发器介绍

边沿触发器分析具有共同的动作特点。这就是说触发器的次态仅取决于 CP 跳变沿（上升或下降沿）到达时的输入，沿前或沿后输入信号的变化对触发器的输出状态没有影响。这一特点有效地提高了触发器的抗干扰能力，同时提高了工作的可靠性。边沿触发器用途最为广泛。集成边沿触发器主要有 CMOS 和 TTL 两大类，下面介绍几种常用集成边沿触发器。

（1）集成 TTL 边沿触发器 74LS112。

74LS112 为双下降沿 JK 触发器，它由两个独立的下降沿触发的边沿 JK 触发器组成，其引脚排列图和逻辑符号如图 4-17（a）、（b）所示。CP 为时钟输入端；J、K 为数据输入端；Q、$\overline{Q}$ 为互补输出端；R 为直接复位端，低电平有效，S 为直接置位端，低电平有效。$\overline{R_D}$、$\overline{S_D}$ 用来设置初始状态，不允许 $\overline{R_D} = \overline{S_D} = 0$。触发器工作时，应取 $\overline{R_D} = \overline{S_D} = 1$。

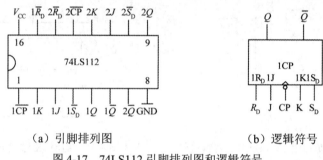

（a）引脚排列图   （b）逻辑符号

图 4-17　74LS112 引脚排列图和逻辑符号

（2）集成维持－阻塞式 D 触发器 74LS74。

74LS74 为双上升沿 D 触发器，由两个独立的维持－阻塞式 D 触发器组成。其引脚排列如图 4-18 所示。CP 为时钟输入端，D 为数据输入端，Q、$\overline{Q}$ 为互补输出端，R 为直接复位端，低电平有效，S 为直接置位端，低电平有效。$\overline{R_D}$、$\overline{S_D}$ 用来设置初始状态，不允许 $\overline{R_D} = \overline{S_D} = 0$。触发器工作时，应取 $\overline{R_D} = \overline{S_D} = 1$。

（3）集成 CMOS 边沿触发器 CC4027。

CMOS 边沿触发器与 TTL 触发器一样，种类繁多。常用的集成触发器有 74HC74（D 触发器）和 CC4027（JK 触发器）。CC4027 由两个独立的下降沿触发的 CMOS 边沿 JK 触发器组成，引脚排列如图 4-19 所示。使用时应注意 CMOS 触发器电源电压为 3～18 V。

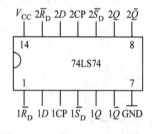
　　图 4-18　74LS74 引脚排列图

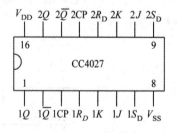
　　图 4-19　CC4027 引脚排列图

CP 为时钟输入端；J、K 为数据输入端；Q、$\overline{Q}$ 为互补输出端；R 为直接复位端；高电平有效；S 为直接置位端，高电平有效。R_D、S_D 用来设置初始状态，不允许 $R_D=S_D=1$ 触发器工作时，应取 $R_D=S_D=0$。

5. 边沿触发器时序图的画法

画边沿触发器时序图一般按以下步骤进行：

（1）以时钟 CP 的作用沿为基准，划分时间间隔，CP 作用沿来到前为现态，来到后为次态。

（2）每个时钟脉冲作用沿来到后，根据触发器的状态方程或状态表确定其状态。

（3）异步直接置 0、置 1 端（R、S）的操作不受时钟 CP 的控制，画波形时要特别注意。

【例 4-1】边沿 JK 触发器和维持－阻塞式 D 触发器分别如图 4-20（a）、（b）所示。其输入波形见图 4-20（c），设电路初态均为 0，试分别画出 Q_1、Q_2 的波形。

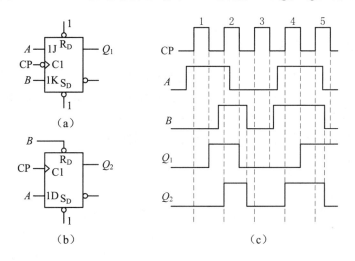

图 4-20　例 4-1 的触发器逻辑符号和输入波形图

解：从图 4-20 可知，JK 触发器为下降沿触发，因此首先应以 CP 下降沿为基准，划分时间间隔。然后根据 JK 触发器的状态方程 $Q_1^{n+1} = J\overline{Q_1} + \overline{K}Q_1 = A\overline{Q_1} + \overline{B}Q_1$，由每个 CP 来到之前的 A、B 和原态 Q_1 决定其次态 Q_1^{n+1}。例如，第一个 CP 下降沿来到前，$AB=10$、$Q_1=0$。将 A、B、Q_1 代入状态方程得 $Q_1^{n+1}=1$，故画波形时应在 CP 下降沿来到后使 Q_1 为 1。该状态一直维持到第二个 CP 下降沿来到后才可能变化。依此类推，可画出 Q_1 的波形如图 4-20（c）所示。

图 4-20（b）所示的 D 触发器为上升沿触发。因此，首先以 CP 上升沿为基准，划分时间间隔。由于 $D=A$，故 D 触发器的状态方程为 $Q_2^{n+1} = D = A$，这里需要注意的是异步置 0 端 R 和 B 相连，因此，该状态方程只有当 $B=1$ 时才适用。当 $B=0$ 时，无论 CP、A 如何，有 $Q_2^{n+1}=0$，即图 4-20（c）中 B 为 0 期间所对应的 Q_2^{n+1} 均为 0；只有 $B=1$ 时，Q_2^{n+1} 才在 CP 的上升沿来到后和 A 有关。例如，在第二个 CP 上升沿来到前，$B=1$、$A=1$，故 CP 来到后 $Q_2^{n+1}=1$。该状态本来应维持到第 3 个 CP 上升沿来到前，但在第二个 CP=0 期间 B 已变为

0，因此也强迫 $Q_2=0$。Q_2 的波形如图 4-20（c）所示。

熟练后作图可以不写过程，只列出方程、画出波形图即可。

【思考与练习】

（1）同步触发器的 CP 脉冲何时有效？

（2）同步 JK 触发器有哪几种功能？何谓空翻和振荡现象？

（3）什么叫主从触发器？请说明其工作特点。

（4）主从 RS 触发器和主从 JK 触发器有什么不同？

（5）CMOS 边沿触发器是否还存在 1 次变化现象？

（6）边沿触发器中异步端应如何使用？

4.5 集成触发器的应用

4.5.1 集成触发器的参数

基本 RS 触发器、同步触发器、主从触发器和边沿触发器各有其对应产品。集成触发器产品极多、型号各异，但是无论何种触发器其参数表示方法是相似的。由于集成触发器内部是由门电路构成的，因此，集成触发器和门电路一样，其参数也可分为静态参数和动态参数两大类。下面以 TTL 集成触发器为例分别予以简单介绍。

1. 静态参数

（1）电源电流 I_{CC}。

门电路输出高、低电平时电源电流相差甚远，经常分别给出。因为一个触发器由多个门电路构成，无论在 0 态还是 1 态，总是一部分门处于饱和状态，另一部分门处于截止状态，总的电源电流差别是不大的。但为明确起见，目前有些制造厂家规定所有输入和输出端悬空时电源向触发器提供的电流为电源电流 I_{CC}，它表明该电路的空载功耗。

（2）输入短路电流 I_{IS}。

某输入端接地，其余输入/输出端悬空时，从该输入端流向地的电流为输入短路电流 I_{IS}，它表明对驱动电路输出低电平时的加载情况。

（3）高电平输入电流 I_{IH}。

将各个输入端（例如 J、K、CP、R、S、D 等）分别接 U_{CC} 时，流入该输入端的电流为高电平输入电流 I_{IH}，它表明对驱动电路输出高电平时的加载情况。

（4）输出高电平 U_{OH} 和输出低电平 U_{OL}。

Q 和 $\overline{Q}$ 端输出高电平时的对地电压值为 U_{OH}，输出低电平时的对地电压值为 U_{OL}。

2. 动态参数

（1）最高时钟频率 f_{max}。

f_{max} 是指触发器在计数状态下能正常工作的最高工作频率，是表明触发器工作速度的一个重要指标。在测试 f_{max} 时，Q 和 $\overline{Q}$ 端应带上额定的电流负载和电容负载，因为测得的结果与负载状况大有关系，在厂家的产品手册中均有明确规定。

（2）对时钟信号的延迟时间 t_{CPLH} 和 t_{CPHL}。

从时钟信号的触发沿到触发器输出端由 0 态变到 1 态的延迟时间为 t_{CPLH}；从时钟信号的触发沿到触发器输出端由 1 态变到 0 态的延迟时间为 t_{CPHL}。一般 t_{CPHL} 比 t_{CPLH} 大一级门的延迟时间，产品手册中一般会给出平均值。

CMOS 触发器的参数定义与以上介绍的参数基本一致，不再另做介绍，请参考有关资料。

4.5.2 触发器的选择和使用

实际选用触发器时，一般要综合考虑逻辑功能、电路结构形式、制造工艺及脉冲工作特性 4 方面的因素。

1. 触发器工艺类型的选取

目前集成触发器产品主要有 TTL 工艺和 CMOS 工艺两大类。工艺类型的选取，主要根据电路对功耗、速度、带载能力等的要求来选取。一般 TTL 工艺的触发器速度较 CMOS 高、带载能力较 CMOS 强，而 CMOS 制造工艺触发器的功耗远低于 TTL 工艺的触发器。

对集成触发器的多余输入端也应做恰当的处理，处理的原则和方法与相应的集成门电路相同。级数较多的复杂系统还要注意前后级的连接是否合适，特别是触发器的某些输入端由于同时接到了多个门上，其输入电流可能会比较大。设计电路时，要对上述因素做通盘考虑。

2. 触发器逻辑功能的选取

电路输入为单端形式适宜选用 D 触发器和 T 触发器，电路输入为双端形式适宜选用 JK 触发器和 RS 触发器。JK 触发器包含了 RS 触发器、D 触发器和 T 触发器的功能，选用 JK 触发器可以满足对 RS 触发器的性能要求。

3. 触发器电路结构形式的选取

电路结构不同，触发器工作特点也不同，选择触发器电路结构形式时应考虑以下几点：

（1）如果触发器只用作寄存一位二值信号 0 和 1，而且在 CP=1（或 CP=0）期间，输入信号保持不变，则可以选用同步结构的触发器，因为电路简单，价格便宜。

（2）如果要求触发器之间具有移位功能或计数功能，则不能采用同步结构的触发器，必须选用主从结构或边沿结构的触发器。

（3）如果 CP=1（或 CP=0）期间，输入信号不够稳定或易受干扰，则最好采用边沿结构的触发器，以提高电路的可靠性。

4. 触发器的脉冲工作特性

为了保证集成触发器可靠工作，输入信号和时钟信号以及电路的特性应有一定的配合关系。触发器对输入信号和时钟信号之间时间关系的要求称为触发器的脉冲工作特性。例如，信号有效宽度、时钟信号频率以及门电路传输时间等，不同类型触发器对其都有一定的要求。详细内容请查阅相关资料。

4.5.3　不同类型时钟触发器之间的转换

不同类型时钟触发器之间是可以通过引入附加电路和接线互相转换的。转换逻辑电路的方法，一般是先比较已有触发器和待求触发器的特征方程，然后利用逻辑代数的公式和定理实现两个特征方程之间的变换，求出已有触发器的驱动输入（函数）与待求触发器的驱动输入（自变量）之间的逻辑关系，进而画出转换后的逻辑电路。

市场上出售的触发器多为集成 D 触发器和 JK 触发器，下面以这两种触发器为已有触发器介绍其转换方法。

1.　JK 触发器转换成 D 触发器、T 触发器、T′触发器

JK 触发器是已有触发器，JK 触发器的特征方程为

$$Q^{n+1} = J\overline{Q^n} + \overline{K}Q^n$$

（1）JK 触发器转换成 D 触发器。

待求 D 触发器的特征方程为

$$Q^{n+1} = D = D\overline{Q^n} + DQ^n$$

对比以上两式可知，只要取 $J=D$、$K=\overline{D}$，就可以把 JK 触发器转换成 D 触发器。图 4-21（a）所示是转换后的 D 触发器电路图。转换后 D 触发器的 CP 触发脉冲与转换前 JK 触发器的 CP 触发脉冲相同。

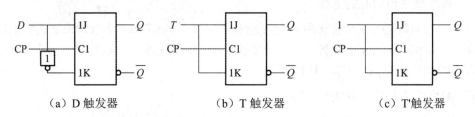

（a）D 触发器　　　　　（b）T 触发器　　　　　（c）T′触发器

图 4-21　JK 触发器转换成 D 触发器、T 触发器和 T′ 触发器

（2）JK 触发器转换为 T 触发器。

T 触发器的特征方程为

$$Q^{n+1} = T\overline{Q^n} + \overline{T}Q^n$$

与 JK 触发器特征方程对比可得，只要取 $J=K=T$，就可以把 JK 触发器转换成 T 触发器。图 4-21（b）所示是转换后的 T 触发器电路图。

（3）JK 触发器转换为 T′触发器。

如果 T 触发器的输入信号 $T=1$，主从 JK 触发器就变成了主从 T′触发器，如图 4-21（c）所示。T′触发器也称 1 位计数器，在计数器中应用广泛。

2.　D 触发器转换成 JK 触发器、T 触发器和 T′触发器

由于 D 触发器只有一个信号输入端，且 $Q^{n+1} = D$，因此只要将其他类型触发器的输入信号经过转换后变为 D 信号，即可实现转换。

（1）D 触发器转换成 JK 触发器。

对比两触发器特性方程，令 $D=J\overline{Q^n}+\overline{K}Q^n$，即可实现 D 触发器转换成 JK 触发器，如图 4-22（a）所示。

（2）D 触发器转换成 T 触发器。

对比两触发器特性方程，令 $D=T\overline{Q^n}+\overline{T}Q^n$，即可把 D 触发器转换成 T 触发器，如图 4-22（b）所示。

（3）D 触发器转换成 T'触发器。

直接将 D 触发器的 $\overline{Q^n}$ 端与 D 端相连，就构成了 T'触发器，如图 4-22（c）所示。D 触发器到 T'触发器的转换最简单，在计数器电路中用得最多。

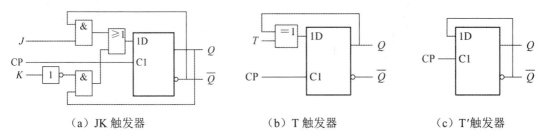

（a）JK 触发器　　　　　　（b）T 触发器　　　　　　（c）T'触发器

图 4-22　D 触发器转换成 JK 触发器、T 触发器和 T'触发器

同理，利用上述方法还可以实现其他触发器间的转换，这里不再详述。

特别提示：

功能转化后的触发器，脉冲触发时刻及动作特点与原触发器相同。

【思考与练习】

（1）分别用 74LS74 和 CC4027 边沿触发器构成 T 触发器和 T'触发器。

（2）用 74LS112 构成 D 触发器、T 触发器和 T'触发器。

项目 4 小结

触发器是数字系统中极为重要的基本逻辑单元。它有两个稳定状态，在外加触发信号的作用下，可以从一种稳定状态转换到另一种稳定状态。当外加信号消失后，触发器仍维持现状态不变。因此，触发器具有记忆作用，每个触发器只能记忆（存储）1 位二进制数码。

集成触发器按功能不同可分为 RS 触发器、JK 触发器、D 触发器、T 触发器、T'触发器等。其逻辑功能可用状态表、特征方程、状态图、逻辑符号图和波形图（时序图）来描述。类型不同而功能相同的触发器，其状态表、状态图、特征方程均相同，只是逻辑符号图和时序图不同。触发器电路结构有基本 RS 触发器和时钟触发器。时钟触发器有高电平 CP=1、低电平 CP=0、上升沿 CP、下降沿 CP 4 种触发方式，具体有同步、主从和边沿 3 种触发器。

常用的集成触发器 TTL 型的有双 JK 负边沿触发器 74LS112，双 D 正边沿触发器 74LS74；

CMOS 型的有"四时钟控制 D 锁存器"CC4042、"双 4 位 D 锁存器"CC4508、"4 位 D 锁存器"CC75HC75。在使用触发器时，必须注意电路的功能及其触发方式。同步触发器在 CP=1 时触发翻转，属于电平触发，有空翻和振荡现象。主从触发器下降沿翻转，存在 1 次变化现象。为克服空翻和振荡现象，应使用 CP 脉冲边沿触发的触发器。功能不同的触发器之间可以相互转换。

项目 4 习题

4-1 分析图 4-23 所示基本 RS 触发器的功能，并根据输入波形画出 Q 和 $\bar{Q}$ 的波形。

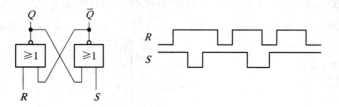

图 4-23 题 4-1 图

4-2 已知同步 RS 触发器的两个输入端的波形如图 4-24 所示，试画出当初始状态分别为 0 或 1 时，输出信号 Q 和 $\bar{Q}$ 的波形。

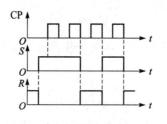

图 4-24 题 4-2 图

4-3 同步触发器接成图 4-25（a）、（b）、（c）、（d）所示形式，设初始状态为 0，试根据图 4-25（e）所示的 CP 波形画出 Q_a、Q_b、Q_c、Q_d 的波形。

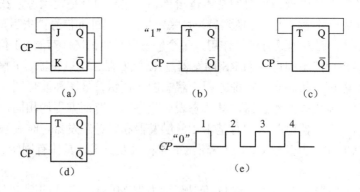

图 4-25 题 4-3 图

4-4　维持—阻塞式 D 触发器接成图 4-26（a）、（b）、（c）、（d）所示形式，设触发器的初始状态为 0。试根据图（e）所示的 CP 波形，画出 Q_a、Q_b、Q_c、Q_d 的波形。

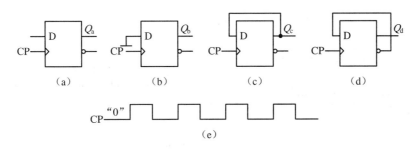

图 4-26　题 4-4 图

4-5　下降沿触发的 JK 触发器输入波形如图 4-27 所示，设触发器初态为 0，画出相应的输出波形。

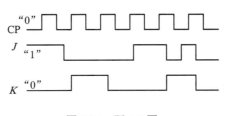

图 4-27　题 4-5 图

4-6　边沿触发器电路如图 4-28 所示，设初状态均为 0，试根据 CP 波形画出 Q_1、Q_2 的波形。

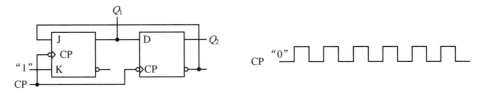

图 4-28　题 4-6 图

4-7　边沿触发器电路如图 4-29 所示，设初始状态均为 0，试根据 CP 和 D 的波形画出 Q_1、Q_2 的波形。

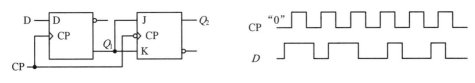

图 4-29　题 4-7 图

4-8 边沿 T 触发器电路如图 4-30 所示，设初始状态为 0，试根据 CP 的波形画出 Q_1、Q_2 的波形。

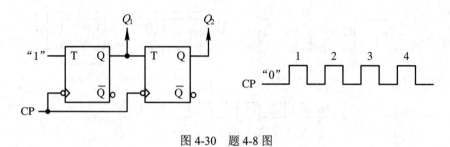

图 4-30 题 4-8 图

项目 5　时序逻辑电路

【学习目标要求】

本项目介绍时序逻辑电路的分析方法和计数器与寄存器的特点、类型、电路组成及工作原理；重点介绍常见计数器、寄存器集成芯片及其应用。

读者通过本项目的学习，要掌握以下知识点和相关技能：

（1）理解特性方程、状态图、时序图等时序逻辑电路的基本描述方法；掌握时序逻辑电路的特点及分析方法，能够分析简单时序逻辑电路。

（2）了解中规模计数器、寄存器集成芯片的电路结构，熟悉常用集成计数器、寄存器的功能表。

（3）掌握常用集成计数器、寄存器的功能扩展及应用。

（4）熟悉时序逻辑电路的一般设计方法，了解时序逻辑电路的竞争冒险现象。

（5）能够正确识别和使用常用寄存器、计数器集成芯片的引脚排列，能够应用中小规模集成芯片设计简单的时序逻辑电路。

（6）掌握常用集成计数器、寄存器的功能扩展，学会集成计数器、寄存器的性能测试方法及使用方法。

5.1　时序逻辑电路概述

时序逻辑电路简称时序电路，是数字系统中非常重要的一类逻辑电路。在时序逻辑电路中，任一时刻的输出不仅与该时刻输入变量的取值有关，而且与电路的原状态，即与过去的输入情况有关。时序逻辑电路是由门电路和记忆元件（或反馈支路）共同构成的，一般由组合逻辑电路和触发器构成。

5.1.1　时序逻辑电路的特点

与组合逻辑电路相比，时序逻辑电路在结构上有以下 3 个特点：

（1）时序逻辑电路包含组合逻辑电路和存储电路两部分，存储电路具有记忆功能，通常由触发器组成。触发器是最简单的时序逻辑电路。

（2）存储电路的状态反馈到组合逻辑电路的输入端，与外部输入信号共同决定组合逻辑电路的输出。

（3）组合逻辑电路的输出除包含外部输出外，还包含连接到存储电路的内部输出，它将控制存储电路状态的转移。

图 5-1 所示为时序逻辑电路的一般结构方框图。时序逻辑电路的状态是靠存储电路记忆和表示的，它可以没有组合电路，但必须要有触发器。

在图 5-1 所示电路结构中，X（$x_1 \sim x_n$）为外部输入信号；Q（$q_1 \sim q_j$）为存储电路的状态输出，也是组合逻辑电路的内部输入；Z（$z_1 \sim z_m$）为外部输出信号；Y（$y_1 \sim y_k$）为存储电路的激励信号，也是组合逻辑电路的内部输出。在存储电路中，每一位输出 q_i（$i = 1 \sim j$）称为一个状态变量，j 个状态变量可以组成 2^j 个不同的内部状态。时序逻辑电路对于输入变量历史情况的记忆就是反映在状态变量的不同取值上，即不同的内部状态代表不同的输入变量的历史情况。

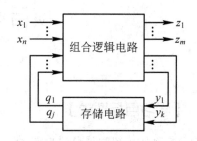

图 5-1　时序逻辑电路的结构方框图

5.1.2　时序逻辑电路的功能描述

时序逻辑电路的逻辑功能有逻辑方程式、状态转换表、状态转换图、时序图等多种表示方法。

1.　逻辑方程式

图 5-1 所示的时序逻辑电路可以用式（5-1）～式（5-3）来描述。

$$\begin{cases} z_1^n = f_1(x_1^n, x_2^n, \cdots, x_n^n, q_1^n, q_2^n, \cdots, q_j^n) \\ z_2^n = f_2(x_1^n, x_2^n, \cdots, x_n^n, q_1^n, q_2^n, \cdots, q_j^n) \\ \qquad\qquad\qquad \vdots \\ z_m^n = f_m(x_1^n, x_2^n, \cdots, x_n^n, q_1^n, q_2^n, \cdots, q_j^n) \end{cases} \tag{5-1}$$

$$\begin{cases} y_1^n = g_1(x_1^n, x_2^n, \cdots, x_n^n, q_1^n, q_2^n, \cdots, q_j^n) \\ y_2^n = g_2(x_1^n, x_2^n, \cdots, x_n^n, q_1^n, q_2^n, \cdots, q_j^n) \\ \qquad\qquad\qquad \vdots \\ y_k^n = g_k(x_1^n, x_2^n, \cdots, x_n^n, q_1^n, q_2^n, \cdots, q_j^n) \end{cases} \tag{5-2}$$

$$\begin{cases} q_1^{n+1} = h_1(y_1^n, y_2^n, \cdots, y_n^n, q_1^n, q_2^n, \cdots, q_j^n) \\ q_2^{n+1} = h_2(y_1^n, y_2^n, \cdots, y_n^n, q_1^n, q_2^n, \cdots, q_j^n) \\ \qquad\qquad\qquad \vdots \\ q_j^{n+1} = h_j(y_1^n, y_2^n, \cdots, y_n^n, q_1^n, q_2^n, \cdots, q_j^n) \end{cases} \tag{5-3}$$

$$\begin{aligned} Z^n &= F(X^n, Q^n) \\ Y^n &= G(X^n, Q^n) \\ Q^{n+1} &= H(Y^n, Q^n) \end{aligned} \tag{5-4}$$

其中，式（5-1）方程组称为输出方程，式（5-2）方程组称为驱动方程（或激励方程），式（5-3）方程组称为状态方程。方程中的上标 n 和 $n+1$ 表示相邻的两个离散时间（或称相邻的两个节拍）。如 q_1^n，$q_2^n, \cdots,$ q_j^n 表示存储电路中每个触发器的当前状态（也称现状态或原状态），q_1^{n+1}，$q_2^{n+1}, \cdots,$ q_j^{n+1} 表示存储电路中每个触发器的新状态（也称下一状态或次状态）。以上 3 个方程组可写成式（5-4）形式，角标 n 可省略不写。

从以上关系式不难看出，时序逻辑电路某时刻的输出 Z^n 取决于该时刻的外部输入 X^n 和内部状态 Q^n；而时序逻辑电路的下一状态 Q^{n+1} 同样决定于 X^n 和 Q^n。时序逻辑电路的工作过程实质上就是在不同的输入条件下，内部状态不断更新的过程。

时序电路的功能可以用以上方程来描述，这些方程实质上都是逻辑表达式，这种方法又称时序机。

2. 状态转换表

状态转换表也称状态迁移表，简称状态表，是用列表的方式来描述时序逻辑电路输出 Z、次态 Q^{n+1} 和外部输入 X、现态 Q 之间的逻辑关系。

知识扩展

列表的形式有多种，状态转移表较复杂时，可用表示输出 Z、次态 Q^{n+1} 和外部输入 X、现态 Q 之间逻辑关系的卡诺图来表示。此卡诺图称为综合卡诺图。综合卡诺图中最小项的编号，对应时序电路的输入、现态，而方格内的数据对应该现态的次态和输出，由综合卡诺图得出状态图极为方便。

3. 状态转换图

状态转换图简称状态图，它是反映时序电路状态转换规律及相应输入/输出信号取值情况的几何图形。在状态图中，状态圈起来（圈可省略）用有向线段按顺序连接。有向线段表示状态的转化方向，同时在有向线段旁注明输入和输出。输入和输出分别在斜线上下，若无输入和输出则不标注。

4. 时序图

时序图即为时序电路的工作波形图，它以波形的形式描述时序电路内部状态 Q、外部输出 Z 随输入信号 X 变化的规律。这些信号在时钟脉冲的作用下，会随时间变化，因此称为时序图。

时序图反映了输入/输出信号及各触发器状态的取值在时间上的对应关系，时序图可以用实验观察的方法检测时序电路的功能，也用于数字电路的计算机模拟中。

以上几种时序逻辑电路功能描述的方法，各有特点，但实质相同，且可以相互转换，它们都是时序逻辑电路分析和设计的主要工具。

5.1.3 时序逻辑电路的分类

时序逻辑电路类型繁多，有不同的分类方法。

（1）按触发脉冲输入方式的不同，时序电路可分为同步时序电路和异步时序电路。同步时序电路是指各触发器状态的变化受同一个时钟脉冲控制；而在异步时序电路中，各触发器状态的变化不受同一个时钟脉冲控制。

（2）按实现功能的不同，时序电路可分为计数器、寄存器、序列信号发生器和脉冲产生整形电路等。

（3）按集成度不同又可分为 SSI、MSI、LSI、VLSI。

（4）按使用的开关器件可分为 TTL 和 CMOS 等时序逻辑电路。

【思考与练习】

（1）时序逻辑电路的功能和结构有什么特点？它与组合逻辑电路的主要区别在哪里？

（2）时序逻辑电路的分类有哪些？

5.2 时序逻辑电路的分析

5.2.1 时序逻辑电路的分析方法

分析时序逻辑电路的目的是确定已知电路的逻辑功能和工作特点。具体地说，就是要找出电路的状态和输出状态在输入变量和时钟信号作用下的变化规律。分析时序逻辑电路一般按下面顺序进行。

1. 根据给定的逻辑电路图写出电路中各个触发器的时钟方程、驱动方程、输出方程

（1）时钟方程：时序电路中各个触发器 CP 脉冲信号的逻辑表达式。

（2）驱动方程：时序电路中各个触发器输入信号的逻辑表达式。

（3）输出方程：时序电路中外部输出信号的逻辑表达式。若无输出时，此方程可省略。

2. 求各个触发器的状态方程

将时钟方程和驱动方程代入相应触发器的特征方程式中，即可求出触发器的状态方程。状态方程也就是各个触发器次态输出的逻辑表达式，电路状态由触发器来记忆和表示。

3. 计算，列状态转换表（或综合卡诺图），画出状态图和波形图

将电路输入信号和触发器现态的所有取值组合代入相应的状态方程和输出方程，求得相应触发器的次态和输出。整理计算结果，列出状态转换表，画出状态图和波形图。

（1）计算时，需要注意以下几个问题：

① 代入计算时应注意状态方程的有效时钟条件。时钟条件不满足时，触发器状态应保持不变。

② 电路的现态是指所有触发器的现态组合。

③ 现态初值若给定，从给定初值开始依次进行运算。若未给定，自己设定初值并依次进行运算。计算时，不要漏掉任何可能出现的现态和输入值。

（2）画图表时，要注意以下几点：

① 状态转换是从现态到次态；

② 输出是现态和输入的函数，不是次态和输入的函数；

③ 时序图中，状态更新时刻只能在 CP 的有效时刻。

4．判断电路能否自启动

时序逻辑电路由多个触发器组成存储电路，n 位触发器有 2^n 个状态组合。正常使用的状态，称为有效状态，否则称为无效状态。无效状态不构成循环圈且能自动返回有效状态称为能自启动，否则称为不能自启动。检查的方法是不论电路从哪一个状态开始工作，在 CP 脉冲作用下，触发器输出的状态都会进入有效循环圈内，此电路就能够自启动；反之，此电路不能自启动。

5．归纳上述分析结果，确定时序电路的功能

一般情况下，状态转换表和状态图就可以说明电路的工作特性。但是，在实际应用中，各输入/输出信号都有其特定的物理意义，因此，可以结合这些实际物理含义进一步说明电路的具体功能。例如，电路名称等，一般用文字说明。

上面分析方法既适合同步电路，也适合异步电路。同步电路在同一时钟作用下可以不写时钟方程；异步电路必须写时钟方程，其电路状态必须在有效时钟脉冲信号到达时，才按状态方程规律变化。上面步骤不是固定程序，具体电路可灵活分析。

5.2.2　时序逻辑电路的分析举例

下面举几个例子来详细说明时序逻辑电路的分析方法。

【例 5-1】分析如图 5-2 所示时序逻辑电路的逻辑功能（J_0、K_0 空悬视为接高电平）。

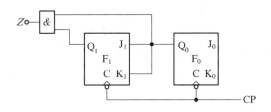

图 5-2　例 5-1 电路

解：（1）写相关方程式。

时钟方程：$CP_0 = CP_1 = CP\downarrow$

驱动方程：$J_0 = K_0 = 1,\ J_1 = K_1 = Q_0^n$

输出方程：$Z = Q_1^n Q_0^n$

（2）求各个触发器的状态方程：

JK 触发器特性方程为

$$Q^{n+1} = J\overline{Q^n} + \overline{K}Q^n (CP\downarrow)$$

将对应驱动方程分别代入特性方程，进行化简变换可得状态方程

$$Q_0^{n+1} = 1 \cdot \overline{Q_0^n} + \overline{1} \cdot Q_0^n = \overline{Q_0^n}(CP\downarrow)$$

$$Q_1^{n+1} = J_1\overline{Q_1^n} + \overline{K_1}Q_1^n = Q_0^n\overline{Q_1^n} + \overline{Q_0^n}Q_1^n (CP\downarrow)$$

（3）计算求出对应状态，列状态表，画状态图和时序图。通过计算可列状态表如表 5-1 所示，根据状态表画状态图如图 5-3（a）所示，设 Q_1Q_0 的初始状态为 00，画时序图如图 5-3（b）所示。

表 5-1　例 5-1 状态表

CP	$Q_1^n Q_0^n$	$Q_1^{n+1} Q_0^{n+1}$	Z
1	0　0	0　1	0
2	0　1	1　0	0
3	1　0	1　1	1
4	1　1	0　0	0

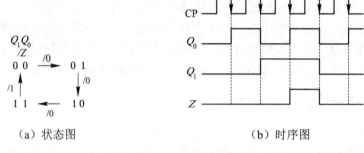

（a）状态图　　　　　　　　　　　（b）时序图

图 5-3　例 5-1 时序电路对应图形

（4）判断电路能否自启动：没有无效状态，该电路能自启动。

（5）归纳上述分析结果，确定该时序电路的逻辑功能：从时钟方程可知，该电路是同步时序电路。从图 5-3（a）所示状态图可知，随着 CP 脉冲的递增，不论从电路输出的哪一个状态开始，触发器输出 Q_1Q_0 的变化都会进入同一个循环过程，而且，此循环过程中包括 4 个状态，并且状态之间是递增变化的。

当 Q_1Q_0=11 时，输出 Z=1；当 Q_1Q_0 取其他值时，输出 Z=0。Q_1Q_0 变化在同一个循环过程中，Z=1 只出现一次，故 Z 为进位输出信号。

综上所述，此电路是带进位输出的同步四进制加法计数器电路，又称四分频电路，可以自启动。所谓分频电路是将输入的高频信号变为低频信号输出的电路。四分频是指输出信号的频率为输入信号频率的 $\frac{1}{4}$，即 $f_z = \frac{1}{4} f_{cp}$，所以有时又将计数器称为分频器。

【例 5-2】异步时序电路如图 5-4 所示，试分析其功能。

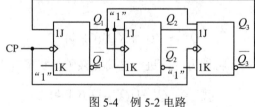

图 5-4　例 5-2 电路

解：由电路可知 $CP_1=CP_3=CP$，$CP_2=Q_1$，因此该电路为异步时序电路。各触发器的激

励方程为

$$J_1 = \overline{Q_3^n} \qquad K_1 = 1$$
$$J_2 = K_2 = 1$$
$$J_3 = Q_1^n Q_2^n \qquad K_3 = 1$$

代入 JK 触发器特性方程可得以下状态方程

$$Q_1^{n+1} = \overline{Q_3^n}\,\overline{Q_1^n} \qquad CP_1 = CP$$

$$Q_2^{n+1} = \overline{Q_2^n} \qquad CP_2 = Q_1$$

$$Q_3^{n+1} = Q_1^n Q_2^n \overline{Q_3^n} \qquad CP_3 = CP$$

由于各触发器仅在其时钟脉冲的下降沿动作，其余时刻均处于保持状态，故在列电路状态真值表时必须注意。

例如，当现态为 000 时，代入 Q_1 和 Q_3 的次态方程中可知，在 CP 作用下，$Q_3^{n+1} = 0$，$Q_1^{n+1} = 1$，由于此时 $CP_2 = Q_1$，Q_1 由 $0 \rightarrow 1$ 产生一个上升沿，用符号"↑"表示，故 Q_2 处于保持状态，即 $Q_2^{n+1} = Q_2^n = 0$，其次态为 001；当现态为 001 时，$Q_1^{n+1} = 0$、$Q_3^{n+1} = 0$，此时 Q_1 由 $1 \rightarrow 0$ 产生一个下降沿，用符号"↓"表示，且 $Q_2^{n+1} = \overline{Q_2^n}$，故 Q_2 将由 $0 \rightarrow 1$，其次态为 010。依此类推，得其状态转换真值表如表 5-2 所示。

表 5-2　例 5-2 状态转换真值表

Q_3^n	Q_2^n	Q_1^n	Q_3^{n+1}	Q_2^{n+1}	Q_1^{n+1}	CP_3	CP_2	CP_1
0	0	0	0	0	1	↓	↑	↓
0	0	1	0	1	0	↓	↓	↓
0	1	0	0	1	1	↓	↑	↓
0	1	1	1	0	0	↓	↓	↓
1	0	0	0	0	0	↓	0	↓
1	0	1	0	1	0	↓	↓	↓
1	1	0	0	1	0	↓	0	↓
1	1	1	0	0	0	↓	↓	↓

根据状态真值表可画出状态图如图 5-5 所示。由此可看出，该电路是异步五进制递增计数器，该电路有两个无效状态，且自动回到有效状态。因此，该电路具有自启动能力。

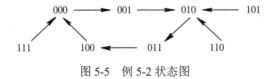

图 5-5　例 5-2 状态图

【思考与练习】

（1）时序逻辑电路的特点是什么？分析时序电路的基本步骤是什么？

（2）同步时序电路分析方法和异步时序电路分析方法的最大区别是什么？

*5.3 时序逻辑电路的设计

1. 时序逻辑电路的设计要求

时序逻辑电路设计是时序分析的逆过程。它要求设计者根据给定的逻辑功能要求，选择适当的逻辑器件，设计出符合逻辑要求的逻辑电路。

所得到的逻辑电路要尽量简单。当选用小规模集成电路做设计时，电路最简单的标准是所用的触发器和门电路的数目最少，而且触发器和门电路的输入端数目也最少；当使用中大规模集成电路时，电路最简单的标准是所用的集成模块最少，种类最少，而且互相间的连线也最少。

时序逻辑电路的设计分同步设计和异步设计两种，其设计方法相似，但有明显区别。同步设计不需要设计时钟信号，异步设计还要为每个触发器选定合适的时钟信号。异步设计时钟信号的选择原则有两点：一是触发器的状态需要翻转时，必须有时钟信号发生。二是触发器的状态不需要翻转时，"多余的"时钟信号越少越好。这将有利于触发器驱动方程和状态方程的化简。在设计异步电路时，次态卡诺图中的次态处理也与同步有所不同，除了无效状态做无效项处理外，没有时钟信号的次态也做无效项处理，这样更有利于设计的简化。

本节重点介绍用触发器和门电路设计同步时序逻辑电路的方法。异步设计的具体方法请参阅有关书籍和资料。

2. 同步时序逻辑电路设计的一般步骤

（1）根据逻辑功能要求，建立原始状态图和状态表。

根据设计要求把要求实现的时序逻辑功能用状态图和状态表表示，这种初步画出的状态图和状态表，称为原始状态图和原始状态表。它们可能包含多余状态，从文字描述的命题到原始状态图的建立往往没有明显的规律可循。因此，在时序电路设计中这是较关键的一步。画原始状态图、列原始状态表一般应按下列顺序进行：

① 分析给定的逻辑问题，确定输入/输出变量以及电路的状态数。

② 定义输入/输出逻辑状态和电路状态的含义，并将电路状态顺序编号。首先确定有多少种信息需要记忆，然后对每一种需要记忆的信息设置一个状态并用字母表示。

③ 确定状态之间的转换关系，画出原始状态图，列出原始状态表。

（2）状态化简。

在建立原始状态图和原始状态表时，将重点放在正确地反映设计要求上，因而往往可能会多设置一些状态，从而所得的原始状态图或状态表可能包含有多余的状态，这就需要对状态化简或合并。

状态化简的目的就是要消去多余状态，以得到最简状态图和最简状态表。状态化简的具体方法就是合并等价状态。若两个电路状态在相同的输入下有相同的输出，并且转化到同一个次态去，则称这两个状态为等价状态。显然等价状态是重复的，可以合并为一个。电路的状态数越少，设计的电路就越简单。

（3）状态分配。

状态分配是指将化简后的状态表中的各个状态用二进制代码来表示，从而得到代码形式的状态表（二进制状态表）。状态分配又称状态编码。通过代码形式的状态表便可求出激励函数和输出函数，最后完成时序电路的设计。

电路的状态通常是用触发器的状态来表示的。

首先，确定触发器的数目 n。时序电路状态数为 M，n 与 M 之间必须满足

$$2^{n-1} < M \leqslant 2^n$$

其次，给每个电路状态分配一个二进制代码。触发器的个数为 n，有 2^n 种不同代码。若要将 2^n 种代码分配到 M 个状态中去，可以有多种不同的方案。如果编码方案选择得当，设计结果可以很简单；如果编码方案选择不合适，设计出来的电路就会复杂得多，这里面有一定的技巧。寻找一个最佳方案很困难，虽然人们已提出了许多算法，但也还不成熟，因此，在理论上这个问题还没解决。实际上，为了便于记忆和识别，一般选用的状态编码和它们的排列顺序都遵循一定的规律。

（4）选定触发器的类型，确定电路方程。

因为不同逻辑功能的触发器驱动方式不同，所以用不同类型触发器设计出的电路也不一样。为此，在设计具体电路前必须选定触发器的类型。触发器类型的选定，要保证触发器类型最少、实际上容易得到，并且可靠；然后，根据状态图或状态表以及选定的状态编码和触发器的类型，写出电路的状态方程、驱动方程和输出方程。

（5）画出逻辑图。

根据方程要求，用逻辑符号把触发器和门电路连起来构成逻辑电路图。

（6）检查电路。

检查所设计的电路是否具有自启动能力。若未用状态（无效状态）不能自动进入有效状态，则所设计的电路不能自启动，这时应采取措施加以解决。主要有两种方法：一种是在工作前将电路强行置入有效状态；另一种是重新选择编码或修改逻辑设计。第一种方案实用价值不大，因此，我们一般采取重新选择编码或修改逻辑设计的方法对电路进行设计，使电路具有自启动能力。

① 电路不能自启动的原因。电路设计中，往往有一些无效状态，这些无效状态在画卡诺图时都作为任意项处理，可以取 1，也可取 0，这无形中已经为无效状态指定了次态。若指定次态属于有效循环中的状态，那么电路是能自启动的；若指定次态是无效状态，则电路是不能自启动的。

② 让电路自启动的方法。若电路不能自启动，就需要修改状态方程的化简方式，将无效状态的次态改为某个有效状态。也就是说，修改状态转换关系，即切断无效循环，引入到有效的计数循环序列。实际设计中常将（5）、（6）步合一，检查自启动，再画逻辑图。

3.　同步时序逻辑电路设计举例

【例 5-3】设计一个串行数据检测器，该电路具有一个输入信号 x 和一个输出信号 z。输入为一连串随机信号，当出现"1111"序列时，检测器输出信号 $z=1$，对其他任何输入序列，输出皆为 0。

解：① 建立原始状态图。假定起始状态 S_0 表示未接收到待检测的序列信号。当输入信号 $x=0$ 时，次态仍为 S_0，输出 z 为 0。如输入 $x=1$，表示已接收到第一个"1"，其次态应为 S_1，输出为 0。

状态为 S_1，当输入 $x=0$ 时，返回状态 S_0，输出为 0；当输入 $x=1$ 时，表示已接收到第 2 个"1"，其次态应为 S_2，输出为 0。

状态为 S_2，当输入 $x=0$ 时，返回状态 S_0，输出为 0；当输入 $x=1$ 时，表示已连续接收到第 3 个"1"，其次态应为 S_3，输出为 0。

状态为 S_3，当输入 $x=0$ 时，返回状态 S_0，输出为 0；当输入 $x=1$ 时，表示已连续接收到第 4 个"1"，其次态为 S_4，输出为"1"。

状态为 S_4，当输入 $x=0$ 时，返回状态 S_0，输出为 0；当输入 $x=1$ 时，则上述过程的后 3 个"1"与本次的"1"，仍为连续的 4 个"1"，故次态仍为 S_4，输出为"1"。

通过上述分析，可画出图 5-6 所示的原始状态图。

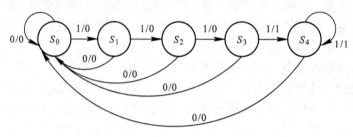

图 5-6　例 5-3 原始状态图

② 状态化简。从原始状态图中可以看出，S_3 和 S_4 是等价状态，用一个状态 S_3 表示即可。画简后的状态表只有 S_0、S_1、S_2、S_3 共 4 个状态。要注意 S_3 输入 $x=1$ 时，应保持。

③ 状态分配。由于 $2^2=4$，故该电路选用两级触发器 Q_2 和 Q_1 就可以。它有 4 种状态："00""01""10""11"，因此对 S_0、S_1、S_2、S_3 的状态分配方式有多种。本例状态分配如下：$S_0=00$，$S_1=10$，$S_2=01$，$S_3=11$，状态分配后的状态表如表 5-3 所示。

表 5-3　状态分配后的状态表

X	$Q_2^n Q_1^n$		$Q_2^{n+1} Q_1^{n+1}$ Z		
1	0	0	1	0	0
1	0	1	1	1	0
1	1	0	0	1	0
1	1	1	1	1	1
0	×	×	0	0	0

④ 选择触发器类型，确定状态方程、激励方程和输出方程。由状态分配后的状态表可得如图 5-7 所示的次态和输出 z 的卡诺图，也可以把 3 个卡诺图写在一起，称为综合卡诺图。图 5-7（a）、（b）、（c）分别为 Q_2、Q_1 和 z 的次态卡诺图。

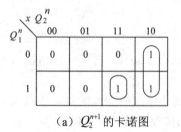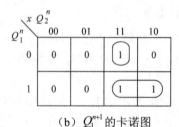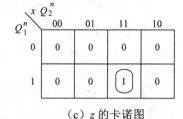

（a）Q_2^{n+1} 的卡诺图　　　（b）Q_1^{n+1} 的卡诺图　　　（c）z 的卡诺图

图 5-7　例 5-3 状态方程、输出方程的确定

在求每一级触发器的次态方程时，不一定要化到最简，化到与所选择触发器的特征方程一致就可以，这样才能获得最佳激励函数。本例选用 JK 触发器，其特征方程为

$$Q^{n+1} = J\overline{Q^n} + \overline{K}Q^n$$

卡诺图上述圈法可得到与 JK 触发器特征方程一致的状态方程如下

$$Q_2^{n+1} = x\overline{Q_2^n} + xQ_1^n Q_2^n , \quad Q_1^{n+1} = xQ_2^n \overline{Q_1^n} + xQ_1^n$$

将两式与 JK 触发器特征方程相比得

$$J_2 = x , \quad K_2 = \overline{xQ_1^n} , \quad J_1 = xQ_2^n , \quad K_1 = \overline{x}$$

由卡诺图得输出方程

$$z = xQ_2^n Q_1^n$$

⑤ 本电路没有无效状态，能够自启动。根据驱动方程和输出方程可画出图 5-8 所示的逻辑图。

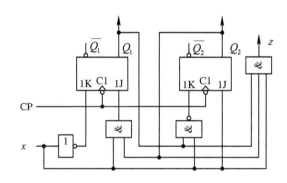

图 5-8　例 5-3 的逻辑图

【思考与练习】

（1）简述同步时序电路的设计步骤。如何检查同步时序电路能否自启动？

（2）设计同步时序电路时，若编码不同，它们的逻辑电路是否相同？

*5.4　时序逻辑电路的竞争冒险

时序逻辑电路通常包含组合电路和存储电路两部分，这两部分电路都有产生竞争冒险的可能，所以它的竞争冒险也包括两个方面。对时序逻辑电路中的竞争冒险问题，本节只做定性介绍而不做详细分析。

组合电路部分可能发生的竞争冒险现象。由于竞争而产生的尖峰脉冲并不影响组合电路的稳态输出，但如果它被存储电路中的触发器接收，就可能引起触发器的错误翻转，造成整个时序电路的误动作，这种现象必须避免。组合电路的竞争冒险现象必须消除，具体方法参考本书组合电路部分。

存储电路（或者说是触发器）工作过程中发生的竞争冒险现象，是时序电路所特有的现象。在讨论触发器的动态特性时曾经明确指出，为了保证触发器的可靠翻转，输入信号

和时钟信号在时间配合上应满足一定的要求。然而当输入信号和时钟信号同时改变，且途经不同路径到达同一触发器时，便产生了竞争。竞争的结果有可能导致触发器误动作，这种现象称为存储电路（或触发器）的竞争冒险现象。

在异步时序电路中，由于时钟的不同步，产生竞争冒险现象的可能性极大。为了避免冒险现象产生，一般在时钟和状态的传输路径上加延迟环节。

在同步时序电路中，由于所有的触发器都在同一时钟操作下动作，而在此以前每个触发器的输入信号均已处于稳定状态，因而可以认为不存在竞争冒险现象。

一般认为存储电路的竞争冒险现象仅发生在异步时序电路中。这里要特别说明的是，同步时序电路中有时也可能出现竞争冒险现象。例如，在有些规模较大的时序电路中，由于每个门的带负载能力有限，所以经常是先用一个时钟信号同时驱动几个门电路，然后再由这几个门电路分别去驱动若干个触发器。由于每个门的传输延迟时间不同，严格地讲，此系统已不是真正的同步时序电路了，这种情况下就有可能发生存储电路的竞争冒险现象。

【思考与练习】

（1）简述同步时序电路、异步时序电路竞争冒险现象的产生原因。

（2）如何抑制时序电路的竞争冒险现象？

5.5 计数器及其应用

5.5.1 计数器概述

1. 计数器的特点

计数器是数字系统中应用最广泛的时序逻辑部件之一，是数字设备中不可缺少的组成部分。计数器由若干个触发器和相应的逻辑门组成，其基本功能就是对输入脉冲的个数进行计数。除了计数功能以外，计数器还可以用作定时、分频、信号产生、执行数字运算和自动控制等。例如，计算机中的时序脉冲发生器、分频器、指令计数器等都要使用计数器。

2. 计数器的分类

计数器种类很多，分类方法也不相同，具体分类如下。

（1）根据计数脉冲的输入方式不同，可把计数器分为同步计数器和异步计数器。

计数器的全部触发器共用同一个时钟脉冲（计数输入脉冲）的计数器就是同步计数器。只有部分触发器的时钟脉冲是计数输入脉冲。其余的触发器的时钟脉冲由其他触发器输出信号提供的计数器就是异步计数器。

（2）按照计数的进制不同，计数器可分为二进制计数器（$N=2^n$）、十进制计数器（$N=10\neq2^n$）和 N 进制计数器 3 种。

二进制、十进制以外的计数器一般称为 N 进制计数器，其中，N 代表计数器的进制数，又称为计数器的模量或计数长度，n 代表计数器中触发器的个数。

（3）根据计数过程中计数的增减不同，可分为加法计数器、减法计数器和可逆计数器。

对输入脉冲进行递增计数的计数器叫作加法计数器，进行递减计数的计数器叫作减法计数器。如果在控制信号作用下，既可以进行加法计数又可以进行减法计数，叫作可逆计数器。

另外，以使用开关器件的不同，可分为 TTL 计数器和 CMOS 计数器。目前通用的集成一般为中规模产品。

5.5.2　同步计数器

同步计数器各触发器在同一个 CP 脉冲作用下同时翻转，工作速度较高，但控制电路复杂，并且 CP 作用于计数器的全部触发器，使得 CP 的负载较重。二进制计数器由 n 位触发器和一些附加电路构成，2^n 个状态全部有效，实现 2^n 进制计数。在二进制计数器的基础上加以修改，则可得到十进制计数器。下面以 4 位同步二进制计数器为例，说明其电路组成和工作原理。

1.　同步二进制加法计数器

根据二进制加法运算规则可知，多位二进制数加 1 时，若其中第 i 位以下皆为 1 时，则第 i 位应改变状态（0 变成 1 或 1 变成 0），否则不变；而最低位的状态在每次加 1 时都要改变。同步二进制加法计数器一般用 T 触发器构成。只要每次计数脉冲 CP 信号到达时，应该翻转的触发器 $T_i=1$，不该翻转的触发器 $T_i=0$ 即可。

由此可见，当二进制加法计数器用 T 触发器构成时，第 i 位触发器输入端的逻辑式应为

$$T_i = Q_0^n Q_1^n \cdots Q_{i-2}^n Q_{i-1}^n \ (i=1, \ 2, \ 3, \ \cdots, \ n-1)$$

只有最低位例外，按照计数规则，每次输入计数脉冲时它都要翻转，故 $T_0=1$。图 5-9 所示就是由 T 触发器构成的 4 位同步二进制加法计数器。

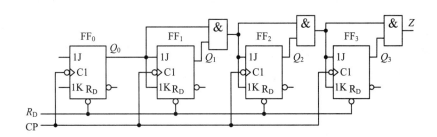

图 5-9　T 触发器构成的 4 位同步二进制加法计数器

特别提示：

图 5-9 中 JK 触发器全都接成了 T 触发器功能。

对图 5-9 所示电路分析计算，可得如图 5-10 所示的状态转换图，进而可画出如图 5-11 所示的时序图。

$Q_3Q_2Q_1Q_0$　$0000 \to 0001 \to 0010 \to 0011 \to 0100 \to 0101 \to 0110 \to 0111$

　　　　　　/1 ↑　　　　　　　　　　　　　　　　　　　　　　↓

　　　　　　$1111 \leftarrow 1110 \leftarrow 1101 \leftarrow 1100 \leftarrow 1011 \leftarrow 1010 \leftarrow 1001 \leftarrow 1000$

图 5-10　状态转换图

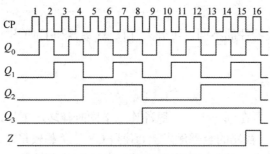

图 5-11　同步二进制加法计数器时序图

由状态转换表和状态转换图可以看出，此计数器累加计数，16 个计数脉冲工作一个循环，并在 Z 端输出一个进位输出信号，逢 16 进 1，最大计数为 15，又称 16 进制加法计数器。计数器能计到的最大数，称为计数器的容量，n 位二进制计数器的容量等于 2^n-1。

利用第 16 个脉冲到达时 Z 端电位的下降沿可作为向高位计数器的进位输出信号。由时序图可以看出，若计数脉冲的频率为 f_0，则 Q_0、Q_1、Q_2 和 Q_3 的频率分别为 f_0 的 $\frac{1}{2}$、$\frac{1}{4}$、$\frac{1}{8}$ 和 $\frac{1}{16}$。

2. 同步二进制减法计数器

根据二进制减法运算规则知道，多位二进制数减 1 时，若其中第 i 位以下皆为 0 时，则第 i 位应改变状态（0 变成 1 或 1 变成 0），否则不变，而最低位的状态在每次减 1 时都要改变。因此，用 T 触发器构成同步二进制减法计数器时，第 i 位触发器输入端的逻辑式应为 $T_i = \overline{Q_0^n}\ \overline{Q_1^n}\ \overline{Q_2^n} \cdots \overline{Q_{i-2}^n}\ \overline{Q_{i-1}^n}$（$i=1, 2, 3, \cdots, n-1$），$T_0=1$。为此，只要将图 5-9 中的 T 触发器构成的 4 位二进制加法计数器的输出由 Q 端改为 $\overline{Q}$ 端后，便成为 T 触发器构成的 4 位二进制减法计数器。4 位二进制减法计数器各触发器的驱动方程为

$$J_0 = K_0 = T_0 = 1，\quad J_1 = K_1 = T_1 = \overline{Q_0^n}，\quad J_2 = K_2 = T_2 = \overline{Q_0^n}\ \overline{Q_1^n}，\quad J_3 = K_3 = T_3 = \overline{Q_0^n}\ \overline{Q_1^n}\ \overline{Q_2^n}$$

电路的输出方程为

$$Z = \overline{Q_3}\ \overline{Q_2}\ \overline{Q_1}\ \overline{Q_0}$$

用同样的方法可得出状态方程和输出方程，可画出与加法计数器相似的状态转换表、状态转换图和时序图。这里要注意的是，状态转换表和状态转换图的变化方向与加法计数器相反，输出 Z 为借位输出端，状态为 0000 时，Z=1，0000 减 1 变成 1111，同时向高位输出借位脉冲。

3. 同步二进制可逆计数器

实际应用中，常常需要计数器既能做加法计数又能做减法计数。同时兼有加法和减法两种计数功能的计数器称为可逆计数器（或加减计数器）。

可逆计数器有两种电路结构：一种是设置加减控制信号控制实现加法或减法功能，加法计数和减法计数公用同一个计数脉冲，这种电路结构称为单时钟可逆计数器。另一种电路有两个计数脉冲信号，一个叫加计数脉冲信号，另一个叫减计数脉冲信号，给其一个计

数脉冲输入端加上脉冲信号，另一端应接无效电平（低或高电平取决于具体电路结构），电路就可以进行加法和减法计数，这种可逆计数器又被称为双时钟输入式可逆计数器。

将同步二进制加法和减法计数器合并在一起，设置加减控制信号或采用加法和减法双计数脉冲，则可构成单时钟结构和双时钟结构电路，集成同步二进制可逆计数器多数采用单时钟结构。

4. 同步十进制计数器

同步十进制计数器与同步二进制计数器结构相似，一般在二进制计数器电路上进行修改而成。但要注意，十进制计数需要 10 个状态组成循环，由 4 位触发器构成。10 个状态分别代表十进制数的 0，1～9，有多种编码方式。8421 方式计数器最常用。十进制计数器中，共有 16 个状态，选用 10 个状态，剩下的 6 个为无效状态，十进制计数器电路要保证能够自启动。

5.5.3 异步计数器

异步计数器主要有二进制计数器和十进制计数器两种电路形式，一般电路结构较同步计数器简单。下面以 4 位异步二进制计数器为例进行介绍。

1. 4 位异步二进制加法计数器

异步二进制加法计数器中的每一级触发器均用 T′触发器，其特性方程为 $Q^{n+1} = \overline{Q^n}$，T′触发器一般由 JK 触发器或 D 触发器组成，JK 触发器 $J=K=1$，D 触发器 $D = \overline{Q^n}$ 即可。根据二进制加法计数规则知道，最低位每来一个时钟脉冲（计入加 1）便翻转一次，高位只有在相邻低位由 1→0 时才翻转。因此，对下降沿触发的触发器，其高位的 CP 端应与其邻近低位的原码输出 Q 端相连，即 $CP_i = Q_{i-1}$；对上升沿触发的触发器，其高位的 CP 端应与其邻近低位的反码输出 $\overline{Q}$ 端相连，即 $CP_i = \overline{Q}_{i-1}$。两种情况下，最低位触发器的触发脉冲都要接计数脉冲。

图 5-12 所示是由 JK 触发器组成的 4 位二进制加法计数器。JK 触发器作计数触发器使用时，只要将 J、K 输入端悬空（相当于接高电平）即可。根据 JK 触发器状态表，$J=K=1$ 时，每当时钟脉冲 CP 下降沿到来时，触发器就翻转一次，即由 0 翻转为 1，又从 1 翻转为 0，实现了计数触发。低位触发器翻转两次后就产生一个下降沿的进位脉冲，使高位触发器翻转，所以高位触发器的 CP 端接低位触发器的 Q 端。

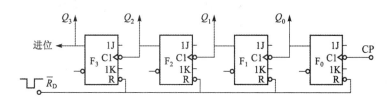

图 5-12 由 JK 触发器组成的 4 位二进制加法计数器

图 5-13 所示为图 5-12 的时序波形图，这种计数器由于计数脉冲不是同时加到各触发器的 CP 端，而只加到最低位触发器，其他各位触发器则由相邻低位触发器位脉冲来触发，

因此，它们状态的变换有先有后，称"异步"计数，这种计数器速度较慢。

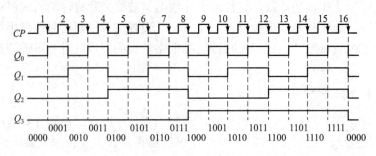

图 5-13　4 位二进制加法计数器的波形图

2.　4 位异步二进制减法计数器

图 5-14 所示是由上升沿触发的 D 触发器构成的异步 4 位二进制减法计数器。其工作原理请读者自行分析。

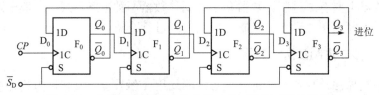

图 5-14　由 D 触发器构成的异步 4 位二进制减法计数器

3.　异步二进制可逆计数器

把二进制异步加法计数器和二进制异步减法计数器合并在一起（增加控制门电路）则可构成异步二进制可逆计数器。

通过分析异步二进制计数器的波形图可知，输出端新状态的建立要比 CP 的上升沿或下降沿滞后。一个触发器的传输延迟时间 t_{pd}，位数越多，滞后时间越长，这是二进制异步计数器工作速度较低的主要原因。例如，在二进制异步加法计数器中，当计数器的状态由 111 变为 000 时，输入脉冲要经过 3 个触发器的传输延迟时间 t_{pd} 才能到达新的稳定状态。若 $t_{pd}=50$ ns，则完成状态转换所需要的时间为 50×3=150 ns。若两个输入脉冲之间的时间间隔小于 150 ns，那么在最后一个触发器变为 0 态之前，第一个又已由 0 变为 1 态，这就无法分辨计数器中所累计的数，造成计数错误。

异步二进制计数器的电路简单，对计数脉冲 CP 的负载能力要求低。因逐级延时，工作速度较低，并且反馈和译码较为困难，一般用在速度要求不高的场合。在 4 位异步二进制计数器的基础上加以修改，则可得到异步十进制计数器。

5.5.4　集成计数器

在基本计数器的基础上，增加一些附加电路则可构成集成计数器。同基本计数器一样，集成计数器也可分为同步计数器和异步计数器、二进制计数器和非二进制计数器。集成计数器具有功能完善、通用性强、功耗低、工作速率高且可以自扩展等许多优点，因而得到广泛应用。目前由 TTL 和 CMOS 电路构成的 MSI 计数器有许多品种，下面介绍几种常用计数器的型号及工作特点。

1. 集成4位同步二进制计数器 74LS161 和 74LS163

集成 4 位同步二进制加法计数器 74LS161 是一个中规模集成电路，它由 4 个 JK 触发器和一些控制门组成，加入的多个控制端可以实现任何起始状态下全清零，也可在任何起始状态下实现二进制加法，还可以实现预置某个数、保持某组数等多种功能，通常称其为可编程同步二进制计数器。其引脚如图 5-15 所示，逻辑功能如表 5-4 所示。

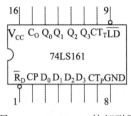

图 5-15　74LS161 外部引脚

表 5-4　74LS161 功能表

输 入					输 出
清零 $\overline{R_D}$	使 能 CT_P　CT_T	置数 $\overline{LD}$	时钟 CP	并行置数 $D_0 D_1 D_2 D_3$	$Q_0 Q_1 Q_2 Q_3$
0	×　×	×	×	×　×　×　×	0　0　0　0
1	×　×	0	↑	$d_0\ d_1\ d_2\ d_3$	$d_0 d_1 d_2 d_3$
1	1　1	1	↑	×　×　×　×	计　数
1	0　×	1	×	×　×　×　×	保　持
1	×　0	1	×	×　×　×　×	保　持

74LS163 与 74LS161 引脚和功能基本相同，唯一区别是 74LS163 为同步清零。应注意同步清零与异步清零方式的区别。在异步清零的计数电路中，清零信号出现有效电平，触发器立即被置零，不受 CP 的控制；而在同步清零的计数电路中，清零信号出现有效电平后，还要等到 CP 信号到达时，才能将触发器置零。

2. 集成同步十进制加法计数器 74LS160

74LS160 是一个中规模集成电路，其逻辑图如图 5-16 所示。它的主体是同步十进制计数器，加入了多个控制端，可以实现任何起始状态下全清零，也可在任何起始状态下实现十进制加法，还可以实现预置某个数、保持某组数等多种功能，逻辑功能如表 5-5 所示。

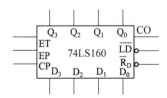

图 5-16　74LS160 逻辑图

表 5-5　74LS160 功能表

输　入						输　出
清零 $\overline{R}_D$	使　能		置数 $\overline{LD}$	时钟 CP	并行置数 $D_0D_1D_2D_3$	$Q_0Q_1Q_2Q_3$
	ET	EP				
0	×	×	×	×	× × × ×	0 0 0 0
1	×	×	0	↑	$d_0d_1d_2d_3$	$d_0d_1d_2d_3$
1	1	1	1	↑	× × × ×	计　数
1	0	×	1	×	× × × ×	保　持
1	×	0	1	×	× × × ×	保　持

74LS160 与 74LS161 相比,不同之处在于 74LS160 为十进制,而 74LS161 为十六进制。

3.　双时钟十进制可逆集成计数器 74LS192

双时钟十进制可逆集成计数器 74LS192 的逻辑功能示意图如图 5-17 所示。其中,$\overline{LD}$ 为异步置数控制端,低电平有效,C_r 为异步清零控制端,高电平有效, D、 C、 B、 A 为并行数据输入端,Q_D、 Q_C、 Q_B、 Q_A 是计数输出端,Q_D 为最高位。O_C 和 O_B 为进位借位输出端,产生进位借位输出信号。CP_+,CP_-为加减计数脉冲输入端,上升沿有效。74LS160 有如下逻辑功能。

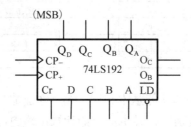

图 5-17　74LS192 逻辑功能示意图

（1）该器件为双时钟工作方式,CP_+是加计数时钟输入,CP_-是减计数时钟输入,上升沿触发。

（2）C_r 为异步清零端,高电平有效。C_r=1 时,时钟输入和其他值任意,$Q_DQ_CQ_BQ_A$=0。

（3）$\overline{LD}$ 为异步预置控制端,低电平有效,当 C_r=0、$\overline{LD}$ =0 时,预置输入端 D、 C、 B、A 的数据送至输出端, 即 $Q_DQ_CQ_BQ_A$=DCBA。

（4）当 C_r=0、$\overline{LD}$ =1 时,采用 8421 BCD 码计数。进位输出和借位输出是分开的,O_C 为进位输出,O_B 为借位输出。CP_+输入计数脉冲,CP_-=1,实现加法计数。到达 1001 状态后,输出一个与 CP_+同相的负脉冲,脉宽为一个时钟周期,此时 O_B=1 无效;CP_-输入计数脉冲,CP_+=1,实现减法计数,到达 0000 状态后,输出一个与 CP_-同相的负脉冲,脉宽为一个时钟周期,此时 O_C=1 无效。

（5）CP_+= CP_-=1,且 C_r=0、$\overline{LD}$ =1 时,计数器状态保持不变。

双时钟类型的十进制可逆集成计数器还有 CC40192 等。CC40192 属于 CMOS 结构,但功能和引脚排列与 74LS192 完全一样。

除上面讲述的集成电路外，还有很多有关计数器的集成电路，读者可查阅相关资料，这里不再一一列举。

5.5.5 集成计数器构成任意进制计数器

集成计数器产品类型有限，目前常见的计数器芯片在计数进制上只做成应用较广的几种类型，如七进制、十进制、十六进制、十二进制、十四进制等。实际应用中，需要各种各样不同进制的计数器。这时，只能用已有的计数器产品经过外电路的不同连接得到。

假定已有的是 N 进制计数器，而需要得到的是 M 进制的计数器。这时有 $M < N$ 和 $M > N$ 两种可能的情况。下面分别讨论两种情况下构成任意一种进制计数器的方法。

1. $M < N$ 的情况

在 N 进制计数器的顺序计数过程中，若设法使之跳越 $N-M$ 个状态，就可以得到 M 进制计数器了。实现跳跃的方法有置零法（或称复位法）和置数法（或称置位法）两种。

（1）置零法。

置零法适用于有同步、异步置零输入端的计数器，要严格区别同步、异步置零。它的工作原理是这样的：对于异步置零，设原有的计数器为 N 进制，当它从全 0 状态 S_0 开始计数并接收了 M 个计数脉冲以后，电路进入 S_M 状态。如果将 S_M 状态译码产生的一个置零信号加到计数器的异步置零输入端，则计数器将立刻返回 S_0 状态，这样就可以跳过 $N-M$ 个状态而得到 M 进制计数器（或称分频器）。由于电路一进入 S_M 状态后立即又被置成 S_0 状态，所以 S_M 状态仅在极短的瞬间出现，在稳定的状态循环中不包括 S_M 状态。

而对于同步置零，只须将 S_{M-1} 状态译码产生一个置零信号即可，同步置零，不存在暂态，可靠性高。

（2）置数法。

置数法与置零法不同，它是通过给计数器重复置入某个数值的方法跳跃 $N-M$ 个状态，从而获得 M 进制计数器的。置数操作可以在电路的任何一个状态下进行。这种方法适用于有预置数功能的计数器电路，同样要严格区别同步、异步置数。

【例 5-4】试利用 4 位同步二进制计数器 74LS161 接成同步六进制计数器。

解：因为 74LS161 兼有异步置零和同步预置数功能，所以置零法和置数法均可采用。

（1）图 5-18（a）所示电路是采用异步清零法接成的六进制计数器。当计数器计成 $Q_3Q_2Q_1Q_0 = 0110$（S_M）状态时，担任译码器的与非门输出低电平信号给 $\overline{R}_D$ 端，将计数器置零，回到 0000 状态。电路的状态转换图如图 5-18（c）所示，其中 0110 为过渡状态，存在时间很短，不算有效状态。

（2）图 5-18（b）所示电路是采用异步置数法接成的六进制计数器。此方法不存在过渡态。状态转换图如图 5-18（c）所示。

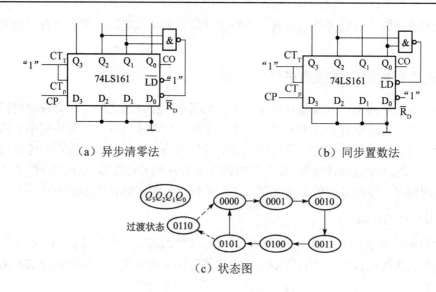

（a）异步清零法　　　　　　　　　　　　（b）同步置数法

（c）状态图

图 5-18　74LS161 构成六进制计数器

2. $M > N$ 的情况

这时必须用多片 N 进制计数器级联组合起来，才能构成 M 进制计数器。各片之间（或各级之间）的连接方式可分为串行进位方式、并行进位方式、整体置零和整体置数方式几种。下面仅以两级之间的连接为例说明这几种连接方式的原理。

（1）若 M 可以分解为两个小于 N 的因数相乘，即 $M = N_1 \times N_2$，则可采用串行进位方式和并行进位方式将一个 N_1 进制计数器和一个 N_2 进制计数器连接起来构成 M 进制计数器。

在串行进位方式中，以低位片的进位输出信号为高位片的时钟输入信号。在并行进位方式中，以低位片的进位输出信号为高位片的工作状态控制信号（计数的使能信号），两片的 CP 输入端同时接计数输入信号。

【例 5-5】试用两片同步十进制计数器 74LS160 接成百进制计数器。

解：本例中 $M = 100$，$N_1 = N_2 = 10$，将两片 74LS160 直接按并行进位方式或串行进位方式连接，即可得百进制计数器。

图 5-19 所示电路是并行进位方式的接法。以第一片的进位输出 CO 作为第二片的 EP 和 ET 输入，每当第一片计成 9（1001）时 CP 变为 1，下一个 CO 信号到达时，第二片为计数工作状态，计入 1，而第一片计成 0（0000），它的 CO 端回到低电平。第一片的 EP 和 ET 恒为 1，始终处于计数工作状态。

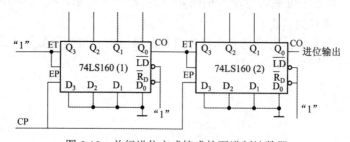

图 5-19　并行进位方式接成的百进制计数器

特别提示:

在 N_1、N_2 不等于 N 时,可以先将两个 N 进制计数器分别接成 N_1 进制计数器和 N_2 进制计数器,然后再以并行进位方式或串行进位方式将它们连接起来。例如,要用 74LS160 构成 60 进制计数器时,就可以将其中一个 74LS160 构成六进制计数器,然后再与 74LS160 进行连接。

(2) 当 M 为大于 N 的素数时,不能分解成 N_1 和 N_2,上面讲的并行进位方式和串行进位方式就行不通了。这时就必须采取整体置零方式或整体置数方式构成 M 进制计数器。

所谓整体置零方式,是指首先将两片 N 进制计数器按最简单的方式接成一个大于 M 进制的计数器(例如 $N \cdot N$ 进制)。然后在计数器计为 M 状态时译出异步或同步置零信号 $\overline{R}_D = 0$,将两片 N 进制计数器同时置零。这种方式的基本原理和 $M < N$ 时的置零法是一样的。

而整体置数方式的原理与 $M < N$ 时的置数法类似。首先须将两片 N 进制计数器用最简单的连接方式接成一个大于 M 进制的计数器(例如 $N \cdot N$ 进制)。然后在选定的某一状态下译出 $\overline{LD} = 0$ 信号,将两个 N 进制计数器同时置入适当的数据,跳过多余的状态,获得 M 进制计数器。采用这种接法要求已有的 N 进制计数器本身必须具有预置数功能。

当然,当 M 不是素数时整体置零法和整体置数法也可以使用。

【例 5-6】试用两片同步十进制计数器 74LS160 接成二十九进制计数器。

解:因为 $M = 29$ 是一个素数,所以必须使用整体置零法或整体置数法构成二十九进制计数器。

图 5-20 所示是整体异步置零方式的接法。首先将两片 74LS160 以并行进位方式连成百进制计数器。当计数器从全 0 状态开始计数,计入 29 个脉冲,经门 G_1 产生低电平信号时,立刻将两片 74LS160 同时置零,于是便得到了二十九进制计数器。需要注意的是,计数过程中第二片 74LS160 不出现 1001 状态,因而它的 CO 端不能给出进位信号。而且,门 G_1 输出的脉冲持续时间极短,也不宜作进位信号。如果要求输出进位信号持续时间为一个时钟信号周期,则应从第 28 个状态译出。当电路计入第 28 个状态后,门 G_2 输出变为低电平,第 29 个计数脉冲到达后门 G_2 的输出跳变为高电平。

通过这个例子可以看到,整体异步置零法不仅可靠性差,而且往往还要另加译码电路才能得到需要的进位输出信号。

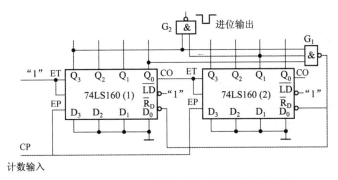

图 5-20　整体置零方式接成的二十九进制计数器

用整体同步置数方式可以避免异步置零法的缺点。图 5-21 所示是采用整体同步置数法接成的二十九进制计数器。首先仍须将两片 74LS160 连成百进制计数器。然后将电路的第 28 个状态译码产生 $\overline{LD}=0$ 信号，同时加到两片 74LS160 上，在下一个计数脉冲到达时，将 0000 同时送到两片 74LS160 中，从而得到二十九进制计数器。进位信号可以直接由门 G_1 输出端引出。

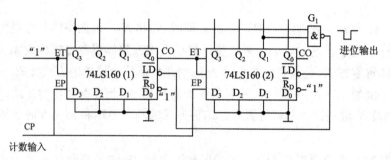

图 5-21　整体同步置数法接成的二十九进制计数器

5.5.6　集成计数器的其他应用

计数器的应用极为广泛，除用于各种计数外，还用于可编程分频器、顺序脉冲和序列信号的产生。

1.　集成计数器作为可编程分频器

所谓可编程分频器，是指分频器的分频比可以受程序控制。利用同步预置法实现任意 M 进制计数器十分方便，而 M 进制计数器的进位或借位输出信号频率是计数信号频率的 $1/M$，也就是说，任意 M 进制计数器可以得到任意分频器。用同步预置法设计可编程分频器是很简便的，并且可靠，只要用程序控制预置数就行。在现代通信系统与控制系统中，可编程分频器得到了广泛的应用。

2.　顺序脉冲和序列信号发生器

在数字系统中，有时需要一些特殊的串行周期信号。在循环周期内，信号 1 和 0 按一定的顺序排列，通常把这种串行周期信号叫作序列信号。产生序列信号的电路称为序列信号发生器。

顺序脉冲是序列信号的一种特例，顺序脉冲的每个周期序列中，只有一个 1 或者一个 0，并且在时间上按一定顺序排列。产生顺序脉冲信号的电路称为顺序脉冲发生器。在数字系统中，常用顺序脉冲控制设备都是按事先规定的顺序进行运算和操作的。

（1）顺序脉冲发生器。

利用集成同步计数器和二进制线译码器可以构成顺序脉冲发生器，图 5-22（a）所示电路是用 4 位同步二进制计数器 74LS161 和 3 线-8 线译码器 74LS138 构成的顺序脉冲发生器。图中 74LS161 的低 3 位输出 Q_0、Q_1、Q_2 是 3 线-8 线译码器 74LS138 的 3 位输入信号。

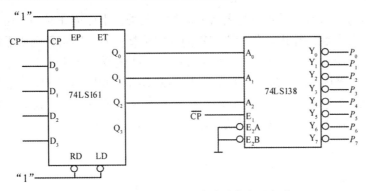

（a）用 MSI 构成的顺序脉动发生器电路

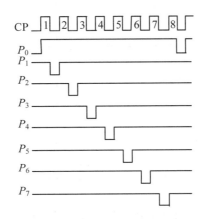

（b）用 MSI 构成的顺序脉动发生器电压波形图

图 5-22　中规模集成电路构成的顺序脉冲发生器

为使 74LS161 工作在计数状态，清零、预置以及工作方式端均应接高电平。由于 74LS161 的低 3 位输出 Q_0、Q_1、Q_2 是按八进制计数器连接的，所以在连续输入 CP 信号的情况下，$Q_2 Q_1 Q_0$ 的状态将按 000 到 111 的顺序反复循环，并在译码器输出端依次输出 P_0 到 P_7 的顺序脉冲，如图 5-22（b）所示。

虽然 74LS161 中的触发器是在同一时钟信号操作下工作的，但由于各触发器传输时间存在差异，所以在将计数器的状态译码时仍然存在竞争冒险现象。为了消除竞争冒险现象，应在 74LS138 的 E_1 端加接选通脉冲，选通脉冲的有效时间应与触发器的翻转时间错开。例如，图中选取 $\overline{CP}$ 作为 74LS138 的选通脉冲，即得到图 5-22（b）所示的输出电压波形。此电路中，CP 信号的上升沿计数，下降沿译码。使用这种方案，要注意计数器和译码器输出态的匹配。其一，为了将计数器的每个状态译码输出为对应位数的顺序脉冲，译码器的输出状态数必须大于或等于计数器应输出的状态数。例如，上例要输出 16 位（或大于 8 位）顺序脉冲，一片 74LS138 不能满足要求，可以用两片 74LS138 或一片 4 线-16 线译码器。其二，译码器的输出顺序必须和计数器的顺序一致。

（2）序列信号发生器。

利用计数器和数据选择器可以方便地构成序列信号发生器，这种方法比较简单直观。

为了得到序列信号，只须在数据选择器 MUX 的输入端加上序列 1 或 0，然后用模等于序列信号长度的计数器状态输出，作为 MUX 的译码选择信号，即可得到所需的序列信号。例如，需要产生一个 8 位的序列信号 00010111（时间顺序为从左到右），则可以用 1 个八进制计数器和一个 8 选 1 数据选择器组成，如图 5-23 所示。其中，八进制计数器取自 74LS161 的低 3 位，74LS152 是 8 选 1 数据选择器，有 Y 和 $\overline{Y}$ 两个互补输出。为使 74LS161 工作在计数状态，74LS161 的清零、预置以及工作方式端均应接高电平 1。

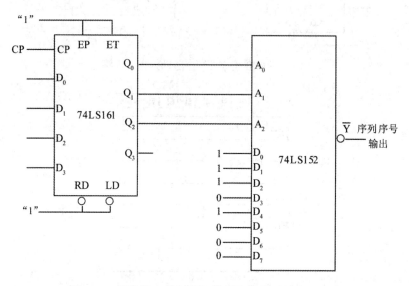

图 5-23 计数器和数据选择器构成的序列信号发生器

当 CP 信号连续不断地加到计数器上时，Q_2、Q_1、Q_0 的状态（A_2、A_1、A_0）便按照 000～111 的顺序不断循环，D_0 到 D_7 的状态就循环不断地依次出现在 $\overline{Y}$ 端。只要令 $D_0=D_1=D_2=D_4=1$、$D_3=D_5=D_6=D_7=0$，便可以在 $\overline{Y}$ 端得到不断循环的 8 位序列信号 00010111（自己思考若从 Y 端输出序列信号，应如何加 D_0～D_7）。在需要修改序列信号时，只要修改加到 D_0～D_7 的高、低电平即可实现，而不须对电路结构做任何改动。因此，使用这种电路既灵活又方便。使用这种方法要保证所用计数器的模等于序列信号长度。例如，需要产生一个 5 位的序列信号 10110（时间顺序为从左到右），则可以用一个五进制计数器和一个 8 选 1 数据选择器组成，只要把 74LS161 接成五进制计数器（置零法），Q_2、Q_1、Q_0 分别接 A_2、A_1、A_0，10110 按顺序接 D_0、D_1、D_2、D_3、D_4 就可在 Y 端实现。

【例 5-7】分析图 5-24（a）所示序列信号发生器的逻辑功能。

解：由图 5-24（a）所示电路图可知，该电路是由 3 个 D 触发器构成的右移寄存器和与非门构成的反馈组合电路组成的。由电路可写出其输出函数和激励函数分别为：

$$Z = Q_2$$
$$D_0 = \overline{Q_0}\,\overline{Q_1} + \overline{Q_1}Q_2 + Q_1\overline{Q_2} \quad D_1 = Q_0 \quad D_2 = Q_1$$

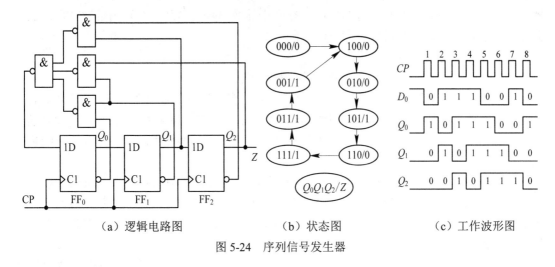

（a）逻辑电路图　　　　　　（b）状态图　　　　　　（c）工作波形图

图 5-24　序列信号发生器

其状态图和工作波形图如图 5-24（b）、（c）所示。由状态图和工作波形图可以看出，$Z=Q_2$ 在 8 个 CP 脉冲的作用下，顺序输出序列信号 00010111。

【思考与练习】

（1）什么是计数？什么是分频？

（2）什么是加法计数器？什么是减法计数器？两者间有什么不同？

（3）同步计数器和异步计数器各有什么特点？

（4）采用直接清零法实现任意进制计数器时，用 74LS90 芯片和用 74LS161 芯片有什么不同之处？

（5）什么叫顺序脉冲发生器和序列信号发生器？

（6）计数器和数据选择器构成序列信号发生器应注意什么？

5.6　寄存器及其应用

5.6.1　寄存器的特点及类型

1.　寄存器的特点

能够存储数码或二进制逻辑信号的电路，称为寄存器。寄存器电路由具有存储功能的触发器构成。显然，用 n 个触发器组成的寄存器能存放一个 n 位的二值代码。寄存器常用于接收、传递数码和指令等信息，以及暂时存放参与运算的数据和结果。

2.　寄存器的分类

寄存器种类有很多，分类方法也不相同，具体包括如下几类。

（1）串行寄存器和并行寄存器。

把数据存放在寄存器中的方式有串行和并行两种：串行是指数码从输入端逐位输入到寄存器中；并行是指各位数码分别从对应位的输入端同时输入到寄存器中。把数码从寄存器中取出的方式也有串行和并行两种：串行是指被取出数码是从一个输出端逐位取出的；并行是指被取出数码是从对应位同时输出的。

（2）基本寄存器和移位寄存器。

寄存器按功能可分为基本寄存器和移位寄存器。

① 基本寄存器又称数据寄存器或状态寄存器，是最简单的存储器，只具备接收、暂存数码和清除原有数据的功能。它在控制脉冲的作用下，接收、存储和输出一组二进制代码，只能并行送入或取出数码。基本、同步、主从、边沿触发器都能组成状态寄存器，结构比较简单。

② 具有移位功能的寄存器称为移位寄存器，移位寄存器中的各位数据可以在移位脉冲的控制下依次（从低位向高位或从高位向低位）移位。移位寄存器除了具备数码寄存器的功能外，还有数码移位的功能。移位寄存器根据它的逻辑功能分为单向（左移或右移）移位寄存器和双向移位寄存器两大类。

移位寄存器中的数据和代码的输入/输出方式灵活，既可以串行输入和输出，也可以并行输入和输出。移位寄存器的存储单元只能是主从触发器和边沿触发器。

（3）TTL 寄存器和 CMOS 寄存器。根据使用开关器件的不同，可分为 TTL 寄存器和 CMOS 寄存器。目前通用集成寄存器一般为中规模产品。

5.6.2 数码寄存器

数码寄存器（基本寄存器）由触发器和控制门组成，因为一个触发器能存储一位二进制代码，所以用 n 个触发器组成的寄存器能存储一组 n 位二进制代码。对状态寄存器中使用的触发器只要求具有置 1、置 0 的功能即可，因而无论是用基本 RS 结构的触发器，还是用数据锁存器、主从结构或边沿触发结构的触发器，都能组成数码寄存器。

1. 电路组成

图 5-25 所示为用 D 触发器构成的 4 位数码寄存器。4 个 D 触发器的时钟脉冲输入端接在一起，CP 为接收数码控制端，$D_0 \sim D_3$ 为数码输入端，$Q_0 \sim Q_3$ 为数码输出端。各触发器的复位端也连接在一起，为寄存器的清零端，且为低电平有效。

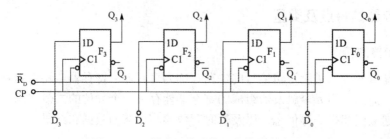

图 5-25 D 触发器构成的 4 位数码寄存器

2. 工作原理

（1）寄存数码前，令清零端等于 0，则数码寄存器清零，它的状态 $Q_3Q_2Q_1Q_0 = 0000$。

（2）寄存数码时，令清零端等于 1，若存入数码为 0011，令寄存器的输入 $D_3D_2D_1D_0 = 0011$。因为 D 触发器的功能是 $Q^{n+1} = D$，所以在接收指令脉冲 CP 的上升沿一到，它的状

态 $Q_3Q_2Q_1Q_0 = 0011$。

（3）只要使清零端等于 1，CP = 0 不变，寄存器就一直处于保持状态，完成了接收暂存数码的功能。

从上面的分析可知，此数码寄存器接收数码时，各位数码是同时输入的，输出数码也是同时输出的，我们把这种数码寄存器称为并行输入、并行输出数码寄存器。

5.6.3　移位寄存器

为了处理数据的需要，在数码寄存器的基础上形成了移位寄存器，它除了具备数码寄存器的功能外，还有数码移位的功能。移位寄存器的存储单元只能是主从触发器和边沿触发器。

1.　右移移位寄存器

图 5-26 所示电路是由维持－阻塞式 D 触发器组成的 4 位单向移位（右移）寄存器。在该电路中，R_I 为外部串行数据输入端（或称右移输入端），R_O 为外部输出端（或称移位输出端），输出端 $Q_3Q_2Q_1Q_0$ 为外部并行输出端，CP 为同步时钟脉冲输入端（或称移位脉冲输入端），清零端信号将使寄存器清零（$Q_3Q_2Q_1Q_0 = 0000$）。

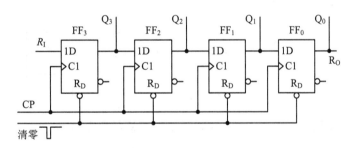

图 5-26　4 位单向移位（右移）寄存器

在该电路中，各触发器的激励方程为

$$D_3 = R_I, \quad D_2 = Q_3, \quad D_1 = Q_2, \quad D_0 = Q_1$$

将激励方程代入特性方程可得状态方程为

$$Q_3^{n+1} = R_I, \quad Q_2^{n+1} = Q_3^n, \quad Q_1^{n+1} = Q_2^n, \quad Q_0^{n+1} = Q_1^n$$

通过状态方程可以看出，在 CP 脉冲的作用下，外部串行数据输入 R_I 移入 Q_3，Q_3 移入 Q_2，Q_2 移入 Q_1，Q_1 移入 Q_0。总的效果相当于移位寄存器原有的代码依次右移了 1 位。例如，利用清零使电路初态为 0，在第 1、2、3、4 个 CP 脉冲的作用下，R_I 端依次输入数据为 1、0、1、1。根据电路状态方程可得到右移移位寄存器各触发器输出端 $Q_3Q_2Q_1Q_0$ 的波形图如图 5-27 所示。移位寄存器的数码移动情况如表 5-6 所示。

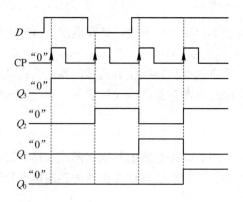

图 5-27　右移移位寄存器工作波形图

表 5-6　右移移位寄存器的数码移动情况

CP	输入数据 R_i	右移移位寄存器输出			
		Q_3	Q_2	Q_1	Q_0
0	0	0	0	0	0
1	1	1	0	0	0
2	0	0	1	0	0
3	1	1	0	1	0
4	1	1	1	0	1

　　由表 5-6 和图 5-27 可知，在图 5-26 所示右移移位寄存器电路中，经过 4 个 CP 脉冲后，依次输入的 4 位代码全部移入了移位寄存器中，这种依次输入数据的方式，称为串行输入，每输入一个 CP 脉冲，数据向右移动 1 位。输出有两种方式，数据从最右端 Q_0 依次输出，称为串行输出；由 $Q_3Q_2Q_1Q_0$ 端同时输出，称为并行输出。由于依次输入的 4 位代码，在触发器的输出端并行输出，因而利用移位寄存器可以实现代码的串行－并行转换。并行输出只需 4 个 CP 脉冲就可完成转换。

　　如果首先将 4 位数据并行置入移位寄存器的 4 个触发器中，然后连续加入 4 个移位脉冲，则移位寄存器里的 4 位代码将从串行输出端依次送出，从而实现代码的并行－串行转换。可见，从串行输入到串行输出需要经过 8 个 CP 脉冲才能将输入的 4 个数据全部输出。应当注意每次数码的输入必须在触发沿之前到达，保证信号的建立时间 t_{set}；同时在触发沿后应满足持续保持时间 t_h 的稳定输入，以便输出信号的稳定。

2.　左移移位寄存器

　　同理，将右侧触发器的输出作为左侧触发器的输入，则可构成左移移位寄存器，电路如图 5-28 所示（图中未画异步清零端）。当依次输入 1001 时，状态转换表如表 5-7 所示，请读者自行分析。

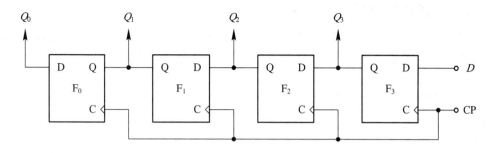

图 5-28　左移移位寄存器

表 5-7　左移移位寄存器的状态转换表

移位脉冲数	寄存器的状态				移位过程
	Q_0	Q_1	Q_2	Q_3	
0	0	0	0	0	清零
1	0	0	0	1	左移 1 位
2	0	0	1	0	左移 2 位
3	0	1	0	0	左移 3 位
4	1	0	0	1	左移 4 位

通过分析图 5-26 和图 5-28 所示电路可知：数据串行输入端在电路最左侧为右移，反之为左移，两种电路在实质上是相同的。无论左移、右移，离输入端最远的触发器要存放的数据必须首先串行输入，否则会出现数据存放错误。列状态表要按照电路结构图中从左到右各变量的实际顺序来排列，画时序图时，要结合状态表先画离数据输入端最近的触发器的输出。

用 JK 触发器同样可以组成移位寄存器，只须把 JK 触发器转化为 D 触发器即可，它和 D 触发器移位寄存器具有同样的功能。

3.　双向移位寄存器

若寄存器按不同的控制信号，既能实现右移功能，又能实现左移功能，这种寄存器称为双向移位寄存器。综合左移和右移寄存器电路，增加控制信号和部分门电路，则可构成双向移位寄存器。集成移位寄存器就是这样设计并制作的。

5.6.4　集成寄存器

1.　集成状态寄存器

集成状态寄存器型号较多，参数各异，功能相似。集成产品主要有两大类：一类是由多个（边沿触发）D 触发器组成的触发型集成寄存器，如 74LS171（4D）、74LS173（4D）、74LS175（4D）、CC4076（4D）、74LS174（6D）、74LS273（8D）等；另一类是由带使能端（电位控制式）D 触发器组成的锁存型集成寄存器，如 74LS375（4D）、74LS363（8D）、74LS373（8D）等。为了增加使用的灵活性，有些集成寄存器还附加了异步置零、保持和三态控制等功能，例如 74LS173（4D）和 CC4076（4D）就属于这类寄存器。若要扩大寄存器位数，可将多片器件进行并联，采用同一个 CP 和共同的控制信号。

2. 集成移位寄存器

集成移位寄存器产品较多，有 4 位、8 位、16 位等。4 位双向移位寄存器 74LS194 以及 8 位双向移位寄存器 74LS164、74LS165 较常用。下面以集成 4 位双向移位寄存器 74LS194 为例介绍。

74LS194 是 4 位通用移位寄存器，具有左移、右移、并行置数、保持、清除等多种功能。其内部电路结构请参阅有关资料，其逻辑功能示意图如图 5-29 所示，其相应的功能如表 5-8 所示。图中 $\overline{Cr}$ 为异步清零端，低电平有效，优先级别最高；$D_0 \sim D_3$ 为并行数码输入端，S_R、S_L 为右移、左移串行数码输入端，S_1、S_0 为工作方式控制端，$Q_0 Q_1 Q_2 Q_3$ 为并行数码输出端，CP 为移位脉冲输入端。74LS194 逻辑功能具体如下：

（1）清零功能。$\overline{Cr} = 0$，移存器无条件异步清零。

（2）保持功能。$\overline{Cr} = 1$，CP=0，或者 $\overline{Cr} = 1$，$S_1 S_0 = 00$，两种情况电路均保持原态。

（3）并行置数功能。当 $\overline{Cr} = 1$，$S_1 S_0 = 11$ 时，在 CP 上升沿的作用下，$D_0 \sim D_3$ 端的数码并行送入寄存器这显然是同步预置的。

（4）右移串行送数功能。当 $\overline{Cr} = 1$，$S_1 S_0 = 01$ 时，在 CP 上升沿的作用下，执行右移功能，S_R 端输入的数码依次送入寄存器。

（5）左移串行送数功能。当 $\overline{Cr} = 1$，$S_1 S_0 = 10$ 时，在 CP 上升沿的作用下，执行左移功能，S_L 将端输入的数码依次送入寄存器。

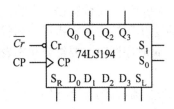

图 5-29　74LS194 的逻辑功能示意图

表 5-8　双向移位寄存器 74LS194 的功能表

$\overline{Cr}$	CP	S_1	S_0	工作状态
0	×	×	×	置 零
1	0	×	×	保 持
1	×	0	0	保 持
1	上升沿	0	1	右 移
1	上升沿	1	0	左 移
1	上升沿	1	1	并行置数

将两片 74LS194 进行级联，则扩展为 8 位双向移位寄存器，如图 5-30 所示。其中，第 I 片的 S_R 端是 8 位双向移位寄存器的右移串行输入端，第 II 片的 S_L 端是 8 位双向移位寄存器的左移串行输入端，$D_0 \sim D_7$ 为并行输入端，$Q_0 \sim Q_7$ 为并行输出端。第 I 片的 Q_3 与第 II 片的 S_R 相连，第 II 片的 Q_0 与第 I 片的 S_L 相连。清零端和工作方式端以及 CP 端公用即可。

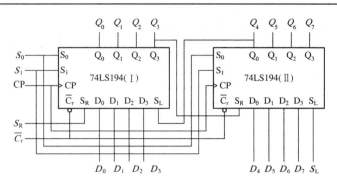

图 5-30　8 位双向移位寄存器

5.6.5　集成寄存器的应用

集成寄存器应用极为广泛，下面仅介绍两种典型应用。

1. 移位寄存器在数据传送系统中的应用

数据传送系统分为串行数据传送和并行数据传送两种。串行数据传送是指每一时间节拍（一般是每个 CP 脉冲）只传送一位数据，n 位数据需要 n 个时间节拍才能完成传送任务；并行传送数据一个时间节拍可同时传送 n 位数据。

在数字系统中，信息的传送通常是串行的，而处理和加工往往是并行的。因此，经常要进行输入/输出的串、并转换。利用移位寄存器可以实现数据传输方式的转换。下面以 4 位数据移位寄存器 74LS194 为例做简单介绍。

（1）并行数据输入转换为串行数据输出。

将 4 位数据送到 74LS194 的并行输入端，工作方式选择端置为 $S_0S_1=11$，这时，在第 1 个 CP 脉冲作用下，将并行输入端的数据同时存入 74LS194 中，同时 Q_3 端输出最高位数据；然后将工作方式选择端置为 $S_0S_1=01$（右移），在第 2 个 CP 脉冲作用下，使数据右移 1 位，使 Q_3 端输出次高位数据；在第 3 个 CP 脉冲作用下，数据又右移 1 位，Q_3 端输出次低位数据；在第 4 个 CP 脉冲作用下，数据再右移 1 位，Q_3 端输出最低位数据。经过 4 个 CP 脉冲，完成了 4 位数据由并入到串出的转换。

（2）串行输入数据转换为并行输出数据。

转换电路如图 5-31 所示。将工作方式选择端置为 $S_0S_1=10$，将串行数据加到 S_R 端，在 4 个 CP 脉冲配合下，依次将 4 位串行数据存入 74LS194 中；然后，将并行输出允许控制端置为 $E=1$，4 位数据即由 $Y_3 \sim Y_0$ 端并行输出。

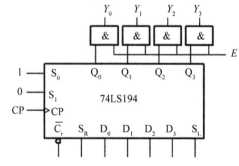

图 5-31　串行至并行转换电路

2. 移位寄存器构成移存型计数器

如果把 n 位移位寄存器的 n 位输出 $Q_0Q_1Q_2Q_3\cdots Q_{n-1}$ 以一定的方式反馈送到串行输入端，则构成闭环电路，移位寄存器的状态将形成循环，显然可构成计数器。利用不同形式的反馈逻辑电路，可以得到不同形式的计数器，这种计数器称为移位寄存器型计数器，简称移存型计数器。移存型计数器电路连接简单，编码方便，用途较为广泛。这里仅介绍74LS194构成的环计数器和扭环形计数器这两种最常用电路，其他类型的移存型计数器可参考相关书籍和资料。

（1）环形计数器。

将 n 位移位寄存器的最末级输出，通过反馈作为首级的输入，这样构成的移存型计数器就是环形计数器。将 74LS194 接成单向移位寄存器（例如右移），将右移输入端 S_R 与 Q_3 相连，即 $S_R=Q_3$，$D_0=S_R$，则构成 4 位环形计数器。其逻辑电路如图 5-32（a）所示，其反馈逻辑方程为 $D_0=Q_3$。当连续输入时钟信号时，寄存器里的数据将循环右移。对图 5-32（a）所示计数器进行分析，可得到如图 5-32（b）所示的状态图（未标状态顺序的状态图依次为 $Q_3Q_2Q_1Q_0$）。

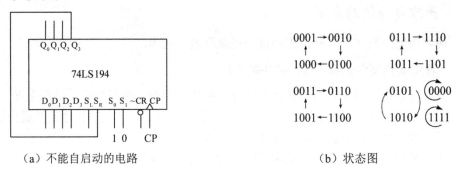

（a）不能自启动的电路　　　　　　　　　　　（b）状态图

图 5-32　74LS194 构成的 4 位环形计数器（不能自启动）

若电路的起始状态为 $Q_0Q_1Q_2Q_3=1000$，则电路中循环移位一个 1，认定此循环为有效循环，其他的几种循环则为无效循环。有效循环只有 4 种状态，计数长度为 4。可见，4 位环形计数器实际上是一个模 4 计数器。如果由于电源故障或信号干扰而使电路进入无效循环时，将不能自动回到有效循环中，因而此电路不具有自启动特性，要想正常工作必须重新启动。

对图 5-32（a）所示计数器进行设计修正，使 $S_R=\overline{Q_2Q_1Q_0}=\overline{Q_2+Q_1+Q_0}$，可得到具有自启动特性的环形计数器，如图 5-33（a）所示，其状态图如图 5-33（b）所示。由状态转换图可以看出，无效循环被有效地消除了，电路自动返回有效循环，所以能够自启动。

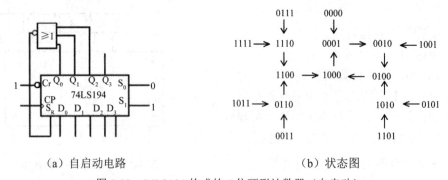

（a）自启动电路　　　　　　　　　　　（b）状态图

图 5-33　74LS194 构成的 4 位环形计数器（自启动）

环形计数器结构很简单，其特点是每个时钟周期只有一个输出端为 1，因此可以直接用环形计数器的输出作为状态输出信号或脉冲信号，不需要再加译码电路。但它的状态利用率低，n 个触发器或 n 位移存器只能构成 $N=n$ 的计数器，有 2^n-n 个无效状态。

（2）扭环形计数器（也称循环码或约翰逊计数器）。

为了提高电路状态的利用率，可改进环形计数器得到扭环形计数器。与环形计数器相比，n 位扭环形计数器的移位寄存器内部结构并未改变，只是改变了其反馈逻辑方程。其最末级输出 $\overline{Q_{n-1}}$ 通过反馈作为首级的输入，这样构成的移存型计数器就是扭环形计数器。

将 74LS194 接成单向移位寄存器（例如右移），将右移输入端 S_R 与 $\overline{Q_3}$ 端相连，即 $S_R=\overline{Q_3}$，则构成 4 位扭环形计数器。其逻辑电路如图 5-34（a）所示，其状态图如图 5-34（b）所示。从状态图可以看出，该计数器有 8 个有效状态构成计数循环。计数长度为 8，可见 4 位扭环形计数器实际上是一个模 8 计数器。其余 8 个无效状态构成无效循环，此电路不能自启动。

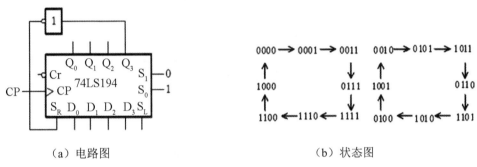

（a）电路图　　　　　　　　　　　　（b）状态图

图 5-34　74LS194 构成的 4 位扭环形计数器（不能自启动）

修改反馈逻辑方程可得到具有自启动特性的扭环形计数器，逻辑电路如图 5-35（a）所示，状态图如图 5-35（b）所示。

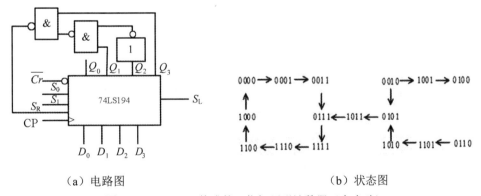

（a）电路图　　　　　　　　　　　　（b）状态图

图 5-35　74LS194 构成的 4 位扭环形计数器（自启动）

从扭环形计数器状态图可以看出，扭环形计数器的状态按循环码的规律变化，即相邻状态之间仅有一位代码不同，因而不会产生竞争冒险现象，且译码电路也比较简单。n 位移存器可以构成 $N=2n$ 计数器，虽提高了状态利用率，但无效状态仍有 2^n-2n 个。扭环形计数器输出波形的频率比时钟频率降低了 $2n$ 倍，所以它可以用作偶数分频器。

合理设置输入反馈逻辑可得到的移位寄存器型计数器最大循环长度为 2^n-1，这种计数器中，只有全 0 状态是无效状态。最大长度移位寄存器型计数器状态的利用比较充分，而且反馈逻辑也简单，因此它比同步二进制计数器更为经济，尤其是在循环长度很长的地方。这方面的内容读者可参考相关书籍和资料。

【例 5-8】图 5-36 所示是 74LS194 构成的奇数分频器逻辑电路图。请分析其功能，画出状态图和波形图。

解：由图 5-36（a）可得，反馈输入方程为 $S_R = \overline{Q_2 Q_3}$，其状态图如图 5-36（b）所示，其状态变化与扭环形计数器相似，但跳过了全 0 状态。由所得状态图，可看出是七个状态一循环，故为七分频电路，即 $f_o = (1/7) f_{CP}$。其波形图如图 5-37 所示。

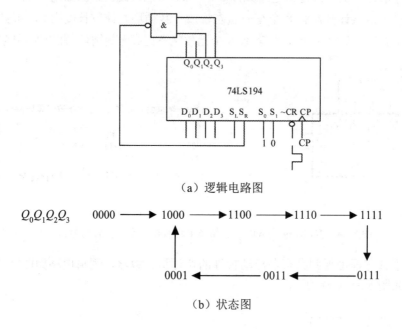

（a）逻辑电路图

$$Q_0 Q_1 Q_2 Q_3 \quad 0000 \longrightarrow 1000 \longrightarrow 1100 \longrightarrow 1110 \longrightarrow 1111$$

（b）状态图

图 5-36　74LS194 构成的 7 分频电路

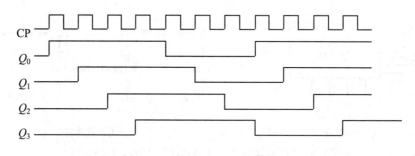

图 5-37　图 5-36 的输出波形

移位寄存器型计数器作为分频器十分方便，不仅可以实现固定分频，还可以实现可变编程分频，只要用程序控制预置数就可实现可变编程分频。

【思考与练习】

（1）什么是寄存器？它可以分为哪几类？

（2）什么是并行输入、串行输入、并行输出、串行输出？

（3）什么是基本寄存器？什么是移位寄存器？它们有哪些异同点？

（4）使用寄存器时，应注意哪些问题？

（5）如何利用 JK 触发器构成单向移位寄存器？

（6）移位寄存器分频的原理是什么？

（7）一个 8 位移位寄存器，可以构成最长计数器的长度是多少？

项目 5 小结

时序逻辑电路在逻辑功能上的特点是，时序逻辑电路任意时刻的输出信号，不仅与该时刻的输入信号有关，还与电路原来所处的状态有关。时序逻辑电路在电路结构上的特点是，时序电路一般包含组合器件和存储器件两部分。由于它要记忆以前的输入和输出信号，所以存储电路是不可缺少的，有些时序电路可以没有组合部分，例如触发器等。

描述时序逻辑电路的方法有方程组、状态表、状态图和时序图等，它们各具特色，不同场合各有应用。其中，方程组是与具体电路结构直接对应的一种表达式，在分析电路时，一般从电路图写出方程组；在设计电路时，也是通过方程组画出逻辑图；状态表和状态图的特点是给出了电路工作的全部过程，能使电路的逻辑功能一目了然；时序图的方法，便于进行波形观察，最适宜用在实验调试中。

时序逻辑电路一般包含组合器件和存储器件两部分，同样会存在竞争冒险，设计电路时应进行消除。

计数器是组成数字系统的重要部件之一，它的功能就是计算输入脉冲的数目。根据计数脉冲输入方式的不同，可将计数器分为同步计数器和异步计数器两类。同步计数器工作速度较高，但控制电路较复杂，CP 脉冲的负载较重。异步计数器电路简单，对 CP 脉冲负载能力要求低，但工作速度较慢。计数器根据计数进制不同又可以分为二进制计数器、十进制计数器和任意进制计数器。前两种计数器有许多集成电路产品可供选择，而任意进制计数器如果没有现成的产品，则可以将二进制或十进制计数器通过引入适当的反馈控制信号或多片集成电路级联来实现任意进制计数。计数器除了计数外，在定时、分频等方面也有重要的用途。

寄存器是数字电路系统中应用较多的逻辑器件之一，有状态寄存器和移位寄存器两类。状态寄存器的基本原理是利用触发器来接收、存储和发送数据的。1 个触发器可以构成 1 个最基本的寄存 1 位数据的逻辑单元。状态寄存器（基本寄存器）一般具有置数、清零、存储、三态输出等功能。它是构成各种寄存器的基础。移位寄存器除能将数据存储外，还能将寄存的数据按一定方向传输。将几个 D 触发器的触发端连接到一起，输入/输出端首尾相接，就构成一个移位寄存器。移位寄存器有串行输入与并行输入及串行输出与并行输出两种不同的输入/输出形式，具有加载数据、左移位、右移位等多种功能。

寄存器寄存数据或对数据进行移位操作，都必须受时钟脉冲控制，触发方式有电平触发、边沿触发等多种形式，必须对其触发方式、输出方式有足够的认识。集成寄存器在数字电路中得到了广泛的应用，如可构成序列信号发生器、计数器、分频器、可编程分频器、串/并转换电路等。

项目 5 习题

5-1　分析图 5-38 所示电路的逻辑功能，画出电路的状态图和时序图（设初始状态为 00，X 为输入控制信号，可分别分析 $X=0$ 和 $X=1$ 时的情况）。

5-2　分析图 5-39 所示电路的逻辑功能，画出电路的状态图，简要说明电路的功能特点。

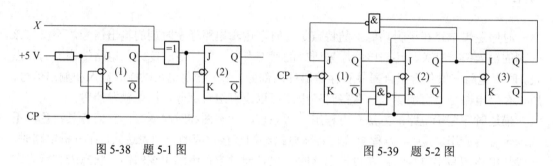

图 5-38　题 5-1 图　　　　　　　　　　图 5-39　题 5-2 图

5-3　画出图 5-40（a）所示电路中 B、C 端的波形。已知输入端 A、CP 波形如图（b）所示，触发器起始状态为 0 状态。

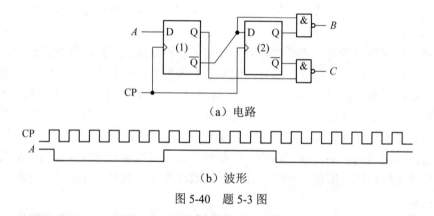

（a）电路

（b）波形

图 5-40　题 5-3 图

5-4　图 5-41 所示电路的计数长度 N 是多少？能否自启动？

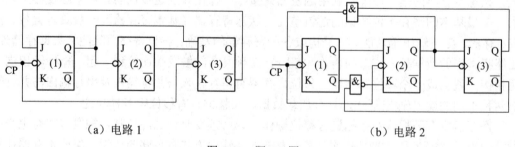

（a）电路 1　　　　　　　　　　　　（b）电路 2

图 5-41　题 5-4 图

5-5　已知时序电路中各触发器的时钟方程 $CP_1=CP\downarrow$，$CP_2=Q_1\downarrow$，$CP_3=CP\downarrow$；驱动方程 $J_1=\overline{Q_3}$，$K_1=1$，$J_2=1$，$K_2=1$，$J_3=Q_2\cdot Q_1$，$K_3=1$。试用主从 JK 触发器（下降沿触发）和若干

门电路画出对应的逻辑电路图，并分析其逻辑功能。

5-6　已知计数器的输出端 Q_2、Q_1、Q_0 的输出波形如图 5-42 所示，试画出对应的状态图，并分析该计数器为几进制计数器。

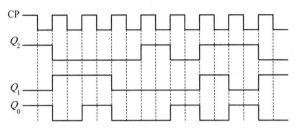

图 5-42　题 5-6 图

5-7　将集成计数器 74LS192 构成三进制计数器和九进制计数器，并画出逻辑电路。

5-8　将集成计数器 74LS90 构成六进制计数器，并画出逻辑电路。

5-9　分别用直接清零法、预置法将集成计数器 74LS161 构成七进制计数器，并画出逻辑电路图。

5-10　用进位输出置最小数法将集成计数器 74LS161 构成十二进制计数器，并画出逻辑电路图。

5-11　试用两片 74LS161 构成一百零八进制计数器，并画出逻辑电路图。

5-12　试用两片 74LS160 构成一个六十进制计数器。

5-13　分析图 5-43 所示的集成计数器 74LS161 构成的计数器各为几进制计数器。

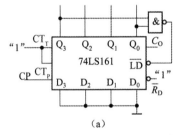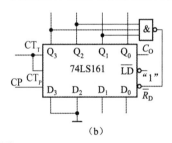

图 5-43　题 5-13 图

5-14　分析图 5-44 所示时序电路的逻辑功能，假设电路初态为 000，如果在 CP 的前 6 个脉冲内，D 端依次输入数据 1，0，1，0，0，1，则电路输出在此 6 个脉冲内是如何变化的？

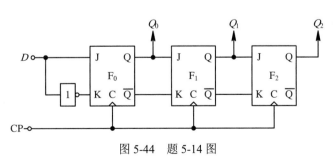

图 5-44　题 5-14 图

5-15 边沿 JK 触发器电路及其输入波形如图 5-45 所示，当各触发器的初始状态为 1 时，试画出输出端 Q_1 和 Q_0 的波形图。若时钟脉冲 CP 的频率为 160 Hz，试问 Q_1 和 Q_0 波形的频率各为多少？

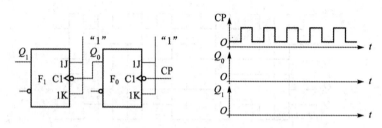

图 5-45　题 5-15 图

5-16 试用 T 触发器设计一个同步可逆三进制计数器，并检查能否自启动。

5-17 试用 JK 触发器设计一个同步十二进制加法计数器，并检查能否自启动。

5-18 试用 D 触发器设计一个能够自启动的串行数据检测器。该电路具有一个输入端 X 和一个输出端 Z。输入为一连串随机信号，当出现"111"序列时，检测器输出信号 $Z=1$，对其他任何输入序列，输出皆为 0。

项目6 脉冲信号的产生与整形

【学习目标要求】

本项目从脉冲信号入手，介绍几种脉冲的产生和整形电路，重点介绍555集成定时器芯片及其应用。

读者通过本项目的学习，要掌握以下知识点和相关技能：

（1）了解CC7555定时器内部电路结构，掌握CC7555定时器的逻辑功能表及各引脚作用。

（2）掌握用CC7555定时器构成单稳态触发器、多谐振荡器、施密特触发器的方法以及3种电路的分析方法。

（3）熟悉555定时器构成的实用电路及应用。

（4）能够正确识别555定时器芯片的引脚排列，学会555定时器的性能测试及使用方法。

（5）能够用555定时器构成单稳态、施密特及多谐振荡器，能够应用555定时器设计实用电路。

6.1 脉冲信号与脉冲电路

在数字系统中，脉冲信号是不可或缺的。获取脉冲信号的方法通常有两种：一种是用各种脉冲信号产生电路直接产生所需要的脉冲；另一种是对已有的信号通过波形变换、整形，得到所需要的脉冲信号。

6.1.1 脉冲信号及其主要参数

1. 脉冲信号

人们把持续时间较短的电压或电流波形信号称为脉冲信号，如方波、矩形波、锯齿波及尖刺波都属于脉冲信号。

2. 时钟脉冲信号及其主要参数

矩形脉冲在数字系统中，控制和协调整个系统的工作，称为时钟脉冲信号，简称时钟信号（CP）。时钟信号的质量直接关系到系统能否正常工作。

时钟信号一般是矩形脉冲，通常用图 6-1 中所标注的几个主要参数来定量描述矩形脉冲信号的特性。

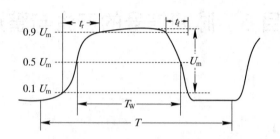

图 6-1　描述矩形脉冲特性的参数

（1）脉冲周期 T。是周期性重复的脉冲序列中，两个相邻脉冲间的时间间隔。

（2）频率 $f=1/T$ 表示单位时间内脉冲重复的次数。

（3）脉冲幅度 U_m。表示脉冲电压的最大变化幅度。

（4）脉冲宽度 T_W。是指从脉冲前沿 0.5 U_m 处到脉冲后沿 0.5 U_m 处的一段时间。

（5）上升时间 t_r。是指脉冲波形从 0.1 U_m 上升到 0.9 U_m 处所需的时间。

（6）下降时间 t_f。是指脉冲波形从 0.9 U_m 下降到 0.1 U_m 处所需的时间。

（7）占空比 q。是指脉冲宽度 T_W 与脉冲周期 T 的比值，即 $q=T_W/T$。它是描述脉冲波形疏密的参数。

此外，在将脉冲信号产生与整形电路用于具体的数字系统时，有时还可能有一些特殊要求，如脉冲周期和幅度的稳定性等，这时还需要增加一些相应的性能参数来说明。

6.1.2　脉冲电路的特点与分类

如何得到频率和幅度等指标均符合要求的矩形脉冲是数字系统设计的一个重要任务。获得矩形脉冲的方法有两种：一种是利用多谐振荡器直接产生；另一种是通过整形电路变化得到。

多谐振荡器不须外加触发脉冲就能够产生具有一定频率和幅度的矩形波，用途极为广泛。多谐振荡器可以由集成门电路、石英晶体或 555 定时器外加电阻器、电容器构成多种不同结构形式。

脉冲整形电路能够将其他形状的信号，如正弦波、三角波和一些不规则的波形变换成矩形脉冲。常用整形电路有施密特触发器和单稳态触发器，由集成门电路或 555 定时器等构成，它们都可以将矩形脉冲的边沿变得陡峭。

【思考与练习】

（1）什么是脉冲信号？

（2）描述矩形脉冲的主要参数有哪些？

6.2　555 定时器

6.2.1　555 定时器的特点和分类

555 定时器是一种数字和模拟相结合的中规模集成电路，通常只须外接几个阻容元件，就可以构成多谐振荡器、单稳态触发器以及施密特触发器等。由于使用灵活方便，因而在信号的产生与变换、检测与控制等许多领域得到了极其广泛的应用。

（1）555 定时电路按内部元器件组成不同，可分为 TTL 型 555 定时器和 CMOS 型 555 定时器两大类。逻辑功能相同的两类产品封装与外引线排列完全相同。

（2）按芯片内包含定时器的个数不同，可分为单时基定时器和双时基定时器两大类。

（3）按封装分类又可分为圆壳式和双列直插式。单时基定时器有 8 引脚圆壳式和双列直插式两种；双时基定时器是 14 引脚的双列直插式。

（4）TTL 单时基定时器型号的最后 3 位数码都是 555，TTL 双时基定时器产品型号的最后 3 位数码都是 556；CMOS 单时基定时器产品型号的最后 4 位数码都是 7555，CMOS 双定时器产品型号的最后四位数码都是 7556。

（5）555 定时器工作电源电压范围宽，TTL 集成定时器为 5～16 V，CMOS 集成定时器为 2～18 V。

6.2.2　555 定时器的电路结构和逻辑功能

1．555 定时器的电路结构

下面以 CMOS 集成定时器 CC7555 为例进行介绍。定时器 CC7555 内部结构的等效功能电路图如图 6-2（a）所示，外引线排列图如图 6-2（b）所示。从图 6-2（a）中可以看出，电路由电阻分压器、电压比较器、基本触发器、MOS 管构成的放电开关和输出驱动电路等部分组成。

（1）电阻分压器由 3 个电阻值相同的电阻器 R（5 kΩ）串联构成，这也是称作 555 定时器的原因。它为两个比较器 C_1 和 C_2 提供基准电平。如引脚⑤悬空，则比较器 C_1 的基准电平为 $\left(\dfrac{2}{3}\right)U_{DD}$，比较器 C_2 的基准电平为 $\left(\dfrac{1}{3}\right)U_{DD}$。如果在引脚⑤外接电压 U_{CO}，则可改变两个比较器 C_1 和 C_2 的基准电平。这时 C_1 和 C_2 的基准电平分别为 U_{CO} 和 $U_{CO}/2$。当引脚⑤不外接电压时，通常用 0.01 μF 的电容器接地，以抑制高频干扰、稳定电阻器上的分压比。

（2）比较器 C_1 和 C_2 是两个结构完全相同的高精度电压比较器，两个输入端基本上不向外索取电流。C_1 的引脚⑥称为高触发输入端（也称阈值输入端），用 TH 标注，C_2 的引脚②称为低触发输入端（也称触发端），用 $\overline{TR}$ 标注。

当 $U_6 > \dfrac{2}{3}U_{DD}$ 时，C_1 输出高电平，否则 C_1 输出低电平；当 $U_2 > \dfrac{1}{3}U_{DD}$ 时，C_2 输出低电平，否则输出高电平。比较器 C_1 和 C_2 的输出直接控制基本 RS 触发器和放电开关管的状态。

（3）基本 RS 触发器由两个或非门组成，它的状态由两个比较器的输出控制。根据基本 RS 触发器的工作原理，可以决定触发器输出端的状态。$\overline{R}$ 端（引脚④）是专门设置的可由外电路直接置零的复位端，当 $\overline{R}=0$ 时，触发器置零，不受 TH 和 $\overline{TR}$ 影响；在不使用 $\overline{R}$ 时，应将此脚接高电平（常接+U_{DD} 端）。

（4）放电开关管是 N 沟道增强型 MOS 管，其栅极受基本 RS 触发器 $\overline{Q}$ 端状态的控制。若 $Q=0$、$\overline{Q}=1$ 时，放电管 V 导通，对外接电容器放电；若 $Q=1$、$\overline{Q}=0$，放电管 V 截止。

（5）一级或非门和两级反相器构成输出缓冲级，采用反相器是为了提高电流驱动能力，同时隔离负载对定时器的影响。

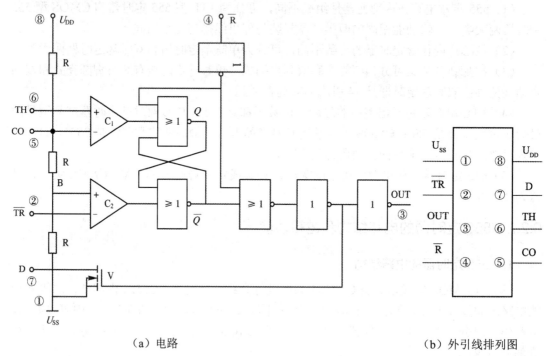

（a）电路　　　　　　　　　　　　（b）外引线排列图

图 6-2　CC7555 集成定时电路

如图 6-2（b）所示，CC7555 共有 8 个引出端，按照编号各端功能依次为：① 接地端。② 低触发输入端。③ 输出端。④ 复位端。⑤ 电压控制端，用来改变比较器的基准电压，不用时，要经 0.01 μF 的电容器接地。⑥ 高触发输入端。⑦ 放电端，外接电容器，V 导通时，电容器由 D 经 V 放电。⑧ 电源端。

2. 555 定时器的逻辑功能

国内外 CMOS 产品都有相似的逻辑功能，现以图 6-2（a）所示 CC7555 电路为例进行分析。当 $\overline{R}=0$，TH=$\overline{TR}$=×时，基本 RS 触发器置零，OUT=$Q=0$，放电 MOS 管 V 导通。定时器正常工作时，$\overline{R}$ 应接高电平。当 $\overline{R}=1$，引脚⑤悬空或用 0.01 μF 的电容器接地时，有以下几种情况：

（1）当 $\overline{R}=1$，TH 端电压大于 $\frac{2}{3}U_{DD}$，$\overline{TR}$ 端电压大于 $\frac{1}{3}U_{DD}$ 时，比较器 C_1 输出为 1，C_2 输出为零，基本 RS 触发器置零，OUT=$Q=0$，MOS 管 V 导通。

（2）当 $\overline{R}=1$，TH 端电压小于 $\frac{2}{3}U_{DD}$，$\overline{TR}$ 端电压大于 $\frac{1}{3}U_{DD}$ 时，比较器 C_1 和 C_2 的输出都为 0，基本 RS 触发器保持原状态不变，OUT=Q 不变，MOS 管 V 工作状态不变。

（3）当 $\overline{R}=1$，TH 端电压小于 $\frac{2}{3}U_{DD}$，$\overline{TR}$ 端电压小于 $\frac{1}{3}U_{DD}$ 时，比较器 C_1 和 C_2 的输出分别为 0，1，基本 RS 触发器置 1，OUT=Q=1，MOS 管 V 截止。

综上所述，可以列出 CC7555 集成定时器的功能，如表 6-1 所示。显然，控制端 CO 外加电压可以改变电压比较器参考电压的大小。

表 6-1 CC7555 集成定时器功能表

$\overline{R}$	TH	$\overline{TR}$	OUT	D 状态
0	×	×	0	与地导通
1	$>\frac{2}{3}U_{DD}$	$>\frac{1}{3}U_{DD}$	0	与地导通
1	$<\frac{2}{3}U_{DD}$	$>\frac{1}{3}U_{DD}$	保持原状态	保持原状态
1	$<\frac{2}{3}U_{DD}$	$<\frac{1}{3}U_{DD}$	1	与地断开

6.2.3 555 定时器的主要参数

CMOS 型与 LSTTL 型 555 集成定时器的外部引脚和外部功能完全相同，可以互相交换使用，但要注意具体电路结构及技术参数的差异。

555 集成定时器的技术参数主要有电源电压、静态电源电流、定时精度、高电平触发端电压和电流、低电平触发端电压和电流、复位端复位电流、输出端驱动电流、放电端放电电流以及最高工作频率等。CMOS 型、LSTTL 型 555 集成定时器的主要参数，请读者参阅有关技术手册。

比较 CMOS 型和 LSTTL 型 555 集成定时器，可以得出两者的差异如下：

（1）CMOS 型 555 的静态电流只有 100 μA 左右，其功耗远低于 LSTTL 型 555，一般只有 LSTTL 型 555 的几十分之一，是一种微功耗器件。

（2）CMOS 型 555 的电源范围大于 LSTTL 型 555，其电源电压可低到 2 V，高到 18 V，甚至 20 V，并且各输入端电流都很小，只有 1%安培左右。

（3）CMOS 型 555 的输入阻抗远高于 LSTTL 型 555，高达 10^{10} Ω，RC 时间常数一般很大，非常适合做长时间的延时电路。

（4）CMOS 型 555 的输出脉冲的上升沿和下降沿比 LSTTL 型 555 要陡，转换时间要短。

（5）CMOS 型 555 驱动能力比 LSTTL 型 555 要差，其最大输出电流一般在 20 mA 以下；而 LSTTL 型 555 的最大输出电流可达 200 mA 以上。

CMOS 集成定时器具有低功耗、输入阻抗极高、输出电流小等特点，LSTTL 型 555 具有输出电流大等特点。显然，在要求定时长、功耗小、负载轻的场合，宜选用 CMOS 集成定时器；而在负载重、要求驱动电流大、电压高的场合，宜选用 LSTTL 型集成定时器。

【思考与练习】

（1）为什么说 555 定时器是将模拟和数字电路集成于一体的电子器件？

（2）常用的集成 555 定时器如何分类？从它们的电路结构来看，主要由哪几部分组成？

（3）查相关资料，找出 TTL 型与 MOS 型集成定时器电路的异同点。

6.3 施密特触发器及其应用

6.3.1 施密特触发器的特点及分类

1. 施密特触发器的特点

施密特触发器属于双稳态触发电路。它具有两个稳定状态，两个稳定状态的转换都需要外加触发脉冲的推动才能完成。它与项目 4 讨论的双稳态触发器不同，不具有存储功能。它具有以下两个特点：

（1）输入信号从低电平上升或从高电平下降到某一特定值时，电路状态就会转换，两种情况所对应的转换电平不同，此转换电平称为阈值电压。也就是说，施密特触发器有两个触发电平，因此它属于电平触发的双稳态电路。

输入电平由低到高的阈值电压为 U_{T+}，称为正向阈值电压，或上限阈值电压；输入电平由高到低的阈值电压为 U_{T-}，称为负向阈值电压，或下限阈值电压；满足 U_{T+} 大于 U_{T-}，上阈值电压 U_{T+} 与下阈值电压 U_{T-} 的差值称为"回差电压"，又叫作滞后电压，用 ΔU_T 表示。

$$\Delta U_T = U_{T+} - U_{T-}$$

（2）电路状态转换时，通过电路内部的正反馈使输出电压的波形边沿变得很陡。

利用这两个特点不仅能把变化非常缓慢的输入波形整形成数字电路所需要的上升沿和下降沿都很陡峭的矩形脉冲，而且可以将叠加在矩形脉冲高、低电平上的噪声有效地清除干净。

2. 施密特触发器的分类

施密特触发器一般由集成门电路以及电阻器构成，有不少常用的集成芯片是由 555 定时器构成的。

（1）同相施密特触发器和反相施密特触发器。

根据电路结构及输出电压与输入电压的相位关系，可以把施密特触发器分为同相和反相两类。图 6-3（a）、（b）所示为施密特触发器的逻辑符号。

（a）同相符号　　　　　　　　（b）反相符号

图 6-3　施密特触发器的逻辑符号

施密特触发器输出电压与输入电压的关系曲线，称为施密特触发器的电压传输特性，包括反相电压传输和同相电压传输特性。

（2）集成门电路构成的施密特触发器。

施密特触发器可以由 TTL 或 CMOS 门电路构成，构成时需要加接输入电阻器和反馈电阻器，通过调节两个电阻器的比值可以调节 U_{T+}、U_{T-} 和 ΔU_T 的大小。为保证电路能正常工作，反馈电阻值要大于输入电阻值，否则电路将进入自锁状态，不能正常工作。

（3）集成施密特触发器。

集成施密特触发器性能优良，应用广泛，TTL 电路和 CMOS 电路中都有多种单片集成产品。例如，CMOS 产品主要有六施密特反相器 CC40106，双施密特触发器 CC4583B，六施密特触发器 CC4584B，施密特四 2 输入与非门 CC4093，等等；TTL 产品主要有六施密特反相器 7414/5414、74LS14、54LS14，施密特四 2 输入与非门 74132/54132、74LS132、54LS132，双四输入与非门 7413/5413、74LS13、54LS13，等等。有关 TTL 电路和 CMOS 电路的外引脚功能、具体电路不再分析，具体参数值请查阅有关手册。

使用集成施密特触发器时，要注意集成施密特触发器具有以下特点：

① 对于阈值电压和回差电压均有温度补偿，温度稳定性较好。

② 集成施密特触发器电路中一般加有缓冲级，有较强的带负载能力和抗干扰能力，同时还起到了内部电路与负载的隔离作用。

③ CMOS 电路阈值电压与电源电压关系密切，随电源电压而增大。

④ 由于集成电路内部器件参数差异较大，阈值电压分散性较大，因此要注意使用条件。

⑤ 集成施密特触发器阈值电压与回差电压均不可调节。

另外，施密特触发器还可以由 555 定时器构成，本节仅介绍由 555 定时器构成的施密特触发器，其他请查阅课件资源及相关资料。

6.3.2　555 定时器构成的施密特触发器

1.　电路结构

将 CC7555 的复位端 $\overline{R}$ 接电源 U_{DD}，将 TH 和低触发端 $\overline{TR}$ 连接在一起作为电路触发信号输入端 u_i，从"OUT"端输出信号 u_o，就可以构成一个反相输出的施密特触发器，如图 6-4（a）所示。在图 6-4（a）中，电压控制端"5"通过 0.01 µF 的电容器接地，可以防止干扰。

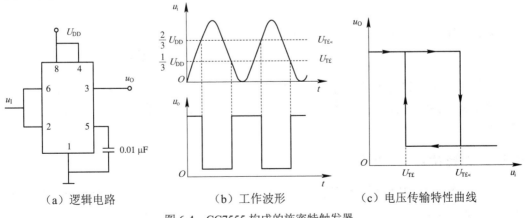

　（a）逻辑电路　　　　　　（b）工作波形　　　　（c）电压传输特性曲线

图 6-4　CC7555 构成的施密特触发器

2. 工作原理

电路的输入/输出波形如图 6-4（b）所示。其中，输入波形幅度应大于 $\frac{2}{3}U_{DD}$，U_{T+} 为上阈值电压，U_{T-} 为下阈值电压。电路及波形分析如下：

（1）若 u_I 从 0 开始逐渐升高，当 $u_I < \frac{1}{3}V_{DD}$ 时，比较器 C_1 输出 0、C_2 输出 1，基本 RS 触发器置 1，即 $Q=1$，输出 u_o 为高电平。

（2）当触发信号 u_I 增加到 $\frac{1}{3}U_{DD} < u_I < \frac{2}{3}U_{DD}$ 时，比较器 C_1 和 C_2 的输出都为 0，电路维持原态不变，即 $Q=1$，输出 u_o 仍为高电平。

（3）如果输入信号增加到 $u_I \geqslant \frac{2}{3}U_{DD}$ 时，比较器 C_1 输出 1、C_2 输出 0，RS 触发器置零，即 $Q=0$，输出 u_o 变为低电平，此时 u_I 再增加，只要满足 $u_I \geqslant \frac{2}{3}U_{DD}$，电路维持该状态不变。

从上述分析可得，电路的上阈值电压 $U_{T+} = \frac{2}{3}U_{DD}$。

（4）若 u_i 从高于 $\frac{2}{3}U_{DD}$ 处开始下降，只要满足 $\frac{1}{3}U_{DD} < u_I < \frac{2}{3}U_{DD}$ 时，比较器 C_1 和 C_2 的输出都为 0，电路状态仍然维持不变，即 $Q=0$，u_o 仍为低电平。

（5）只有当 u_i 下降到小于等于 $\frac{1}{3}U_{DD}$ 时，比较器 C_1 和 C_2 的输出为 0，1，触发器再次置 1，电路又翻转回输出为高电平的状态，工作波形如图 6-4（b）所示。

从上述分析可得，电路的下阈值电压 $U_{T-} = \frac{1}{3}U_{DD}$。

3. 回差电压

显然，555 定时器构成的施密特触发器，其上限阈值电压 $U_{T+} = \frac{2}{3}U_{DD}$，下限阈值电压 $U_{T-} = \frac{1}{3}U_{DD}$，回差电压 ΔU_T 为

$$\Delta U_T = U_{T+} - U_{T-} = \frac{2}{3}U_{DD} - \frac{1}{3}U_{DD} = \frac{1}{3}U_{DD}$$

如在控制电压端（引脚 5）外加一电压 U_{CO}，则

$$U_{T+} = U_{CO}, \quad U_{T-} = \frac{1}{2}U_{CO}, \quad \Delta U_T = U_{T+} - U_{T-} = U_{CO} - \frac{1}{2}U_{CO} = \frac{1}{2}U_{CO}$$

调整 U_{CO} 可达到改变回差电压的目的，回差电压越大，抗干扰能力越强。根据上述分析，可得施密特触发器的传输特性曲线如图 6-4（c）所示，回差特性是施密特触发器的固有特性。

6.3.3 施密特触发器的应用

施密特触发器的用途十分广泛，它主要用于波形变化、脉冲波形的整形及脉冲幅度鉴别等。下面讨论应用情况，分析时，所有波形画法均以反相施密特触发器为准。

1. 脉冲波形变换

施密特触发器可以将三角波、正弦波及变化缓慢的周期性信号变换成矩形脉冲。只要输入信号的幅度大于 U_{T+}，即可在施密特触发器的输出端得到相同频率的矩形脉冲信号，如图 6-5 所示。

2. 脉冲整形

一个不规则的或者在信号传送过程中受到干扰而变坏的波形经过施密特电路，可以得到良好的矩形波形，这就是施密特电路的整形功能，如图 6-6 所示。若适当增大回差电压，可提高电路的抗干扰能力。只要 U_{T+} 和 U_{T-} 设置得合适均能收到满意的整形效果。

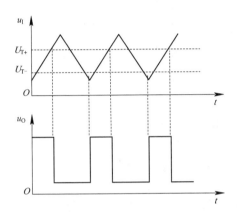 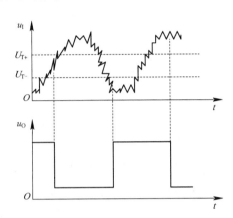

图 6-5　施密特触发器实现波形变换　　　　图 6-6　施密特触发器实现波形的整形

3. 脉冲幅度鉴别

利用施密特电路，可以从输入幅度不等的一串脉冲信号中，去掉幅度较小的脉冲，保留幅度超过 U_{T+} 的脉冲，这就是幅度鉴别，如图 6-7 所示。只有那些幅度大于上触发电平 U_{T+} 的脉冲才在输出端产生输出信号。因此，通过这一方法可以选出幅度大于 U_{T+} 的脉冲，即可以对幅度进行鉴别。

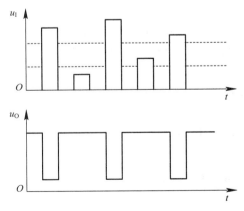

图 6-7　施密特触发器实现脉冲幅度鉴别

4. 实现脉冲展宽

利用施密特触发器可以将脉冲展宽。图 6-8 所示是用施密特触发器构成的脉冲展宽器电路和工作波形图。

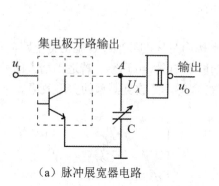

（a）脉冲展宽器电路

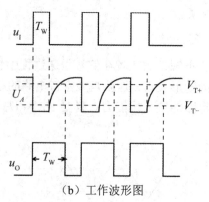

（b）工作波形图

图 6-8 脉冲展宽器

（1）当输入电压 u_I 为低电平时，集电极开路输出三极管截止，施密特反相触发器的输入特性可以保证 A 点电位为高电平，因此输出电压 u_O 为低电平。

（2）当输入电压 u_I 跳变为高电平时，三极管饱和导通，通过电容器 C 放电，A 点电位迅速下降为低电平，输出电压 u_O 跳变为高电平。

（3）当输入电压 u_I 再次由高电平跳变为低电平时，三极管截止，电源通过反相施密特触发器的输入端电路对电容器 C 再次充电，使 A 点电位缓慢上升。当上升到 U_{T+} 时，输出电压 u_O 才会由高电平跳变为低电平。

可见，输出电压 u_O 的脉冲宽度比输入电压的脉冲宽度要宽，并且改变电容器的值，可以方便地调节展宽脉冲的宽度。此外，施密特触发器还可以构成多谐振荡器，具体内容请参考课件资源。

【思考与练习】

（1）施密特触发器是否具有存储二进制信息的能力？
（2）集成施密特触发器的主要优点是什么？
（3）简述 555 定时器构成施密特触发器的方法。
（4）施密特触发器能将边沿变化缓慢的信号变换成边沿陡峭的矩形波的原因是什么？
（5）555 定时器构成的施密特触发器怎样调整回差电压？
（6）施密特触发器的主要用途有哪些？

6.4 单稳态触发器及其应用

6.4.1 单稳态触发器的特点及分类

1. 单稳态触发器的特点

单稳态触发器与项目 4 中讨论的双稳态触发器不同，它只有一个稳定状态，另一个是暂时稳定状态。未加触发信号之前触发器处于稳定状态，从稳定状态转换到暂稳态时必须由外加触发信号触发。一段时间后，暂稳态自动转换到稳态。暂稳态的持续时间取决于电路本身的参数，与外加触发脉冲没有关系。暂稳态的持续时间称为脉宽，脉宽 $T_W=kRC$。k 是系数，大小取决于具体门电路的特性参数及外接电源。单稳态触发器在数字电路中主要用于脉冲的整形、延时和定时。

2. 单稳态触发器的分类

单稳态触发器一般可由集成门电路以及电阻器、电容器构成，也有不少常用的集成芯片，是由 555 定时器构成的。

（1）门电路构成的单稳态触发器。

单稳态触发器可以由 TTL 或 CMOS 门电路构成，构成时需要加接电阻器、电容器等定时元件。根据定时元件 R、C 连接方式的不同可分为微分型和积分型两种。

（2）集成单稳态触发器。

用门电路组成的单稳态触发器虽然电路简单，但输出脉宽的稳定性差，调节范围小，且触发方式单一。为了适应数字系统的应用，现已生产出多种型号的 TTL 和 CMOS 单片集成单稳态触发器。

常用的 TTL 集成单稳态触发器有非重触发单稳态触发器 54LS121/74LS121、54LS221/74LS221；可重触发单稳态触发器 54LS123/74LS123，54LS122/74LS122，等等。

常用的 CMOS 集成单稳态触发器有双单稳态触发器 CC4098B，CC74HC221，CC74HC423；双精密单稳态触发器 CC4538B；双可重触发单稳态触发器 CC4528B，CC74HC123；等等。

例如，54LS121/74LS121 内部采用了施密特触发输入结构，对于边沿较差的输入信号也能输出一个宽度和幅度恒定的矩形脉冲，74LS121 对两次触发脉冲的时间间隔有限制；54LS123/74LS123 与 54LS121/74LS121 的最大区别是具有可重触发功能，并带有复位输入端，不受触发脉冲的时间间隔限制，可得到持续时间更长的输出脉冲宽度。有关集成单稳态触发器的具体电路、外引脚功能以及具体参数值，请查阅有关手册。

由于集成单稳态触发器外接元件和连线少，触发方式灵活，既可以用输入脉冲的上升沿触发，也可用输入脉冲的下降沿触发，而且工作稳定性好、使用方便，因而应用较广泛。

（3）重复触发和不可重复触发单稳态触发器。

集成单稳态触发器根据电路及工作状态不同，分为可重复触发和不可重复触发两种。所谓可重复触发，是指在暂稳态期间，能够接收新的触发信号，重新开始暂稳态过程，即输出脉冲宽度可在此前暂稳态时间的基础上再展宽 T_W。而不可重复触发（非重触发），是指在暂稳态期间，不能够接收新信号的触发。也就是说，非重触发单稳态触发器，只能在稳态时接收输入信号，一旦被触发由稳态翻转到暂稳态以后，即使再有新的信号到来，原暂稳态过程也会继续进行下去，直到结束为止，输出脉冲宽度 T_W 仍从第一次触发开始计算。设输入触发脉冲为 u_I，输出脉冲为 u_O，可画出两种单稳态触发器的工作波形，如图 6-9（a）、（b）所示。由工作波形图可以知道，采用可重复触发单稳态触发器，能比较方便地得到持续时间更长的输出脉冲宽度。

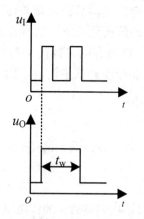

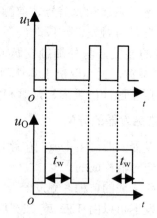

（a）不可重复触发单稳态触发器　　　（b）可重复触发单稳态触发器

图 6-9　单稳态触发器的工作波形

555 定时器是一种性能优良的集成芯片，可以方便地构成单稳态触发器。与集成单稳态触发器相比，其应用更方便灵活。本节仅介绍 555 定时器构成的单稳态触发器，其他请查阅课件资源及相关资料。

6.4.2　555 定时器构成的单稳态触发器

1. 电路组成

图 6-10（a）所示是由 CC7555 定时器构成的单稳态触发器。其中，复位端接高电平，控制端 5 通过滤波电容器接地。"$\overline{\text{TR}}$"端（芯片引脚 2）作为电路触发信号输入端 u_I，"TH"端（芯片引脚 6）和放电管相连后，再与外接定时元件 R、C 连接，再通过 R 连接电源，通过 C 连接地，从"OUT"端输出信号 u_O。

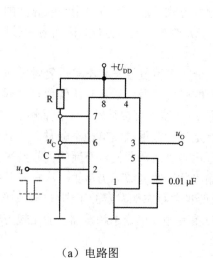

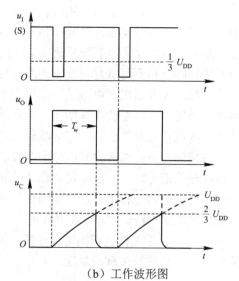

（a）电路图　　　　　　　　　　（b）工作波形图

图 6-10　CC7555 定时器构成的单稳态触发器

2.　工作原理

对 CC7555 构成单稳态触发器工作过程的分析如下。

（1）电路的稳态。

静态时，即没有输入负跳变输入信号时，触发器信号 u_I 为大于 $\frac{1}{3}U_{DD}$ 的高电平。接通电源前因电容器未充电，故"TH"端为低电平。根据 555 定时电路工作原理可知，RS 触发器处于保持状态。

接通电源时，可能 $Q=0$，也可能 $Q=1$。如果 $Q=0$，$\overline{Q}=1$，放电管 V 导通，电容器 C 被旁路而无法充电。因此电路就稳定在 $Q=0$，$\overline{Q}=1$ 的状态，输出 u_o 为低电平；如果 $Q=1$，$\overline{Q}=0$，那么放电管 V 截止，因此接通电源后，电路有一个逐渐稳定的过程，即电源+U_{DD} 经电阻器 R 对电容器 C 充电，电容器两端电压 u_C 上升。当 u_C 上升到大于等于 $\frac{2}{3}U_{DD}$ 时（此时 u_I 大于 $\frac{1}{3}U_{DD}$），比较器 C_1 输出 1，C_2 输出 0，RS 触发器置零，即 $Q=0$，放电管 V 导通，电容器 C 经放电管 V 迅速放电，$u_C=0$，这时输出为低电平。由于 $u_C=0$，u_I 为高电平，比较器 C_1 和 C_2 输出都为 0，RS 触发器保持 0 状态，电路处于稳定状态。

（2）在外加触发信号作用下，电路从稳态翻转到暂稳态。

当触发脉冲负跳变到 $u_I<\frac{1}{3}U_{DD}$ 时，此时电容器未被充电，$u_C=0$，比较器 C_1 和 C_2 输出为 0、1，RS 触发器翻转为 1 态，即 $Q=1$，$\overline{Q}=0$，输出 u_O 为高电平，放电管 V 截止，电路进入暂稳态，定时开始。在暂稳态期间，电源+U_{DD} 经电阻器 R 对电容器 C 充电，电容器充电时间常数 $\tau=RC$，u_C 按指数规律上升，趋向+U_{DD} 值。

（3）自动返回稳态过程。

当电容器两端电压 u_C 上升到 $\frac{2}{3}U_{DD}$ 后，"TH"端为高电平（此时触发脉冲已消失，"TR"端为高电平），比较器 C_1 输出为 1，C_2 输出为 0，则基本 RS 触发器又被置零（$Q=0$、$\overline{Q}=1$），输出 u_O 变为低电平，放电管 V 导通，定时电容器 C 充电结束，即暂稳态结束。

（4）恢复过程。

由于放电管 V 导通，电容器 C 由 $\frac{2}{3}U_{DD}$ 迅速放电，u_C 迅速下降到 0。这时，"TH"端为低电平，u_I 端为高电平，比较器 C_1 和 C_2 输出都为 0，基本 RS 触发器保持 $Q=0$ 状态不变，输出 u_O 为低电平。电路恢复到稳态时的 $u_C=0$，u_O 为低电平的状态。当第 2 个触发脉冲到来时，又重复上述过程。工作波形图如图 6-10（b）所示。

3.　主要参数

实际应用中经常用输出脉冲宽度 T_W、输出脉冲幅度 U_m、恢复时间 t_{re} 和最高工作频率 f_{max} 等参数来定量描述单稳态触发器的性能。

（1）输出脉冲宽度 T_W。

根据如图 6-10（b）所示工作波形可知，输出脉冲宽度就是暂稳态的持续时间，用 T_W

表示，它取决于电容器 C 的充电过程。输出脉冲宽度是电容器 C 由 0 V 充电到 $\frac{2}{3}U_{DD}$ 所需的时间。对元件 R、C 充电过程分析可得：

$$T_{W} = T_{W} = RC\ln\frac{U_{CC} - 0}{U_{CC} - \frac{2}{3}U_{CC}} = RC\ln 3 \approx 1.1RC$$

输出脉冲宽度 T_W 与定时元件 R、C 大小有关，而与电源电压、输入脉冲宽度无关。改变定时元件 R 和 C 可改变输出脉宽 T_W。如果利用外接电路改变 CO 端（5 号端）的电位，则可以改变单稳态电路的翻转电平，使暂稳态持续时间 T_W 改变。

（2）输出脉冲幅度 U_m。

$$U_m = U_{OH} - U_{OL}$$

（3）恢复时间 t_{re}。

暂稳态结束后，还需要一段恢复时间，以便电容器在暂稳态期间所充的电释放完，使电路恢复到初始状态。一般近似认为经过 3～5 倍于放电时间常数的时间以后，电路已基本达到稳态。由于放电管导通，电阻值很小，放电恢复时间 t_{re} 极短，因此在暂稳态期间触发脉冲对触发器不起作用。只有当触发器恢复到初始稳定状态时，触发脉冲才引起触发器的响应。

（4）最高工作频率 f_{max}。

设触发信号的时间间隔为 T，为了使单稳态电路能正常工作，应满足 $T > t_{re} + T_W$ 的条件，即最小时间间隔 $T_{min} = t_{re} + T_W$。因此，单稳态触发器的最高工作频率为

$$f_{max} = 1/T_{min} = 1/(t_{re} + T_W)$$

4. 具有微分环节的单稳态触发器

由以上分析可以看出，图 6-10（a）所示单稳态触发器只有在输入 u_I 的负脉冲宽度小于输出脉冲宽度 T_W 时，才能正常工作，且负脉冲 u_I 的数值一定要低于 $\frac{1}{3}U_{DD}$。

如果输入 u_I 的负脉冲宽度大于 T_W，需要在输入触发信号 u_I 与 $\overline{TR}$ 端之间接入 $R_P C_P$ 微分电路后，才能正常工作。$R_P C_P$ 微分电路的作用是将 u_I 变成符合要求的窄脉冲，如图 6-11 所示。

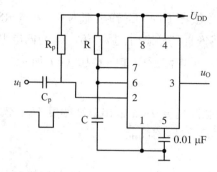

图 6-11 具有微分环节的单稳态触发器

6.4.3　单稳态触发器的应用

单稳态触发器是常见的脉冲基本单元电路之一，具有显著特点。它被广泛地应用在脉冲的定时、延时和整形等电路中。

1.　脉冲的整形

单稳态触发器能够把不规则的输入信号整形为具有一定幅度和宽度、边沿陡峭的矩形脉冲。这是因为，输出信号的幅度仅仅取决于单稳态触发器输出的高、低电平，而宽度仅取决于电路中的 RC 时间常数。如图 6-12 所示，就是一个单稳态触发器对脉冲信号整形的例子。图中输入波形加到单稳态触发器的下降沿触发端。

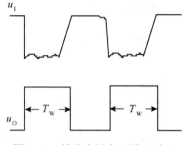

图 6-12　单稳态触发器整形波形

2.　脉冲的定时

定时功能即产生一定宽度的矩形波，这个宽度即为定时的时间长短。由于单稳态触发器能产生一定宽度 T_W 的矩形输出脉冲，那么利用这个矩形脉冲可以去控制某电路，使它在 T_W 时间内动作（或不动作），这就是对脉冲的定时。如图 6-13（a）所示是用输出宽度为 T_W 的矩形脉冲作为与门输入信号之一的电路。只有在 T_W 时间内，与门才开门，信号 A 才能通过与门，如图 6-13（b）所示。

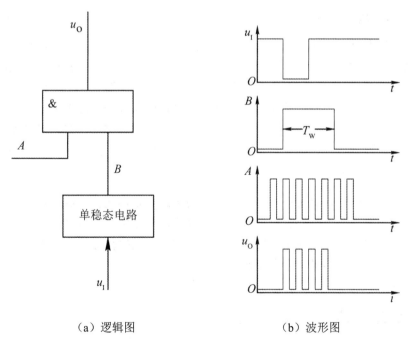

（a）逻辑图　　　　　　　　　　　　（b）波形图

图 6-13　单稳态电路的定时作用

3.　脉冲的延时

脉冲波形的延时是指将输入的脉冲延后一定时间再输出。如图 6-13（b）所示，单稳态电路在输入触发信号 u_1 的下降沿被触发，输出产生一个正脉冲 B，它的下降沿比 u_1 的下降沿延迟了 T_W。因此，利用 B 的下降沿去触发其他电路（例如 JK 触发器），比用 u_1 下降沿去触发时延迟了 T_W 时间，这就是单稳态电路的延时作用。除了以上应用，单稳态电路也可以构成噪声消除电路和多谐振荡器，此处不再详述。

【思考与练习】

（1）简述非重触发单稳态触发器和可重触发单稳态触发器的主要区别。

（2）单稳态触发器和以前所讲的触发器的不同之处在哪里？它的主要功能有哪些？怎样求它的输出脉冲宽度？

（3）图 6-10 中由 CC7555 定时器构成的单稳态触发器中，R，C 构成什么环节？起什么作用？

（4）单稳态触发器的主要用途有哪些？

（5）简述由 555 定时器构成单稳态触发器的方法。

（6）由 555 定时器构成单稳态触发器时，若输入负脉冲的宽度大于输出脉冲的宽度，应怎样修正电路，以保证正常工作？

6.5　多谐振荡器及其应用

6.5.1　多谐振荡器的特点及分类

1.　多谐振荡器的特点

双稳态触发器有两个稳定状态，单稳态电路只有一个稳定状态，它们正常工作时，都必须外加触发信号才能翻转。而多谐振荡器没有稳态，只具有两个暂稳态，它的状态转换不需要外加触发信号触发，完全由电路自身完成。多谐振荡器一旦振荡起来后，两个暂稳态就会做交替变化，输出连续的矩形脉冲信号，这种现象称为自激振荡。由于它产生的矩形波中除基波外，还含有丰富的高次谐波成分，因此我们称这种电路为多谐振荡器，又称无稳态振荡器。多谐振荡器的作用主要用来产生脉冲信号，因此它常作为脉冲信号源。

2.　多谐振荡器的分类

多谐振荡器电路形式有很多，可以由集成门电路及阻容元件构成对称和非对称多谐振荡器，可以利用集成门电路的延时构成环形振荡器，可以由施密特触发器及阻容元件构成多谐振荡器，可以由集成 555 定时器及阻容元件构成多谐振荡器。当要求振荡频率必须很稳定时，则需要采用石英晶体多谐振荡器。

本节仅介绍由 555 定时器构成的多谐振荡器。

6.5.2　555 定时器构成的多谐振荡器

1.　电路组成

图 6-14（a）所示为由 CC7555 集成定时器构成的多谐振荡器电路。电路中将 "TH" 端和 "$\overline{\text{TR}}$" 端短接，且对地接电容器 C；电源接 R_1 和 R_2，放电管端与 R_1，R_2 相连；电

阻器 R_1，R_2 和电容器 C 均为外接定时元件，R_2 为放电回路中的电阻器。图 6-14（b）所示为其工作波形图。

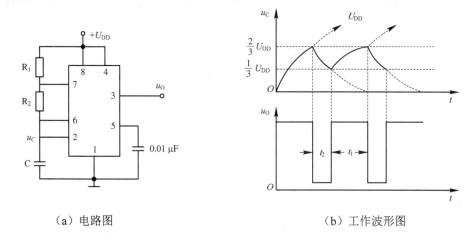

（a）电路图　　　　　　　　　　　　（b）工作波形图

图 6-14　由 CC7555 定时器构成的多谐振荡器

2. 工作原理

工作原理分析如下。

（1）第 1 暂稳态：接通电源前，电容器两端电压 $u_C = 0$，"TH" 和 "$\overline{\mathrm{TR}}$" 端均为低电平，RS 触发器置 1（$Q=1$），输出 u_O 为高电平，放电管 V 截止。接通电源后，电源 U_{DD} 经 R_1，R_2 对电容器 C 充电，使其电压 u_C 按指数规律上升，趋向 U_{DD}。u_C 上升到 $\frac{2}{3} U_{DD}$ 之前，输出电压 u_O 仍为高电平。我们把 u_C 从 $\frac{1}{3} U_{DD}$ 上升到 $\frac{2}{3} U_{DD}$ 这段时间内电路的状态称为第 1 暂稳态，其维持时间 t_1 的长短与电容器的充电时间有关。充电时间常数 $\tau_{充} = (R_1+R_2)C$。

（2）第 1 次自动翻转：当 u_C 上升到 $\frac{2}{3} U_{DD}$ 时，比较器 C_1 和 C_2 输出为 1，0，RS 触发器置 0（$Q=0$），输出 u_O 变为低电平，同时放电管 V 导通。

（3）第 2 暂稳态：由于放电管 V 导通，电容器 C 通过电阻器 R_2 和放电管放电（放电时间常数 $\tau_{放}=R_2C$），u_C 随之下降，趋向 0，同时使输出暂稳在低电平，则电路进入第 2 暂稳态。

（4）第 2 次自动翻转：当 u_C 下降到 $\frac{1}{3} U_{DD}$ 时，比较器 C_1 输出为 0，C_2 输出为 1，RS 触发器置 1（$Q=1$），输出 u_O 变为高电平，放电管 V 截止，电容器 C 放电结束，U_{DD} 再次对电容器 C 充电，电路又翻转到第 1 暂稳态，电路重复上述振荡过程，则输出波形为矩形波形。

由以上分析可知，电路靠电容器 C 充电来维持第 1 暂稳态，其持续时间即为 t_1，电路靠电容器 C 放电来维持第 2 暂稳态，其持续时间为 t_2。

电路一旦启振后，u_C 电压总是在（$\frac{1}{3} \sim \frac{2}{3}$）$U_{DD}$ 之间变化。

3. 电路振荡周期 T 和振荡频率 f

电路振荡周期 $T = t_1 + t_2$。其中，t_1 由电容器 C 的充电过程来决定，t_2 由电容器 C 的放电过程来决定。根据电路特性可得

$$t_1 = (R_1 + R_2)C \ln \frac{U_{DD} - \frac{1}{3}U_{DD}}{U_{DD} - \frac{2}{3}U_{DD}} = (R_1 + R_2)C \ln 2 \approx 0.7(R_1 + R_2)C$$

$$t_2 = R_2 C \ln \frac{0 - \frac{2}{3}U_{DD}}{0 - \frac{1}{3}U_{DD}} = R_2 C \ln 2 \approx 0.7 R_2 C$$

多谐振荡器的振荡周期

$$T = t_1 + t_2 = 0.7(R_1 + R_2)C + 0.7R_2 C = 0.7(R_1 + 2R_2)C$$

多谐振荡器的振荡频率

$$f = \frac{1}{T} = \frac{1}{0.7(R_1 + 2R_2)C}$$

显然，改变 R_1、R_2 和 C 的值，就可以改变振荡器的频率。如果利用外接电路改变 "CO" 端（引脚 5）的电位，则可以改变多谐振荡器高触发端的电平，从而改变振荡周期 T。另外，由于 555 定时器内部的比较器灵敏度很高，而且采用差分电路形式，它的振荡频率受电源电压和温度变化的影响极小，这是 555 定时器的一个重要优点。

图 6-14 所示的多谐振荡器电路，由于电容器充电、放电途径不同，所以 C 的充电和放电时间常数不同，输出脉冲的宽度 t_1 和 t_2 也不同。在实际应用中，常常需要调节 t_1 和 t_2。输出脉冲的占空比为

$$D = \frac{t_1}{t_1 + t_2} = \frac{R_1}{R_1 + 2R_2}$$

4. 占空比可调的多谐振荡器

将图 6-14 所示电路稍加改动，就可得到占空比可调的多谐振荡器，如图 6-15 所示。在图 6-15 中加了电位器 R_w，并利用二极管 V_1 和 V_2 将电容器 C 的充电、放电回路分开。充电回路由 R_1、V_1 和 C 组成，放电回路由 C、V_2 和 R_2 组成。该电路的振荡周期为 $T = t_1 + t_2$。其中，$t_1 = 0.7R_1 C$，$t_2 = 0.7R_2 C$，所以有

$$T = t_1 + t_2 = 0.7(R_1 + R_2)C$$

占空比为

$$D = \frac{t_1}{t_1 + t_2} = \frac{R_1}{R_1 + R_2}$$

调节电位器 R_w，即可改变 R_1 和 R_2 的值，并使占空比 D 得到调节。当 $R_1 = R_2$ 时，$D = 1/2$（此时，$t_1 = t_2$），电路输出方波。

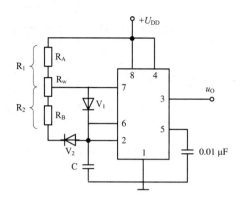

图 6-15 占空比可调的振荡器

6.5.3 多谐振荡器的应用

1. 压控振荡器

压控振荡器的功能是将控制电压转换为对应频率的矩形波。压控振荡器的电路如图 6-16 所示。调节 R_W 可改变矩形波的频率。555 定时器如果加上适当的外部电路，还可以产生锯齿波、三角波等脉冲信号。

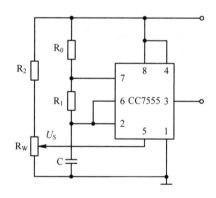

图 6-16 压控振荡器

2. 简易电子琴电路

图 6-17 所示是由 CC7555 集成定时器构成的简易电子琴电路。图中 $SB_1 \sim SB_8$ 代表琴键的 8 个开关。由于每个琴键开关所串联的电阻器不同，所以按下琴键后，多谐振荡器的振荡周期就不同。8 个琴键会对应输出 8 种不同频率的方波，若电阻器 $R_{21} \sim R_{28}$ 选配适当，扬声器便可发出 8 个不同频率的声音。

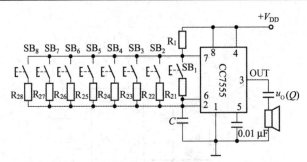

图 6-17　CC7555 集成定时器构成的简易电子琴电路

【思考与练习】

（1）简述由 555 定时器构成多谐振荡器的方法。

（2）由 555 定时器构成的多谐振荡器在振荡周期不变的情况下，如何改变输出脉冲的宽度？

6.6　555 定时器综合应用实例

555 定时器在实际应用中，可以完全取代集成施密特触发器和集成单稳态触发器，用途极为广泛，下面举例介绍几种实际应用。

6.6.1　定时和延时电路

555 定时器接成单稳态触发器可以构成定时和延时电路；与继电器或驱动放大电路配合，可实现自动控制、定时开关等功能。

1．定时电路

一个典型定时灯控电路如图 6-18 所示，图 6-18 中的 555 定时器构成了单稳态触发器。

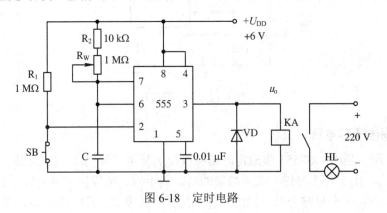

图 6-18　定时电路

当电路接通+6 V 电源后，经过一段时间进入稳定状态，定时器输出 OUT 为低电平，继电器 KA 无电流通过，常开触点处于断路状态，故不能形成导电回路，灯泡 HL 不亮；当按下按钮 SB 时，低电平触发端（外部信号输入端 U_i）由接+6 V 电源变为接地，相当于输入一个负脉冲，使电路由稳定状态转入暂稳状态，输出 OUT 为高电平，继电器 KA 通过电流，使常开触点闭合，形成导电回路，灯泡 HL 发亮。暂稳定状态的出现时刻是由按钮 SB 何时按下决定的。它的持续时间 t_W（也是灯亮时间）则是由电路参数决定的。若改变电路中的电阻器 R_W 或 C，均可改变 t_W。

2. 延时电路

典型延时电路如图 6-19 所示，与定时电路相比，其电路的主要区别是电阻器和电容器连接的位置不同。电路中的继电器 KA 为常断继电器，二极管 VD 的作用是限幅保护。当开关 SA 闭合，直流电源接通，555 定时器开始工作时，$U_{DD}=U_C+U_R$。若电容器两端初始电压为 0，而电容器两端电压不能突变，则有 $U_{TH}=U_{\overline{TR}}=U_R=U_{DD}-U_C=U_{DD}$。输出为 "0" 时，继电器常开触点保持断开；同时电源开始向电容器充电，电容器两端电压不断上升，而电阻器两端电压对应下降。当 $U_C \geqslant \frac{2}{3}U_{DD}$，$U_{TH}=U_{\overline{TR}}=U_R \leqslant \frac{1}{3}U_{DD}$ 时，输出为 "1" 时，继电器常开触点闭合。电容器充电至 $U_C=U_{DD}$ 时结束，此时电阻器两端电压为零，电路输出保持为 "1"，从开关 SA 按下到继电器 KA 闭合这段时间称为延时时间。

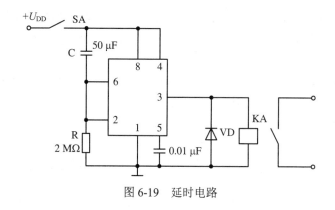

图 6-19　延时电路

3. 分频电路

当一个触发脉冲使单稳态触发器进入暂稳状态，在此脉冲以后时间 t_W 内，如果再输入其他触发脉冲，则对触发器的状态不再起作用；只有当触发器处于稳定状态时，输入的触发脉冲才起作用，分频电路正是利用这个特性将高频率信号变换为低频率信号的。电路如图 6-20 所示。

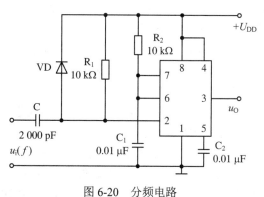

图 6-20　分频电路

6.6.2 温度控制电路

由 CC7555 集成定时器构成的温度控制器的电路原理图，如图 6-21 所示。

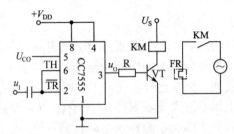

图 6-21 用 CC7555 集成定时器构成的温度控制器的电路原理图

其工作原理如下。

（1）反映被测温度的电压信号 u_I 作为输入信号加在施密特触发器的输入端。施密特触发器的输出端通过电阻器 R 接在三极管 VT 的基极，控制三极管 VT 的导通和截止，即控制继电器常开触点的闭合和断开，使电热器运行或停止，以实现调节温度的目的。

（2）运行前，首先调整控制端外加电压 U_{CO}，使施密特触发器 U_{T+} 和 U_{T-} 与它所控制的温度的上限和下限相对应。

（3）温度信号 u_I 加入后，若温度较低，则温度信号 u_I 较小，施密特触发器的状态不变，即 $Q=1$，施密特触发器的输出电压 $u_o=1$，三极管 VT 导通，继电器的吸引线圈有电流通过，继电器的常开触头闭合，加热开始，温度升高。

（4）随着温度升高，温度信号 u_I 逐渐增大。当 $u_I > U_{T+}$ 时，施密特触发器的状态翻转，即 $Q=0$，三极管 VT 截止，继电器的吸引线圈无电流通过，继电器的常开触点断开，加热停止，温度下降。

（5）随着温度的下降，温度信号 u_I 逐渐减小。当 $u_I < U_{T-}$ 时，施密特触发器的状态再次翻转，即 $Q=1$，三极管 VT 又导通，继电器的吸引线圈又有电流通过，又开始加热，温度再次开始升高。这样一直循环下去，就可以将温度控制在我们所要求的上限温度与下限温度之间了。

6.6.3 模拟声响电路

555 定时器构成的多谐振荡器可模拟各种声响，构成各种声音报警电路。用两个 555 定时器构成的多谐振荡器可以组成如图 6-22（a）、（b）所示的模拟声响电路。在图 6-22（a）所示电路中，适当选择定时元件，使振荡器 A 的振荡频率 $f_A=1$ Hz，振荡器 B 的振荡频率 $f_B=1$ kHz。由于低频振荡器 A 的输出接至高频振荡器 B 的复位端（4 脚），当 u_{o1} 输出高电平时，B 振荡器才能振荡；u_{o1} 输出低电平时，B 振荡器被复位，停止振荡。间歇声响电路的工作波形如图 6-23 所示，可使扬声器发出 1 kHz 的间歇声响。

若低频振荡器 A 的输出 u_{o1} 接至高频振荡器 B 的（5 脚），则高频振荡器 B 的振荡频率有两种：当 u_{o1} 输出高电平时，B 振荡器产生较低频信号；当 u_{o1} 输出低电平时，B 振荡器产生较高频信号，从而使扬声器交替发出高低不同的两种声响。实际生活中的一些如救护、消防、警用等声音报警电路，就是利用上述原理制成的。

　　若想产生多频声响，只要将振荡器 A 的两端电压直接或通过运算放大器与 B 振荡器相连就可实现。电路如图 6-22（b）所示，请读者自行分析。以上电路中的电解电容器起隔离耦合作用。

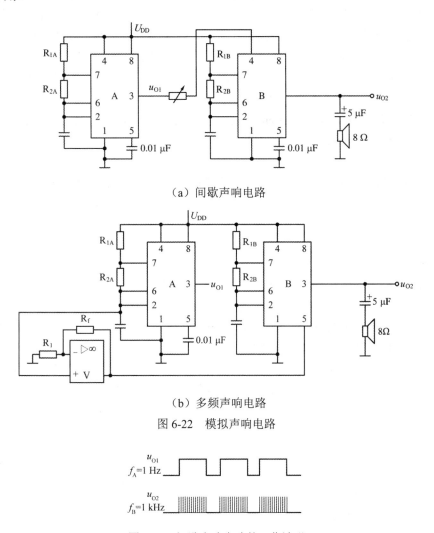

（a）间歇声响电路

（b）多频声响电路

图 6-22　模拟声响电路

图 6-23　间歇声响电路的工作波形

【思考与练习】

　　（1）比较由 CC7555 构成的单稳态、多谐振荡器和施密特触发器在电路结构上有什么不同？在应用上有何不同？

　　（2）结合实际讨论 555 的实际应用。

项目 6 小结

　　555 定时器主要由比较器、基本 RS 触发器、门电路构成。CC7555 定时器是将模拟和数字电路集成于一体的电子器件。它的电源范围宽，使用方便、灵活，带负载能力强。以它为基础可构成单稳态、多谐振荡器和施密特触发器等多种实用电路。本项目以 CC7555 定时器为例介绍了 555 定时器的电路结构、工作原理，对各种电路的分析采用波形分析法。

单稳态触发器中，输入触发脉冲只决定暂稳态的开始时刻，暂稳态的持续时间由外部的 RC 电路决定，从暂稳态回到稳态时不需要输入触发脉冲。主要功能有定时、整形。

施密特触发器是一种双稳态触发器，具有电压滞回特性；某时刻的输出由当时的输入决定，即不具备记忆功能。当输入电压处于两个阈值电压之间时，施密特触发器保持原来的输出状态不变，所以具有较强的抗干扰能力。主要功能有波形变换、脉冲整形和幅度鉴别。

多谐振荡器又称无稳态电路。在状态变换时，触发信号不需要由外部输入，而是由其电路中的 RC 电路提供。状态持续的时间也由 RC 电路决定。多谐振荡器通过闭合回路的反馈和延迟环节产生振荡。它的主要功能是产生脉冲信号，常作为脉冲信号源。若对频率稳定性要求高，采用石英晶体振荡器。

555 定时器基本应用形式有 3 种，即施密特触发器、单稳态触发器和多谐振荡器，在实际中应用广泛。

项目 6 习题

6-1　在图 6-4（a）中，由 CC7555 定时器构成的施密特触发器，若电源 U_{DD}=9 V，则在不考虑电容器电压影响的情况下，其正、负向阈值 U_{T+}、U_{T-} 及回差 ΔU 各为何值？若输入一个幅度为 10 V 的正弦波，试对应画出输出电压的波形。若为同相施密特触发器，正向阈值电压和负向阈值电压不变，输出波形又如何？

6-2　如图 6-10（a）所示，在由 CC7555 定时器构成的单稳态触发器中，对触发脉冲的宽度有无限制？当输入脉冲的低电平持续时间过长时，电路应做何修改？

6-3　如图 6-24（a）所示为与非门施密特触发器，图 6-24（b）所示为其输入波形 A、B，试对应画出 u_O 的波形。

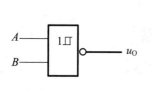

（a）与非门施密特触发器　　　　　　　　　（b）输入波形

图 6-24　题 6-3 图

6-4　如图 6-14（a）所示，在由 CC7555 定时器构成的多谐振荡器中，若电源 U_{DD} = 10 V，电容量 C = 0.01 μF，电阻值 R_1 = 20 kΩ、R_2 = 30 kΩ，求该电路的振荡周期 T 及振荡频率 f，并画出 u_C 及 u_O 的对应波形。

6-5　如图 6-25 所示是一个防盗报警电路，a、b 两端被一细铜丝接通，将此铜丝置于盗窃者必经之处。当盗窃者闯入室内将铜丝碰断后,扬声器即发出报警声。试问所用CC7555定时器应接成何种电路?并说明本报警器的工作原理。

6-6 图 6-26 所示是一简易触摸开关电路。当手摸金属片时,发光二极管亮。经过一定时间,发光二极管熄灭。试说明该电路是什么电路,并估算发光二极管能亮多长时间?

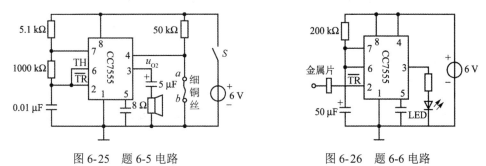

图 6-25 题 6-5 电路   图 6-26 题 6-6 电路

6-7 图 6-27 所示是救护车扬声器发音电路。在图中给出的电路参数下,试计算扬声器发出声音的高、低频率以及高、低音的持续时间。当 $U_{DD} = 12$ V 时,CC7555 定时器输出的高、低电平分别为 11 V 和 0.2 V,输出电阻值小于 100 Ω。

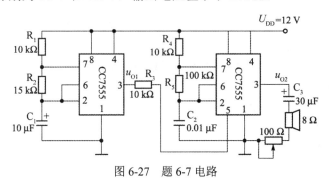

图 6-27 题 6-7 电路

6-8 试用 555 定时器和电阻器、电容器设计一个电子门铃。要求每按下 1 次按钮开关,电子门铃以 1 kHz 的频率响应 5 s。

项目 7　大规模集成电路

【学习目标要求】

本项目重点介绍了常用的 D/A、A/D 转换电路以及半导体存储器，并对可编程逻辑器件进行了简单介绍。

读者通过本项目的学习，要掌握以下知识点和相关技能：

（1）掌握 D/A 转换及 A/D 转换的概念，理解 D/A 转换及 A/D 转换的原理及方法。

（2）了解 DAC 的电路结构，理解 DAC 的性能参数，掌握 DAC0832 集成芯片的外部引线及使用方法；了解 ADC 的电路结构，理解 ADC 的性能参数，掌握 ADC0809 集成芯片的外部引线及使用方法。

（3）了解 ROM、RAM 的电路结构，熟悉 ROM、RAM 的不同类型及特点，掌握 ROM、RAM 扩展存储容量的方法。

（4）掌握使用存储器设计简单组合逻辑电路的方法。

（5）了解可编程逻辑器件。

（6）能够正确识别常用 ADC、DAC、ROM、RAM 芯片的引脚；能够设计简单应用电路，例如数字电压表，并能组装调试。

自 20 世纪 60 年代以来，数字集成电路已经历了从 SSI、MSI、LSI 到 VLSI 的发展过程，现在人们已经可以在一块芯片上集成超亿个晶体管或基本单元。集成电路的发展不但表现在集成度的提高上，还表现在结构和功能的发展上，即从在一块芯片上完成基本功能发展到在一块芯片上实现一个子系统乃至整个系统，从固定的逻辑功能发展到逻辑功能可编程，等等。

大规模和超大规模集成电路的出现，给人们带来了全新的电子技术设计理念，给电子技术的设计带来了极大方便。大规模、超大规模集成电路的类型和功能很多，本项目仅对常见的 D/A 转换器、A/D 转换器、半导体存储器以及可编程逻辑器件做简单介绍，以使读者对大规模集成电路有初步的认识。

7.1　D/A 转换器

7.1.1　D/A 转换器概述

随着数字电子技术的发展，尤其是随着计算机在自动控制、自动检测、电子信息处理以及其他许多领域中的广泛应用，利用数字电路处理模拟信号的情况越来越多。把经过数字系统分析处理后的数字信号变换为相应的模拟信号，称为数/模转换（D/A-Digital to Analog）转换。实现数/模转换的电路称为数/模转换器（D/A 转换器，Digital Analog Converter，DAC）。

DAC 是一种把数字量转换成与它成正比的模拟量的电子部件。D/A 转换技术发展很快，出现了许多高精度、高速度以及高可靠性的集成 DAC 芯片，D/A 转换器的分类方法有很多，其电路结构、工作原理、性能指标差别很大。

（1）按位数分，可以分为8位D/A转换器、10位D/A转换器、12位D/A转换器、16位D/A转换器等。

（2）按输出方式分，有电流输出型 D/A 转换器和电压输出型 D/A 转换器两类。电流输出型 D/A 转换器内部没有集成运算放大求和电路，但一般集成有反馈电阻器，若须电压输出，须外接运算放大求和电路。

（3）按数字信号的输入方式不同，可分为串行输入 D/A 转换器和并行输入 D/A 转换器两种。串行输入 D/A 转换器节省连线和资源，并行输入 D/A 转换器可以将数字量的各位代码同时进行转换，因此转换速度快，一般在微秒数量级上使用。

（4）按接口形式不同，可分为两类 D/A 转换器：一类是不带锁存器的 D/A 转换器；另一类是带锁存器的 D/A 转换器。

（5）按工艺不同，可分为 TTL 型 D/A 转换器和 MOS 型 D/A 转换器等。

（6）按电路结构和工作原理不同，可分为权电阻网络 D/A 转换器、T 形电阻网络 D/A 转换器、倒 T 形电阻网络 D/A 转换器和权电流型 D/A 转换器等。

目前使用最广泛的是倒 T 形电阻网络 D/A 转换器。描述 DAC 的性能指标有很多，主要有分辨率、转换时间、转换误差等。

7.1.2　D/A 转换器的组成和转换过程

D/A 转换器是将输入的二进制数字信号转换成模拟信号，以电压或电流的形式输出的电路。图 7-1 所示为 D/A 转换的示意图。D/A 转换器一般由数据锁存器、数字位控模拟开关、电阻译码网络、参考电源 U_R 和求和运算放大器 5 部分组成。数据锁存器用于暂存二进制输入数据。

图 7-1 中 $D_0 \sim D_{n-1}$ 为输入的 n 位二进制数字量，D_0 为最低位（LSB），D_{n-1} 为最高位（MSB）。u_O 为输出模拟量电压。参考电源实现转换所需的参考电压为 U_R，又称基准电压。

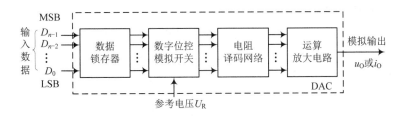

图 7-1　D/A 转换的示意图

转换开始时，D/A 转换器先将需要转换的数字信号以并行输入（或串行输入）的方式存储在数据锁存器中，然后锁存器并行输出的数字量 $D_0 \sim D_{n-1}$ 控制模拟电子开关，将参考

电压源 U_R 按位切换到电阻译码网络中变成加权电流，经运算放大求和，输出相应的模拟电压，完成 D/A 转换过程。

特别提示：

数据锁存器并行输出的数字量 $D_0 \sim D_{n-1}$ 任一位控制其对应位开关，这时输出的模拟电压刚好与该位数码所代表的数值相对应。

输出模拟电压 u_O 和输入数字量 D 之间成正比关系，即

$$u_O = KD$$

式中，K 为常数，与参考电压有关。

可以证明，常见 D/A 转换器的理论转换公式为

$$U_O = -\frac{U_R}{2^n} \sum_{i=0}^{n-1} D_i 2^i$$

【例7-1】 一个8位D/A转换电路，在输入数字量为00000001时，输出电压为5 mV。在输入数字量为00001001时，输出电压有多大？

解：当输入数字量为 00000001 时 $U_O = k \sum_{i=0}^{n-1} D_i 2^i = k(1 \times 2^0) = k = 5\,\mathrm{mV}$

当输入数字量为 00001001 时 $U_O = k \sum_{i=0}^{n-1} D_i 2^i = k(1 \times 2^3 + 1 \times 2^0) = 45\,\mathrm{mV}$

即和输入数字量00001001相对应的模拟输出电压为45 mV。

7.1.3 D/A 转换器的主要技术指标及选用

1. D/A 转换器的主要技术指标

为了保证数据处理结果的准确性，D/A转换器必须有足够的转换精度。为了适应过程的快速控制和检测的需要，D/A转换器还必须有足够快的转换速度。因此转换精度和转换速度乃是D/A转换器性能优劣的主要标志。转换精度一般通过分辨率和转换误差来描述。转换速度反映了D/A转换器在输入的数字量发生变化时，输出要达到相对应的量值所需要时间的快慢，一般是用转换时间来描述。主要技术指标如下。

（1）分辨率。

输入数字量的最低位为 1 对应的输出电压称为最小输出电压，输入数字量各有效位全为 1 对应的输出电压称为最大输出电压。分辨率是指 D/A 转换器的最小输出电压与最大输出电压之比值。例如，对于 8 位 D/A 转换器，最小输出电压和最大输出电压所对应的输入数字量分别为 00000001 和 11111111，所以其分辨率为

$$分辨率 = \frac{00000001}{11111111} = \frac{1}{2^8 - 1} = 0.004$$

故 n 位 D/A 转换器的分辨率为

$$分辨率 = \frac{1}{2^n - 1}$$

如果输出模拟电压满量程为 U_m，那么 n 位 D/A 转换器能分辨的最小电压为

$$U_{min} = \frac{1}{2^n - 1} U_m$$

显然，n 越大，分辨率越高，转换时对输入量微小变化的反应也越灵敏。

（2）转换精度。

转换精度是实际输出值与理论模拟输出电压的最大差值。这种差值由转换过程各种误差综合引起，主要包括非线性误差、比例系数误差、漂移误差等。非线性误差是电子开关的导通电压降和电阻网络电阻值偏差产生的；比例系数误差是参考电压源 U_R 偏离而引起的误差，称为比例系数误差；漂移误差是由运算放大器零点漂移产生的误差。当输入数字量为 0 时，运算放大器的零点漂移，输出模拟电压并不为 0，这使输出电压特性与理想电压特性产生一个相对位移。因此，要获得高精度的 DAC 还应该选用高精度低漂移的运算放大器、高稳定度的参考电压源 U_R 与之配合使用。

（3）转换时间。

从数字信号输入 DAC 起到输出电流（或电压）达到稳态值所需的时间为转换时间，又称建立时间。转换时间的大小决定了转换速度。目前 10～12 位单片集成 D/A 转换器（不包括运算放大器）的转换时间可以在 1 μs 以内。

除上述技术指标外，从手册上还可以查到工作电源电压、输入逻辑电平、功耗、输出方式等，在选用时也要考虑。

2. D/A 转换器的选用

分辨率是 D/A 转换器对输入量变化敏感程度的描述，与输入数字量的位数有关。数字量位数越多，转换器对输入量变化的敏感程度也就越高。使用时，应根据分辨率的需要来选定转换器的位数。转换时间表示 DAC 的转换速度。转换器的输出形式为电流时，建立时间较短；输出形式为电压时，由于建立时间还要加上运算放大器的延迟时间，因此建立时间要长一点。但总的来说，D/A 转换速度远高于 A/D 转换速度。快速的 D/A 转换器的建立时间可达 1 μs。选用 DAC 时，还要注意以下两点。

（1）参考电压源。

D/A 转换中，参考电压源是唯一影响输出结果的模拟参量，是 D/A 转换接口中的重要电路，对接口电路的工作性能、电路的结构有很大影响。使用内部带有低漂移精密参考电压源的 D/A 转换器既能保证有较好的转换精度，而且可以简化接口电路。但目前在 D/A 转换接口中常用到的 D/A 转换器大多不带有参考电压源。为了方便地改变输出模拟电压范围、极性，需要配置相应的参考电压源。D/A 接口设计中经常配置的参考电压源主要有精密参考电压源和三点式集成稳压电源两种形式。

（2）D/A 转换能否与 CPU 直接相配接。

D/A 转换能否与 CPU 直接相配接，主要取决于 D/A 转换器内部有没有输入数据寄存器。当芯片内部集成有输入数据寄存器、片选信号、写信号等电路时，D/A 器件可与 CPU 直接相连，而不用另加寄存器。当芯片内没有输入寄存器时，它们与 CPU 相连，必须另加数据寄存器。一般用 D 锁存器，以便使输入数据进行 D/A 转换能保持一段时间，否则只能通过具有输出锁存器功能的 I/O 给 D/A 转换器送入数字量。

目前D/A转换器芯片的种类较多，对应用设计人员来说，只需要掌握DAC集成电路性能及其与计算机之间接口的基本要求，就可以根据应用系统的要求选用DAC芯片和配置适当的接口电路。

7.1.4 集成 D/A 转换器及应用

集成 D/A 转换器品种很多，性能指标也各异。有的只含有模拟开关和解码网络，如 DAC0808、DAC0832、AD7530、AD7533 等，在使用时需要外接基准电源和运算放大电路；有的则将基准电源和运算放大电路也集成到芯片内部，如 DAC1203、DAC1210 等，这些都是并行输入方式。另外，还有串行输入的集成 DAC，如 AD7543、MAX515 等，它们虽然工作速度相对较慢，但接口方便，适用于远距离传输和数据线数目受限的场合。集成电路使用时要注意它的引脚功能和接线方式。下面以 D/A 转换器 DAC0832 为例进行介绍。

1. DAC0832 的电路结构及引脚功能

DAC0832 是 DAC0830 系列的一种器件。该系列电路采用双缓冲寄存器，使其能方便地应用于多个 DAC 同时工作的场合。DAC0830 系列各电路的原理、结构及功能都相同，但参数指标略有不同。数据输入能以双缓冲器方式、单缓冲器方式或直通方式 3 种方式工作。

DAC0832 是常用的集成 DAC，是用 CMOS 工艺制成的双列直插式单片 8 位 DAC，可以直接与 Z80、8080、8085、MCS51 等微处理器相连接，且接口简单，转换控制容易，因此被广泛应用于单片机及数字系统中。

DAC0832 结构方框图和引脚排列图如图 7-2 所示，是由两个 8 位寄存器（一个 8 位输入寄存器、一个 8 位 DAC 寄存器）和一个 8 位 D/A 转换器 3 部分组成的。当 DAC 寄存器从输入寄存器取走数字信号后，输入寄存器就又可以接收输入信号。这样可以提高转换速度。

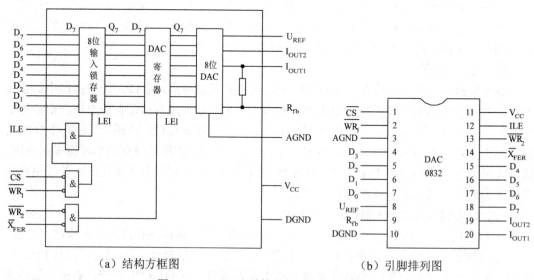

（a）结构方框图　　　　　　　　　（b）引脚排列图

图 7-2　DAC0832 结构方框图和引脚排列图

由于 DAC0832 有两个可以分别控制的数据寄存器，可以实现两次缓冲，所以使用时有较大的灵活性，可根据需要接成不同的工作方式。因 DAC0832 中采用倒 T 形 R-2R 电阻网络，无运算放大器，且是电流输出，使用时需要外接运算放大器。芯片中已设置了 R_{fb}，只要将 9 脚接到运算放大器的输出端即可。若运算放大器增益不够，还需要外加反馈电阻器。DAC0832 芯片上各引脚的名称和功能如下。

（1）ILE：输入锁存允许信号，输入高电平有效。

（2）$\overline{CS}$：片选信号，输入低电平有效。

（3）$\overline{WR_1}$：输入数据选通信号，输入低电平有效。

（4）$\overline{WR_2}$：DAC 寄存器选通信号，输入低电平有效。

（5）$\overline{X_{FER}}$：数据传送选通信号，输入低电平有效。

（6）$D_0 \sim D_7$：8 位输入数据信号。

（7）U_{REF}：参考电压输入。一般此端外接一个精确稳定的电压基准源，可在-10 V $\sim$ $+10$ V 范围内选择。

（8）R_{fb}：反馈电阻器（片内已含一个反馈电阻器）接线端。

（9）I_{OUT1}：DAC 输出电流 1。此输出信号一般作为运算放大器的一个差分输入信号（一般接反相端）。当 DAC 寄存器中的各位为 1 时，电流最大；为全 0 时，电流为 0。

（10）I_{OUT2}：DAC 输出电流 2。它是运算放大器的另一个差分输入信号（一般接地）。

（11）I_{OUT1} 和 I_{OUT2} 满足关系：$I_{OUT1} + I_{OUT2} =$ 常数。

（12）AGND：模拟电路接地端。

（13）V_{CC}：数字部分的电源输入端。电源电压取值范围为$+5 \sim +15$ V（一般取$+5$ V）。

（14）DGND：数字电路接地端。

由 DAC0832 的内部控制逻辑分析可知，当 ILE、$\overline{CS}$ 和 $\overline{WR_1}$ 同时有效时，LE_1 为高电平。在此期间，输入数据 $D_0 \sim D_7$ 进入输入寄存器。当 $\overline{WR_2}$ 和 $\overline{X_{FER}}$ 同时有效时，LE_2 为高电平。在此期间，输入寄存器的数据进入 DAC 寄存器。8 位 D/A 转换电路随时将 DAC 寄存器的数据转换为模拟信号（$I_{OUT1} + I_{OUT2}$）输出。

2.　DAC0832 的主要技术指标

（1）分辨率：8 位。

（2）数字输入逻辑电平：与 TTL 电平兼容。

（3）电流建立时间：1 μs。

（4）增益温度系数：0.002%/℃。

（5）电源电压：$+5 \sim +15$ V。

（6）功耗：20 mW。

（7）非线性误差：0.4%。

3.　DAC0832 的工作方式

DAC0832 利用 $\overline{WR_1}$、$\overline{WR_2}$、ILE、$\overline{X_{FER}}$ 控制信号可以构成 3 种不同的工作方式，即双缓冲器方式、单缓冲器方式和直通方式，如图 7-3 所示。在与单片机连接时一般有单缓冲器方式和双缓冲方式两种方式。实际应用时，要根据控制系统的要求来选择工作方式。

（1）双缓冲器方式。

双缓冲器方式如图 7-3（a）所示。当 8 位输入锁存器和 8 位 DAC 寄存器分开控制时，

DAC0832 工作于双缓冲器方式。

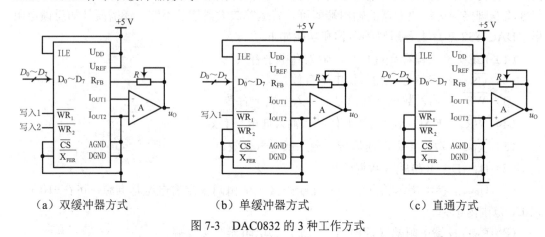

（a）双缓冲器方式　　　　　　（b）单缓冲器方式　　　　　　（c）直通方式

图 7-3　DAC0832 的 3 种工作方式

双缓冲器方式时，操作分两步：第一步，使 8 位输入锁存器导通，将 8 位数字量写入 8 位输入锁存器中；第二步，使 8 位 DAC 寄存器导通，将 8 位数字量从 8 位输入锁存器送入 8 位 DAC 寄存器中并进行转换。

特别提示：

第二步只使 DAC 寄存器导通，此时在数据输入端写入的数据无意义。

对于多路 D/A 转换，若要求同步进行 D/A 转换输出时，必须采用双缓冲器方式。双缓冲器方式用于多路 D/A 转换系统，适合多模拟信号同步输出的场合，此情况下每一路模拟量输出都需要一片 DAC0832 才能构成同步输出系统。

（2）单缓冲器方式。

单缓冲器方式如图 7-3（b）所示。DAC0832 内部的两个数据缓冲寄存器之一始终处于直通，即 $\overline{WR_1}$ =0 或 $\overline{WR_2}$ =0，另一个处于受控制的状态（或者两个输入寄存器同时受控），此方式就是单缓冲器方式。

在实际应用中，如果只有一路模拟量输出，或虽有几路模拟量但并不要求同步输出时，就可采用单缓冲器方式。

（3）直通方式。

直通方式如图 7-3（c）所示。其中两个寄存器都处于常通状态，8 位输入数据直接经两个寄存器到 DAC 进行转换，并从输出端得到转换的模拟量，故工作方式为直通型。直通方式不能与系统的数据总线直接相连（需要另加锁存器）。直通方式下工作的 DAC0832 常用于不带单片机的控制系统。

DAC0832 是电流型 D/A 转换电路，需要电压输出时，可以使用一个运算放大器将电流信号转换成电压信号输出。根据运算放大器和 DAC0832 的连接方法，运算放大器的输出可以分为单极性和双极性两种。

集成 D/A 转换器在实际电路中得到了广泛应用，不仅可作为微型计算机系统的接口电路实现数字量到模拟量的转换，还可以利用输入/输出之间的关系来构成数字式可编程控制电路、脉冲波形产生电路、数控电源等。

集成 D/A 转换器类型繁多，除了前面讲过的 DAC0832，还有 8 位的 DAC0832、MC1408；10 位的 AD7533、5G7520、CC7520；12 位的 DAC1320；等等。需要时，可以查阅有关资料。

【思考与练习】

（1）D/A 转换器有什么作用？主要有哪些类型？D/A 转换器的位数与分辨率有什么关系？

（2）影响 D/A 转换器转换精度的主要因素有哪些？

7.2　A/D 转换器

7.2.1　A/D 转换器概述

常见的非电量都可以通过传感器变换为随时间连续变化的模拟信号，用数字系统处理这些模拟信号，必须将其先转换为数字信号。模拟信号到数字信号的转换称为 A/D 转换（A/D-Analog to Digital），实现模/数转换的电路称为模/数转换器（A/D 转换器，Analog Digital Converter，ADC）。ADC 是一种把模拟量转换成数字量的电子部件，单芯片 A/D 转换器应用广泛，其类型有多种。

1.　直接 A/D 转换器和间接 A/D 转换器

A/D 转换器按转换过程可分为直接 A/D 转换器和间接 A/D 转换器。在直接 A/D 转换器中，输入的模拟信号直接被转换成相应的数字信号；而在间接 A/D 转换器中，输入的模拟信号先被转换成某种中间变量（如时间、频率等），然后再被转换成最后的数字量。

（1）直接 A/D 转换器主要有逐次渐近型 A/D 转换器、并联比较型 A/D 转换器等。其中，并联比较型 A/D 转换器速度最快，电路规模庞大，精度较低，适用于高速和超高速系统等；逐次渐近型 A/D 转换器速度中等，精度较高，适于中高速系统、检测系统等。

（2）间接 A/D 转换器主要有双积分型 A/D 转换器、压频变换（V-F 变换）型 A/D 转换器等。其中，双积分型 A/D 转换器速度很慢，精度高，抗干扰能力较强，适用于低速系统、数字仪表等；压频变换（V-F 变换）型 A/D 转换器速度很慢，精度高，抗干扰能力很强，适用于遥测、遥控系统等。

2.　串行输出和并行输出 A/D 转换器

在数字信号的输出方式上，A/D 转换器有串行输出 A/D 转换器和并行输出 A/D 转换器两种方式。串行输出 A/D 转换器节省资源，并行输出 A/D 转换器速度快。

在众多的模/数转换器中，逐次渐近型 A/D 转换器各项指标适中；双积分型 A/D 转换器抗干扰能力强，且价格适中，目前应用较广泛。描述 DAC 的性能指标有很多，主要指标有分辨率、转换时间、转换误差等。

7.2.2　A/D 转换的过程

A/D 转换器将连续的模拟信号转换成与之成正比的数字信号输出，转换过程一般都要经过采样、保持、量化、编码 4 个步骤，如图 7-4 所示。

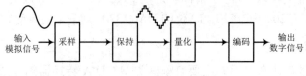

图 7-4　A/D 转换的过程

1.　采样与保持

（1）采样。因为输入的模拟信号在时间上是连续的，而输出的数字信号是离散的，所以在进行 A/D 转换时，必须在一系列选定的瞬间对输入的模拟信号采样。采样把时间上连续的模拟信号转换为时间上离散的模拟信号，但从其输出的脉冲包络中仍然可以看出原来信号幅度的变化趋势。

（2）保持。由于输入信号是连续变化的，因此在每次采样后，采样结果还要保持一定时间，以便转换电路将采样值转换成数字量输出。

采样与保持是在同一个过程里完成的，采样与保持过程的实质就是将连续变化的模拟信号变成一串等距不等幅的脉冲。脉冲的幅度取决于输入模拟量。

图 7-5（a）所示是一种常见的采样保持电路。场效应晶体管 VT 为采样门，一般为 NMOS 管，用作电子模拟开关。其导通电阻值很小，受采样脉冲 $S(t)$ 控制。电容器 C 为存储电容器，用以存储样值信号，要求品质优良，漏电极小。运算放大器接成电压跟随器，其输入阻抗极高，可起缓冲隔离作用。

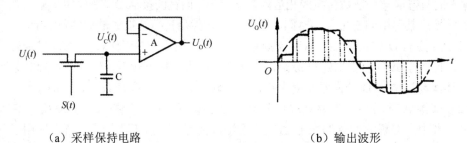

（a）采样保持电路　　　　　　　　　　　　（b）输出波形

图 7-5　采样保持电路及输出波形

图 7-5（a）所示电路中，$U_i(t)$ 为输入模拟信号，$S(t)$ 为采样脉冲（等间距窄矩形波，周期为 T_S、脉宽为 τ），$U_O'(t)$ 为采样后的输出模拟信号。

在 $S(t)=1$ 时，场效应晶体管 VT 导通，输入模拟量 $U_i(t)$ 向电容器充电。假定充电时间常数远小于 τ，那么 C 上的充电电压能及时跟上 $U_i(t)$ 的采样值。在 τ 期间内 $U_C(t) = U_i(t)$。

$S(t)=0$ 时采样结束，VT 迅速截止，电容器 C 上的充电电压就保持了前一采样时间 τ 的输入 $U_i(t)$ 的值，在 $T_S-\tau$ 时间内保持不变，一直保持到下一个采样脉冲到来为止。

当下一个采样脉冲到来，电容器 C 上的电压 $U_C(t)$ 再按输入 $U_i(t)$ 变化。输出电压 $U_O(t)$ 始终跟随电容器 C 上的电压 $U_C(t)$ 变化，在输入一连串采样脉冲序列后，采样保持电路的缓冲放大器输出电压 $U_O(t)$ 的波形如图 7-5（b）所示。每次采样结束保持期内的输出电压 $U_O(t)$ 为 A/D 转换器输入的样值电压，以便进行量化和编码。

为了正确地用采样信号表示输入模拟信号，要求采样脉冲必须有足够高的频率。一个频率有限的模拟信号,其采样脉冲频率 f_s 必须大于等于输入模拟信号包含的最高频率 f_{imax} 的 2 倍,才能不失真地恢复原来的输入信号,即采样频率必须满足

$$f_s \geqslant 2f_{imax}$$

根据采样定理可知,A/D 转换器的采样频率越高越好,但采样频率越高,留给每次进行转换的时间也相应缩短,这就要求转换电路必须有更高的工作速度。因此,对采样频率要有所限制,通常取 $f_s=(3\sim 5)f_{imax}$,即可满足要求。

2. 量化与编码

采样保持后的输出信号是阶梯波,该阶梯波必须是一个可以连续取值的模拟量,还必须经过量化编码电路,才能将采样－保持后的输出信号转换成一组 n 位的二进制数输出。量化编码电路的任务就是将采样－保持后的输出信号转换成一组 n 位的二进制数输出。

（1）量化:把采样电压转化成某个最小数量单位的整数倍。

量化过程中所取的最小数量单位就是量化单位,一般用 Δ 表示,显然,最低有效位为1,其余位为 0 的数字量（00…01）所对应的模拟量的大小就用 Δ 表示。由于采样电压是连续的,不一定能被 Δ 整除,因而必然会引入误差,称为量化误差,用 δ 表示,最大值等于 Δ。A/D 转换器的位数越多,量化单位越小,量化误差也越小。量化误差属于原理误差,是无法消除的。

量化的方法一般有两种,即只舍不入法和有舍有入法,这是一个类似于四舍五入的近似问题。

① 只舍不入法:取量化单位 $\Delta=U_m/2^n$,将 $0\sim\Delta$ 之间的模拟电压归并到 0Δ,将 $1\sim 2\Delta$ 之间的模拟电压归并到 1Δ。依此类推。这种方法把不足一个 Δ 的尾数舍去,取其原整数,产生的最大误差为 Δ。

例如,把 $0\sim 1$ V 的模拟电压转化为 3 位二进制代码,$\Delta=1/2^3$ V=1/8 V。将 $0\sim 1/8$ V 的模拟电压归并到 0Δ,用二进制数 000 表示;将 $1/8\sim 2/8$ V 的模拟电压归并到 1Δ,用二进制数 001 表示;将 $2/8\sim 3/8$ V 的模拟电压归并到 2Δ,用二进制数 010 表示。依此类推,如图 7-6（a）所示。此时产生的最大误差为 1/8 V。

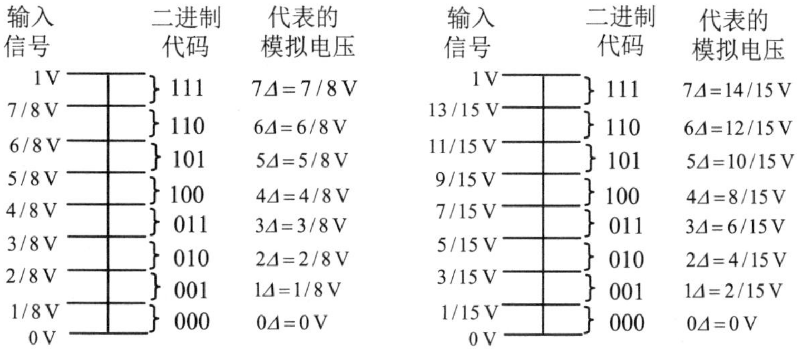

输入信号	二进制代码	代表的模拟电压		输入信号	二进制代码	代表的模拟电压
1 V	} 111	$7\Delta=7/8$ V		1 V	} 111	$7\Delta=14/15$ V
7/8 V	} 110	$6\Delta=6/8$ V		13/15 V	} 110	$6\Delta=12/15$ V
6/8 V	} 101	$5\Delta=5/8$ V		11/15 V	} 101	$5\Delta=10/15$ V
5/8 V	} 100	$4\Delta=4/8$ V		9/15 V	} 100	$4\Delta=8/15$ V
4/8 V	} 011	$3\Delta=3/8$ V		7/15 V	} 011	$3\Delta=6/15$ V
3/8 V	} 010	$2\Delta=2/8$ V		5/15 V	} 010	$2\Delta=4/15$ V
2/8 V	} 001	$1\Delta=1/8$ V		3/15 V	} 001	$1\Delta=2/15$ V
1/8 V	} 000	$0\Delta=0$ V		1/15 V	} 000	$0\Delta=0$ V
0 V				0 V		

（a）只舍不入法　　　　　　　　　　（b）有舍有入法

图 7-6　两种量化方法

② 有舍有入法：为了减少量化误差，常常采用有舍有入的方法，即最小量化单位 $\Delta = 2U_m/(2^{n+1}-1)$，将 $0 \sim \Delta/2$ 之间的模拟电压归并到 $0\,\Delta$，将 $\Delta/2 \sim 3\Delta/2$ 之间的模拟电压归并到 1Δ。依此类推。这种方法把不足 $\Delta/2$ 的尾数舍去，取其原整数，产生的最大误差为 $\Delta/2$。

在上面例子中，取 $\Delta = 2/(2^{3+1}-1)$ V$= 2/15$ V，将 $0 \sim 1/15$ V 之间的模拟电压归并到 $0\,\Delta$，用二进制数 000 表示；将 $1/15 \sim 3/15$ V 之间的模拟电压归并到 $1\,\Delta$，用二进制数 001 表示。依此类推，如图 7-6（b）所示。此时产生的最大误差为 $1/15$ V，比第一种方法误差要小。这个道理不难理解，因为这种方法把每个二进制代码所对应的模拟电压值规定为它所对应的模拟范围的中点，所以最大量化误差自然不会超过 $\Delta/2$。

有的电路也采用量化单位 $\Delta = U_m/2^n$ 不变，将 $0 \sim \Delta/2$ 之间的模拟电压归并到 $0\,\Delta$，将 $\Delta/2 \sim 3\Delta/2$ 之间的模拟电压归并到 1Δ，依此类推的方法。

（2）编码：量化后的数值用二进制或其他进制代码表示出来称为编码。编码后得到的代码就是 A/D 转换器的输出信号。

这里要注意的是，当输入模拟电压有正有负时，一般要求采用二进制补码形式编码。

7.2.3 A/D 转换器的主要技术指标及选用

1. A/D 转换器的主要技术指标

（1）分辨率。

分辨率是指 A/D 转换器对输入模拟信号的分辨能力。从理论上讲，一个输出为 n 位二进制数的 A/D 转换器应能区分输入模拟电压的 2^n 个不同量级，能区分输入模拟电压的最小差异为 $\frac{1}{2^n}$FSR。$\frac{1}{2^n}$FSR 被定义为分辨率。例如，8 位 A/D 转换器，最大输入模拟信号为 10 V，则其分辨率为

$$\frac{1}{2^8} \times 10\,\text{V} = \frac{10\,\text{V}}{256} = 39.06\,\text{mV}$$

12 位 A/D 转换器，最大输入模拟信号为 10 V，则其分辨率为

$$\frac{1}{2^{12}} \times 10\,\text{V} = \frac{10\,\text{V}}{4096} = 2.44\,\text{mV}$$

因此，A/D 转换器的位数越多，其分辨能力也越强。

（2）相对误差。

相对误差又称相对精度，是指 A/D 转换器实际输出的数字量与理论输出的数字量之间的差值，一般用最低有效位的倍数来表示。分辨率和相对误差共同描述了 ADC 的转换精度。

（3）转换速度。

转换速度是指完成 1 次转换所需的时间。转换时间是从接到转换启动信号开始，到输出端获得稳定的数字信号所经过的时间。A/D 转换器的转换速度主要取决于转换电路的类型，不同类型 A/D 转换器的转换速度相差很大。双积分型 A/D 转换器的转换速度最慢，在几百毫秒左右；逐次逼近式 A/D 转换器的转换速度较快，转换速度在几十微秒；并联型 A/D 转换器的转换速度最快，仅需几十纳秒时间。

此外，还有输入模拟电压范围、电源抑制能力、功率消耗、温度系数以及输出数码的

逻辑电平等指标。

特别提示：

参数手册上所给出的技术指标都是在一定的电源电压和环境温度下得到的数据，如果这些条件改变了，将引起附加的转换误差，且转换误差会变大，实际使用中应加以注意。例如，10 位 A/D 转换器 AD571，在室温（+25℃）和标准电源电压（U_+= +5 V，U_-=-15 V）的条件下，转换误差≤LSB/2。当使用环境温度或电源发生变化时，可能附加1LSB～2LSB的误差。为了获得较高的转换精度，必须保证供电电源有良好的稳定度，并限制环境温度的变化。对于那些需要外加参考电压的 ADC，尤其需要保证参考电压的稳定度。

此外，在组成高速 A/D 转换器时，还应将采样与保持电路的获取时间（采样信号稳定地建立起来所需要的时间）记入转换时间之内。一般单片集成采样—保持电路的获取时间在几微秒的数量级，它和所选定的保持电容器的电容量大小有很大关系。

2. A/D 转换器的选用

依据用户要求及 A/D 转换器的技术指标来选择 A/D 转换器，应考虑以下 5 个方面。

（1）A/D 转换器位数的确定。

用户提出的数据采集精度是综合精度要求，包括传感器精度、信号调节电路精度、A/D转换精度，还包括软件控制算法。应将综合精度在各个环节上进行分配，以确定对 A/D 转换器的精度要求，据此确定 A/D 转换器的位数。A/D 转换器的位数至少要比系统总精度要求的最低分辨率高 1 位，位数应与其他环节所能达到的精度相适应。只要不低于它们就行，太高没有意义。一般认为 8 位以下为低分辨率；9～12 位为中分辨率；13 位以上为高分辨率。

（2）A/D 转换器转换速度的确定。

应根据信号对象的变化率，确定 A/D 转换速度，以保证系统的实时性要求。按转换速度不同分为超高速（≤1 ns）、高速（≤1 μs）、中速（≤1 ms）和低速（≤1 s）。例如，用转换时间为 100 μs 的集成 A/D 转换器，其转换速度为 10 千次/s。根据采样定理和实际需要，一个周期的波形须采 10 个点，最高也只能处理 1 kHz 的信号。把转换时间减小到 10 μs，信号频率可提高到 10 kHz。

（3）是否需要加采样—保持器。

直流和变化非常缓慢的信号可不用采样—保持器。快速采集信号，且找不到高速的ADC 芯片时，必须考虑加采样—保持器。已经含有采样—保持器的芯片，只须连接外围器件即可。

（4）工作电压和基准电压。

选择使用单一+5 V 工作电压的芯片，与单片机系统共用一个电源比较方便。基准电压源是提供给 A/D 转换器在转换时所需要的参考电压，在要求较高精度时，基准电压要单独用高精度稳压电源供给。

（5）A/D 转换器输出状态的确定。

应根据单片机接口特征，选择 A/D 转换器的输出状态，如 A/D 转换器是并行输出还是串行输出，是二进制码输出还是 BCD 码输出，是用外部时钟、内部时钟还是不用时钟，有无转换结束状态信号，与 TTL、CMOS 及 ECL 电路的兼容性如何等。

7.2.4 集成 A/D 转换器及应用

集成 A/D 转换器品种很多，下面介绍集成 A/D 转换器 ADC0809 的结构及其应用。ADC0809 是采用 CMOS 工艺制成的 8 位 8 通道 A/D 转换器，是一种常用的集成逐次渐近型 A/D 转换器，适用于分辨率较高而转换速度适中的场合。

1. ADC0809 的结构及引脚功能

ADC0809 的引脚排列图和内部结构方框图如图 7-7 所示。ADC0809 内部由 8 路模拟量开关、地址锁存与译码、8 位 A/D 转换器和三态输出锁存器等组成。8 路模拟量开关根据地址译码信号来选择 8 路模拟输入，允许 8 路模拟量分时输入，公用一个 8 路 A/D 转换器进行转换。地址锁存与译码电路完成对 ADDA、ADDB、ADDC（A、B、C）3 个地址位进行锁存和译码，其译码输出用于通道选择。

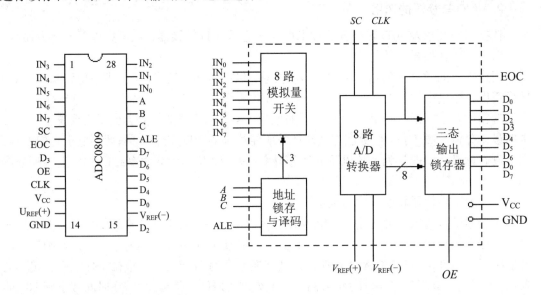

（a）ADC0809 引脚排列图　　　　　　（b）ADC0809 结构方框图

图 7-7　ADC0809 引脚排列图和内部结构方框图

8 路 A/D 转换器是逐次比较式，由控制与时序电路、比较器、逐次比较寄存器 SAR、树状开关以及 $256R$ 电阻阶梯网络等组成，实现逐次比较 A/D 转换，在 SAR 中得到 A/D 转换完成后的数字量。其转换结果通过三态输出锁存器输出。输出锁存器用于存放和输出转换得到的数字量，当 OE 引脚变为高电平，就可以从三态输出锁存器取走 A/D 转换结果。三态输出锁存器可以直接与系统数据总线相连。

ADC0809 是 28 引脚 DIP 封装的芯片，各引脚功能如下。

（1）$IN_0 \sim IN_7$：8 路模拟量输入端，用于输入被转换的模拟电压。一次只能选通其中的某一路进行转换。选通的通道由 ALE 上升沿送入的 ADDC、ADDB、ADDA（图 7-7（a）中的 C，B，A）引脚信号所决定。

（2）$D_0 \sim D_7$：8 位数字量输出端。

（3）ADDA，ADDB，ADDC：3 位模拟输入通道地址选择线。其 8 位编码分别对应 IN_0～IN_7，用于选通 IN_0～IN_7 中的一路送给比较器进行 A/D 转换。CBA=000～111 依次选择 IN_0～IN_7。

（4）ALE：地址锁存允许端，高电平有效。高电平时把 3 个地址信号 ADDA、ADDB、ADDC 送入地址锁存器，并经过译码器得到地址输出，以选择相应的模拟输入通道。

（5）SC（START）：转换的启动信号输入端，正脉冲有效，此信号要求保持在 200 ns 以上。加上正脉冲后，A/D 转换才开始进行。在正脉冲的上升沿，所有内部寄存器清 0；在正脉冲的下降沿，开始进行 A/D 转换。在此期间 START 应保持低电平。

（6）EOC：转换结束信号输出端。在 START 下降沿后 10 μs 左右，EOC=0，表示正在进行转换；EOC=1，表示 A/D 转换结束。EOC 常用于 A/D 转换状态的查询或做中断请求信号。转换结果读取方式有延时读数、查询 EOC、EOC=1 时申请中断。

（7）OE：允许输出控制信号，输入高电平有效。当转换结束后，如果从该引脚输入高电平，则打开输出三态门，允许转换后结果从 D_0～D_7 送出；若 OE 输入 0，则数字输出口为高阻态。

（8）CLK：时钟信号输入端，为 ADC0809 提供逐次比较所需时钟脉冲信号。ADC 内部没有时钟电路，故须外加时钟信号。时钟输入要求频率范围一般在 10 kHz～1.2 MHz。在实际应用中，须将主机的脉冲信号降频后接入。

（9）$V_{REF}(+)$，$V_{REF}(-)$：参考电压输入线，用于给电阻阶梯网络供给正负基准电压。

（10）V_{CC}：+5 V 电源输入线。

（11）GND：地线。

2. 工作流程和技术指标

（1）工作流程。

ADDA、ADDB、ADDC 输入的通道地址在 ALE 有效时被锁存，经地址译码器译码后从 8 路模拟通道中选通一路。START 的上升沿将逐次逼近寄存器复位。下降沿启动 A/D 转换，并使 EOC 信号在 START 的下降沿到来 10 μs 后变为无效的低电平。这要求查询程序，等待 EOC 无效后再开始查询。当转换结束时，转换结果被送入输出三态锁存器中，使 EOC 信号为高电平，并通知单片机转换已经结束。当单片机执行一条读数据指令后，使 OE 为高电平，从输出端 D_0～D_7 读出数据。

（2）ADC0809 的主要技术指标。

分辨率：8 位。

转换时间：100 μs（当外部时钟输入频率 f_c = 640 kHz）；

时钟频率：10～1280 kHz；

模拟量输入范围：0～+5 V；

电源电压：+5～+15 V；

输出电平：与 TTL 电平兼容；

功耗：15 mW（在 5 V 电源下工作时，功耗约为 15 mW）。

实际 ADC 产品还有很多种。例如，ADC10061、ADC10062 等为常用的 10 位 A/D 转换器；ADC10731、ADC10734 等为常用的 11 位 A/D 转换器；AD7880、AD7883、AD574A

等为常用的 12 位 A/D 转换器；AD7884、AD7885 等为常用的 16 位 A/D 转换器。

另外，还有 BCD 码输出的双积分型 A/D 转换器 MC14433、串行输出的 A/D 转换器 MAX187 等很多芯片。

MC14433 是 $3\frac{1}{2}$ CMOS 双积分型 A/D 转换器，所谓 $3\frac{1}{2}$ 位是指输出的 4 位十进制数，其最高位仅有 0 和 1 两种状态，而低 3 位都有 0～9 共 10 种状态。

串行输出 ADC 可以通过在并行输出 ADC 的基础上增加并－串转换电路而得到。串行 A/D 转换器的特点是引脚数少（常见为 8 引脚或更少），集成度高（基本无须外接其他器件），价格低，易于数字隔离，易于芯片升级，但速度略低。为了提高速度，人们采用了很多方法，生产出了各种类型的产品。

【思考与练习】

（1）A/D 转换器有什么作用？A/D 转换器主要有哪些类型？

（2）简述 A/D 转换的 4 个步骤。

（3）影响 A/D 转换器转换精度的主要因素有哪些？

7.3　半导体存储器

存储器是数字系统中用于存储大量信息的设备和部件，可以存放各种程序、数据和资料，是数字系统和计算机中不可缺少的组成部分。存储器有很多种，按制作材料的不同，可分为半导体存储器、磁存储器和光存储器。半导体存储器以其容量大、存储速度快、功耗低、体积小、成本低、可靠性高等一系列优点得到广泛应用。例如，单片机内部存储器和扩展用外接存储器，目前均采用半导体存储器。

7.3.1　半导体存储器概述

1.　半导体存储器的分类

前面所讲的触发器和寄存器虽也具有存储数据的功能，但属于中小规模集成电路，用其存储大量数据是不可能的，因而触发器和寄存器不属于存储器。存储器采用存储矩阵来存储数据，一般由存储矩阵、地址译码器、输入/输出缓冲及控制电路 3 部分组成。不同的存储器地址译码器结构相同，但存储矩阵、输入/输出缓冲及控制电路有所差别。

（1）按采用元器件的类型不同，分为双极型存储器和 MOS 型存储器两大类。

双极型存储器功耗较高、价格较高，但速度快，适合对速度要求较高的场合使用，常作为高速缓冲存储器。

MOS 型存储器集成度较高、功耗小、价格较低、工艺简单，适合对存储容量要求高的场合，常作为主存储器。

（2）按照内部信息的存取方式不同，可分为只读存储器和随机存取存储器两大类。

只读存储器，在存入数据以后不能用简单的方法更改，也就是说，在工作时，它的内容是固定不变的，只能从中读出信息，不能写入新的信息。只读存储器所存储的信息在断电以后仍能保持不变，常用于存放固定程序、常用波形和常数等。

随机存取存储器，在工作过程中可以随时读出和写入信息，且读出信息后，存储器的内容不改变，除非写入新的信息。在计算机中，随机存取存储器主要用来存放各种现场的输入/输出数据、中间结果等，但是断电后存储的数据会全部丢失。

特别提示：

目前已有断电后存储数据不丢失的 RAM 产品出现。

2.　半导体存储器的主要技术指标

半导体存储器的功能就是存储、写入、读出信息，存储容量和存取时间是其两项重要指标。

（1）存储容量，是指存储器所能存放的二进制信息总量，常用"字数×位数"来表示。容量越大，表明能存储的二进制信息越多。

（2）存取时间，是指进行一次读（或写）所用的时间，一般用读或写的周期来描述。

7.3.2　只读存储器

只读存储器有很多类型，按存储器内容的变化方式可分为掩模 ROM 存储器、可编程 ROM（简称 PROM）存储器和可擦可编程 ROM 存储器。其中可擦可编程 ROM 存储器又有光擦写（简称 EPROM）、电擦写（简称 E^2ROM）和闪速（简称 Flash ROM）3 种结构形式。不同类型的只读存储器，存储矩阵中的存储单元结构不同，控制电路有所不同，但基本结构和工作原理相似。

1.　掩模 ROM 存储器的电路特点

掩模 ROM 存储器中存放的信息是由生产厂家采用掩模工艺专门为用户制作的。这种 ROM 出厂时其内部存储的信息就已经"固化"在里边了，使用时无法更改，所以又称为内容固定的 ROM。它在使用时只能读出，不能写入，因此通常只用来存放固定数据、固定程序和函数表等。

（1）掩模 ROM 存储器的电路结构。

掩模 ROM 存储器主要由地址译码器、存储矩阵和输出缓冲器 3 部分组成。其基本电路结构如图 7-8 所示。

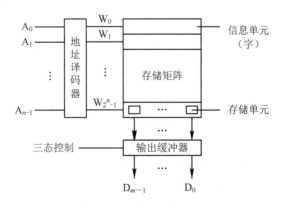

图 7-8　掩模 ROM 存储器的基本电路结构

① 存储矩阵。存储单元矩阵是存放信息的主体，由许多存储单元排列组成，可以存放大量二进制信息。每个存储单元存放一位二值代码（0 或 1），一个或若干个存储单元组成一个"字"（也称一个信息单元），被编为一个地址。存储矩阵有 m 条输出线（数据线），m 为一个字的位数。

② 地址译码器。地址译码器有 n 条地址输入线 $A_0 \sim A_{n-1}$，2^n 条译码输出线 $W_0 \sim W_{2^n-1}$。每一条译码输出线 W_i 称为"字线"，它与存储矩阵中的一个"字"相对应。因此，每当给定一组输入地址时，译码器只有一条输出字线 W_i 被选中。该字线可以在存储矩阵中找到一个相应的"字"，并将字中的 m 位信息 $D_{m-1} \sim D_0$ 送至输出缓冲器。读出 $D_{m-1} \sim D_0$ 的每条数据输出线 D_i 也称为"位线"，每个字中信息的位数称为"字长"。

③ 输出缓冲器。输出缓冲器是 ROM 的数据读出电路，通常由三态门构成，它不仅可以实现对输出数据的三态控制，便与系统总线连接，还可以提高存储器的带负载能力。

（2）掩模 ROM 存储器的存储单元。

掩模 ROM 存储器的存储单元可以用二极管构成，也可以用双极型三极管或 MOS 管构成，一般以管子的有无来代表存 1 或 0。存储器的容量用存储单元的数目来表示，写成"字线数×位线数"的形式。

2. 可编程 ROM 存储器的电路特点

可编程 ROM（简称 PROM）存储器的译码器部分与掩膜 ROM 存储器相同，存储矩阵中的存储单元为熔丝结构的二极管、三极管、MOS 管，出厂时熔丝全通，相当于全部存储 1。若须修改，则需用专用编程器写入，其输入/输出电路由写入控制，PROM 只能改写 1 次。

3. 可擦可编程 ROM 存储器的电路特点

EPROM、E^2PROM、快闪存储器的译码器部分与掩膜 ROM 相同，存储矩阵中的存储单元都采用浮栅 MOS 结构，其输入/输出电路由写入控制，但由于存储单元有细微结构差别，所以其性能差别很大。

（1）EPROM 需要用紫光照射擦除，为一次性全部擦除。全部擦除后，可根据需要进行编程。EPROM 的编程是在编程器上进行的，编程器通常与微机联用。常用的 EPROM 有 2716、2732、2764、27512 等，即型号以 27 打头的芯片都是 EPROM。

E^2PROM 又可分为并行存储器和串行存储器两类。串行存储器实际上是一种 CMOS 工艺制作成的串行 E^2PROM。它们具有一般并行 E^2PROM 的特点，但以串行的方式访问，价格低廉。并行 E^2PROM 在读写操作时数据通过 8 位数据总线传输，串行 E^2PROM 的数据是一位一位传输。并行 E^2PROM 的数据传送快，程序简单；串行 E^2PROM 的数据传送慢、体积小、功耗小，程序复杂。串行 E^2PROM 节省资源，目前应用有上升趋势。

（2）E^2PROM 的编程和擦除都是用电信号完成的，而且所需电流很小，故可用普通电源供给。E^2PROM 可进行一次性全部擦除，也可进行字位擦除。在系统的正常工作状态下，E^2PROM 仍然只能工作在它的读出状态，作 ROM 使用。常用的 E^2PROM 有 2816（2 K×8）、2864（2 K×8）等，即型号以 28 开头的系列芯片都是 E^2PROM。

利用串行存储器可以节省单片机资源。近年来，基于 I^2C 总线的各种串行 E^2PROM 的应用日渐增多。串行存储器的常用型号有二线制的 24CXX 系列产品，主要有 24C02、24C04、

24C08、24C16、24C32；三线制的 93CXX 系列产品，主要有 93C06、93C46、93C56、93C66。

（3）快闪存储器是新一代快速 E²PROM，俗称"U 盘"。快闪存储器只用一个管子作为存储单元，具有高集成度、大容量、低成本、高速在线擦写和使用方便等优点，应用越来越广泛。

快闪存储器根据供电电压的不同，可以分为两大类：一类是需要用高电压（12 V）编程的器件，通常需要双电源（芯片电源、擦除/编程电源）供电，型号系列为 28F 系列；另一类是需要 5 V 编程的器件，只需要单一电源供电，型号系列通常为 29 系列。

快闪存储器的型号有很多，如 28F256（32 K×8）、28F512（64 K×8）、28F010（128 K×8）、28F020（256 K×8）、29C256（32 K×8）、29C512（64 K×8）、29C010（128 K×8）、29C020（256 K×8）等都是常用产品。

特别提示：

从内部结构可知，ROM 的译码器构成与阵列，存储矩阵构成与阵列，属于组合逻辑电路，只要把输入变量与地址相连，则可以实现多个变量不超过地址数的任意函数（函数不超过位数），但较麻烦且浪费资源，主要作为存储器使用。

4. 只读存储器芯片简介

只读存储器有很多种产品，这里仅以 EPROM 为例进行介绍。典型的 EPROM 有 2716（容量 2 K×8 位）、2732（容量 4 K×8 位）、2764（容量 8 K×8 位）、27128（容量 16 K×8 位）、27256（容量 32 K×8 位）、27512（容量 64 K×8 位），EPROM 的封装形式为 DIP。这些 EPROM 集成芯片除存储容量和编程高电压等参数不同外，其他参数基本相同，各型号的容量、读出时间和消耗电流如表 7-1 所示。

表 7-1   常用 EPROM 集成芯片的主要技术特性

型 号	2716	2732	2764	27128	27256	27512
容量/字节	2 K	4 K	8 K	16 K	32 K	64 K
引脚数	24	24	28	28	28	28
读出时间/ns	350～450	200*	200*	200*	200*	170*
最大工作电流/mA	75	100	75	100	100	125
最大维持电流/mA	35	35	35	40	40	40

注：EPROM 集成芯片的读出时间按型号而定，一般在 100～300 ns 之间。表中列出的为典型值。

表 7-1 中的 EPROM 都是 NMOS 型。与 NMOS 型 EPROM 相对应的 CMOS 型 EPROM 分别为 2716（容量 2 K×8 位）、2732（容量 4 K×8 位）、2764（容量 8 K×8 位）、27128（容量 16 K×8 位）、27256（容量 32 K×8 位）、27512（容量 64 K×8 位）。NMOS 与 CMOS 型的输入和输出均与 TTL 兼容，区别主要是 CMOS 型 EPROM 的读取时间更短，消耗功率更小。

图 7-9 所示是几种典型的 EPROM 外引脚排列图和功能图。

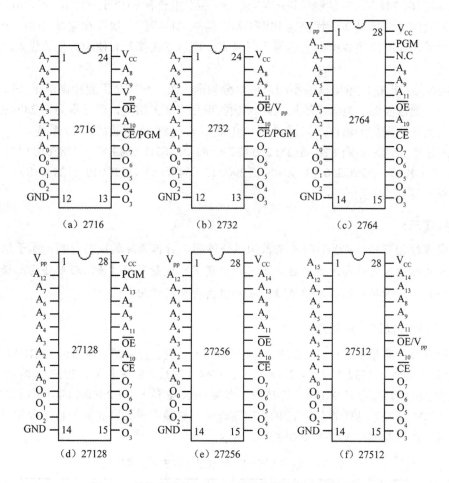

图 7-9　几种典型的 EPROM 外引脚排列图和功能图

各引脚功能如下。

（1）$A_0 \sim A_{15}$：地址输入线。

（2）$O_0 \sim O_7$：三态数据总线。读或进行编程校验时为数据输出线，编程时为数据输入线。维持或编程禁止时 $O_0 \sim O_7$ 呈高阻态。

（3）$\overline{CE}$：片选信号输入线。"0"（TTL 低电平）有效。

（4）PGM：编程脉冲输入线。

（5）$\overline{OE}$：读选通信号输入线，"0" 有效。

（6）V_{PP}：编程电源输入线，其值因芯片型号和制造厂商不同而不同。

（7）V_{cc}：主电源输入线，主电源电压一般为+5 V；其中 2716/2732 的 $\overline{CE}$ 和 PGM 合用一个引脚，27512 的 $\overline{CE}$ 和 V_{pp} 合用一个引脚。

（8）GND：接地端。

表 7-2～表 7-6 中列出了各型号的 EPROM 在各种操作方式下，各引脚应加的信号和电压以及 $O_0 \sim O_7$ 的状态。其中，编程、编程校验和编程禁止这 3 种操作方式是利用专用编程装置实现的，用户只要按专用编程装置的使用说明书操作即可。

表 7-2　2716 的操作方式

方　　式	$\overline{CE}$ /PGM(18)	$\overline{OE}$ (20)	V_{pp}(21)	V_{CC}(24)	$O_0 \sim O_7$(9～11)(13～17)
读	V_L	V_L	5 V	5 V	数据输出
维　持	V_H	任意	5 V	5 V	高　阻
编　程	V_H	V_H	25 V	5 V	数据输入
编程校验	V_L	V_L	25 V	5 V	数据输出
编程禁止	V_L	V_H	25 V	5 V	高　阻

表 7-3　2732 的操作方式

方　　式	$\overline{CE}$ (18)	$\overline{OE}$ /V_{pp}(20)	V_{CC}(24)	$O_0 \sim O_7$(9～11)(13～17)
读	V_L	V_L	+5 V	数据输出
编程校验	V_L	V_L	+5 V	数据输出
维　持	V_H	任意	+5 V	高　阻
编　程	V_L	+21 V	+5 V	数据输入
编程禁止	V_H	+21 V	+5 V	高　阻
禁止输出	V_L	V_H	+5 V	高　阻

表 7-4　2764，27128 的操作方式

方　　式	$\overline{CE}$ (20)	$\overline{OE}$ (22)	$\overline{PGM}$(27)	V_{pp}(1)	V_{CC}(28)	$O_0 \sim O_7$(11～13)(15～19)
读	V_L	V_L	V_H	+5 V	+5 V	数据输出
禁止输出	V_L	V_H	V_H	+5 V	+5 V	高　阻
维　持	V_H	任意	任意	+5 V	+5 V	高　阻
编　程	V_L	V_H	V_L	+12.5 V	+5 V	数据输入
编程校验	V_L	V_L	V_H	+12.5 V	+5 V	数据输出
编程禁止	V_H	任意	任意	+12.5 V	+5 V	高　阻

表 7-5　27256 的操作控制

方　　式	$\overline{CE}$ (20)	$\overline{OE}$ (22)	V_{pp}(1)	V_{CC}(28)	$O_0 \sim O_7$(11～13)(15～19)
读	V_L	V_L	+5 V	+5 V	数据输出
禁止输出	V_L	V_H	V_{XX}	+5 V	高　阻
维　持	V_H	任意	+5 V	+5 V	高　阻
编　程	V_L	V_L	+12.5 V	+5 V	数据输入
编程校验	V_H	V_H	+12.5 V	+5 V	数据输出
编程禁止	V_H	V_H	+12.5 V	+5 V	高　阻

表 7-6　27512 的操作控制

方　　式	$\overline{CE}$ (20)	$\overline{OE}$ /V_{pp} (22)	V_{CC} (28)	$O_0 \sim O_7$ (11～13)(15～19)
读	V_L	V_L	+5 V	数据输出
禁止输出	V_L	V_H	+5 V	高　阻
维　持	V_H	任意	+5 V	高　阻
编　程	V_L	12.5 V±0.5	+5 V	数据输入
编程校验	V_L	V_L	+5 V	数据输出
编程禁止	V_H	12.5 V±0.5	+5 V	高　阻

EPROM 的各种工作方式的含义如下。

（1）读方式：系统一般工作于这种方式。工作于这种方式的条件是片选控制线 $\overline{CE}$ 和输出允许控制线 $\overline{OE}$ 同时为低电平。

（2）保持方式：芯片进入保持方式的条件是片选控制线 $\overline{CE}$ 为高电平。此时输出为高阻抗悬浮状态，不占用数据总线。

（3）编程方式：EPROM 工作于这种方式的条件是 V_{pp} 端施加规定的电压，$\overline{CE}$ 和 $\overline{OE}$ 端施加合适的电平（不同芯片要求不同），这样就能将数据线上的数据固化到指定的地址空间。

（4）编程校验方式：V_{pp} 端保持相应的高电平按读出方式操作，读出已固化的内容，以便校验写入的内容是否正确。

（5）编程禁止方式：当片选信号 $\overline{CE}$ 无效时，输出呈高阻状态。

（6）禁止输出：虽然 $\overline{CE}=0$，芯片被选中，但由于 $\overline{OE}=1$，使输出三态门被封锁，故输出为高阻抗悬浮状态，不占用数据总线。

其中的"读""保持（维持）"和"禁止输出"这 3 种方式是 EPROM 在应用系统中的正常工作方式。当我们把它作为程序存储器使用时，不必关心其编程电压。

E^2PROM 的型号有很多，具体内容请查阅相关资料，这里不再介绍。

7.3.3　随机存取存储器

随机存取存储器也称读/写存储器，简称 RAM。RAM 工作时可以随时从任何一个指定的地址写入（存入）或读出（取出）信息。读出操作时，原信息保留；写入操作时，新信息取代原信息。RAM 的最大优点是读/写方便，使用灵活；缺点是电路失电后存储信息可能全部丢失。

1.　随机存取存储器的类型

（1）根据制造工艺不同可分为双极型 RAM 和 MOS 型 RAM。双极型 RAM 的存取速度较高，可达 10 ns，但功耗较大，集成度低；MOS 型 RAM 功耗较小，集成度高，单片集成容量可达几百兆位。随着 CHMOS 工艺的突破，单片机系统大多数使用 MOS 型的 RAM。

（2）根据存储单元的工作原理不同，RAM 分为静态 RAM（Static Random Access Memory，SRAM）和动态 RAM（Dynamic Random Access Memory，DRAM）。

（3）根据掉电后数据丢失与否，分为挥发性 RAM 和非挥发性 RAM 两类。挥发性 RAM 是易失性存储器，掉电后所存储的信息立即消失。因此，单片机应用系统需要配有掉电保护电路，以便及时提供备用电源来保护存储信息。非挥发性 RAM 是非易失性存储器，在掉电后数据不丢失。

非挥发性 RAM 产品种类较少，主要有 Intel 公司生产的 2001 和 2004 等型号，2001 的容量为 128 字节（8 位），2004 的容量为 256 字节。由于技术和价格的原因，应用还不普及。目前技术有所突破，一些新款单片机已经开始使用。

2. RAM 的基本电路结构

RAM 主要由存储矩阵、地址译码器和读/写控制电路 3 部分组成。其组成结构方框图如图 7-10 所示。

（1）存储矩阵。

存储矩阵由许多存储单元排列组成，每个存储单元能存放一位二值信息（0 或 1），在译码器和读/写电路的控制下，进行读/写操作。存储单元与 ROM 的存储单元结构不同，有静态 RAM 和动态 RAM 两种。

（2）地址译码器。

地址译码器与 ROM 相同。大容量存储器中，通常采用行地址译码器和列地址双译码器译码。行地址译码器将输入地址代码的若干低位（$A_0 \sim A_i$）译成某一条字线有效，从存储矩阵中选中一行存储单元；列地址译码器将输入地址代码的其余若干位（$A_{i+1} \sim A_{n-1}$）译成某一根输出线有效，

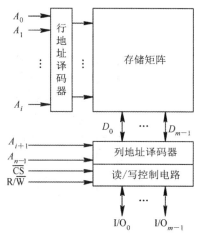

图 7-10　RAM 的组成结构方框图

从字线选中的一行存储单元中再选 m 位（或字长），使这些被选中的单元与读/写电路和 I/O（输入/输出端）数据线接通，以便对这些单元进行读/写操作。

（3）读/写控制电路。

单片 RAM 的存储容量有限，数字系统中的 RAM 一般由多片组成，但系统每次读/写时，只选中其中的一片（或几片）进行读/写，因此在每片 RAM 上均加有片选信号线 $\overline{CS}$。$\overline{CS}$ 有效时（0），RAM 才被选中，可以对其进行读/写操作，否则该芯片不工作。某芯片被选中后，该芯片执行读还是写操作，由读/写信号 $R/\overline{W}$ 控制。$\overline{CS}$ 和 $R/\overline{W}$ 字母上的非号只是表示低电平有效。RAM 的片选和读/写控制电路用于对电路的工作状态进行控制，其逻辑电路一般由三态门组成。

在向 RAM 存储写入信息时，I/O 线是输入线，在读出 RAM 的信息时，I/O 线是输出线，即一线两用。I/O 线的多少取决于字的位数，即并行输出/输入数据的位数。

3. 静态 RAM 和动态 RAM

根据存储单元的工作原理不同，RAM 分为静态 RAM（SRAM）和动态 RAM（DRAM）。静态 RAM 是在静态触发器的基础上附加控制电路而构成的，它们靠电路的自我保持功能来存储数据。静态 RAM 型有双极型和 MOS 型两种；动态 RAM 是利用 MOS 管栅极电容器能够存储电荷的原理制成的。一只 MOS 管可做成一个存储单元，其电路结构可以做得非常简单，但需要复杂的刷新电路为电容器补充电荷。

静态 RAM 型存储容量较小、速度较快，常用于计算机中的高速缓冲存储器。动态 RAM型结构简单、存储容量大、速度较慢，常用于计算机的主存。

4. RAM 芯片简介

RAM 产品种类有很多，静态 RAM 最为常用。目前常用的静态 RAM 有 6116（2 K×8）、

6264（8 K×8）、62128（16 K×8）和 62256（32 K×8）等。它们的引脚排列图分别如图 7-11 所示，在各种工作方式下加到各引脚（$\overline{CE}$、$\overline{CE_1}$、CE_2、$\overline{WE}$、$\overline{OE}$）的信号和数据线 D0～D7 的功能如表 7-7 和表 7-8 所示。

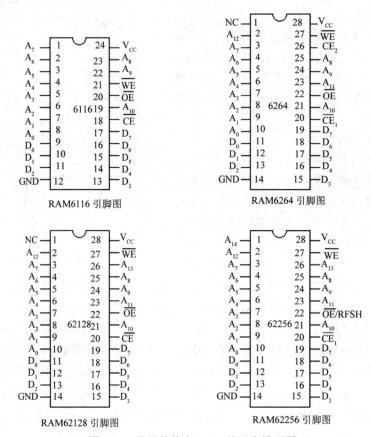

图 7-11　常用的静态 RAM 的引脚排列图

表 7-7　RAM6116、RAM62128 和 RAM62256 工作方式表

$\overline{CE}$	$\overline{WE}$	$\overline{OE}$	方　式	功　能
0	0	1	写　入	"$D_0 \sim D_7$" 数据写入 6116，62128 或 62256
0	1	0	读　出	读 6116、62128 或 62256 的数据到 $D_0 \sim D_7$
1	×	×	未选中	"$D_0 \sim D_7$" 输出高阻态

表 7-8　RAM6264 引脚功能与工作方式表

$\overline{CE1}$	CE2	$\overline{WE}$	$\overline{OE}$	方　式	功　能
0	1	0	1	写　入	"$D_0 \sim D_7$" 数据写入 6264
0	1	1	0	读　出	读 6264 到 $D_0 \sim D_7$
1	×	×	×	未选中	"$D_0 \sim D_7$" 输出高阻态
×	0	×	×		
0	1	1	1	禁止输出	高阻抗

RAM6116、RAM6264、RAM62128 和 RAM 62256 是典型的 CMOS 静态 RAM，各引脚功能如下。

（1）$A_0 \sim A_{14}$：地址输入线。

（2）$D_0 \sim D_7$：双向数据线（输出有三态）。

（3）$\overline{CE}$、$\overline{CE_1}$ 和 CE2：选片信号输入线。$\overline{CE}$ 和 $\overline{CE_1}$ 低电平有效，CE2 高电平有效。

（4）$\overline{OE}$：读选通信号输入线，低电平有效。

（5）$\overline{WE}$：写选通信号输入线，低电平有效。

（6）V_{CC}：工作电压，+5 V。

（7）GND：线路接地。

（8）$\overline{OE}$ /RFSH（仅 62256 有此引脚）：读选通/刷新允许控制端。当此引脚为低电平时，62256 数据允许输出，不允许刷新；当此引脚为高电平时，62256 内部刷新电路自动刷新。

电路采用标准的双列直插式封装，电源电压为 5 V，输入/输出电平与 TTL 兼容。

由图 7-11 可以看出，ARM6116 有 11 条地址输入线 $A_0 \sim A_{10}$，8 条数据输入/输出端 $D_0 \sim D_7$。6116 可存储的字数为 $2^{11} = 2048$（2 KB），字长为 8 bit，其容量为 2048 字×8 bit / 字=16 384 bit，其他型号依此类推。

由表 7-7 可以看出，ARM6116 有 3 种工作方式。

（1）写入方式：当 $\overline{CE} = 0$，$\overline{OE} = 1$，$\overline{WE} = 0$ 时，数据线 $D_0 \sim D_7$ 上的内容存入 $A_0 \sim A_{10}$ 决定的相应单元。

（2）读出方式：当 $\overline{CE} = 0$，$\overline{OE} = 0$，$\overline{WE} = 1$ 时，$A_0 \sim A_{10}$ 相应单元的内容输出到数据线 $D_0 \sim D_7$。

（3）未选中（低功耗维持方式）：当 $\overline{CE} = 1$ 时，芯片进入这种工作方式，此时元器件电流仅 20 μA 左右，为系统断电时用电池保持 RAM 内容提供了可能性。

7.3.4　存储器的扩展及应用

1.　存储器的扩展

1 片 RAM 或 ROM 的存储容量是一定的。在数字系统或计算机中，单个芯片往往不能满足存储容量的需要。为此，就要将若干个存储器芯片组合起来，以构成一个容量更大的存储器来满足实际要求。RAM 的扩展分为位扩展和字扩展两种。扩展所需要的芯片数目为总存储器容量与 1 片存储器容量的比值。

（1）位扩展。

RAM 或 ROM 存储器芯片的字长多数为 1 bit、4 bit、8 bit 等。当实际存储系统的字长超过存储器芯片的字长时，需要进行位扩展。位扩展可以利用芯片的并联方式实现，这样可以将 RAM 或 ROM 组合成位数更多的存储器。图 7-12 所示是 8 片 1024×1 bit 的 RAM 扩展为 1024×8 bit RAM 的存储系统方框图。

ROM 芯片上没有读/写控制端 R/$\overline{W}$，位扩展时其余引出端的连接方法与 RAM 完全相同。

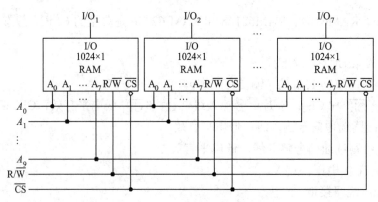

图 7-12 RAM 位扩展的存储系统方框图

（2）字扩展。

如果存储器的数据位数满足要求而字数达不到要求时，需要字扩展。字数若增加，地址线需要做相应的增加。字数的扩展可以利用外加译码器控制芯片的片选（$\overline{CS}$）输入端来实现。如图 7-13 所示是用字扩展方式将 4 片 256×8 bit 的 RAM 扩展为 1024×8 bit 的 RAM 的存储系统方框图。

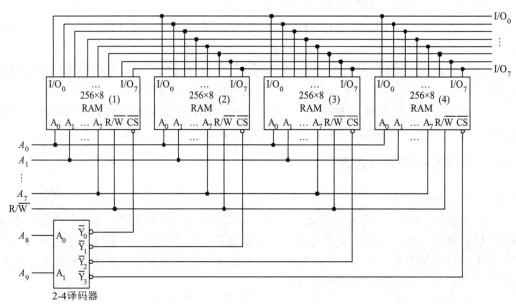

图 7-13 RAM 字扩展的存储系统方框图

4 片 RAM 共有 1024 个字，必须给其编成 1024 个不同的地址，而每片芯片的地址输入端只有 8 个（$A_0 \sim A_7$），给出的地址范围全都是 0～255，无法区分 4 片中同样的地址单元。为此必须增加 2 位地址代码 A_8、A_9，使地址代码增加到 10 位，这样才能得到 1024 个不同的地址。各芯片的 8 位地址线 $A_7 \sim A_0$ 并联在一起，作为低位地址输入。高位地址 A_9、A_8 作为译码器的地址输入，其输出是各片 RAM 的片选信号。$A_9A_8=00 \sim 11$，只有 1 片 RAM 的 $\overline{CS}=0$，其余各片 RAM 的 $\overline{CS}$ 均为 1，故该片被选中，可以对该片的 256 个字进行读/写操作。读/写的内容由低位地址 $A_0 \sim A_7$ 决定。

此外，由于每一片 RAM 的数据端 $I/O_0 \sim I/O_7$ 都设置了由 $\overline{CS}$ 控制的三态缓冲器，而由于译码器的作用，任何时候只有一个 $\overline{CS}$ 处于低电平，所以 4 片 RAM 的 $I/O_0 \sim I/O_7$ 可以并联起来作为整个的 8 位数据输入/输出端。

显然，4 片 RAM 轮流工作，任何时候，只有 1 片 RAM 处于工作状态，整个系统字数扩大了 4 倍，而字长仍为 8 位。

ROM 的字扩展方法与上述方法相同。

（3）RAM 的字位同时扩展。

如果存储器的数据位数和字数都达不到实际要求，就需要对位数和字数同时进行扩展。对于位数、字数同时扩展的 RAM，一般先进行位数扩展，然后再进行字数扩展。

图 7-14 所示为 8 片 64×2 RAM 扩展为 256×4 存储器的逻辑连接图。首先将 64×2 RAM 扩展为 64×4 RAM，因位数增加了 1 倍，须用两片 64×2 RAM 组成 64×4 RAM。然后扩展字数。因字数由 64 扩展为 256，即字数扩展了 4 倍，故应增加 2 位地址线。用译码器产生的 4 个相应的低电平分别去连接 4 组 64×4 RAM 的片选端 $\overline{CS}$。这样扩展后的 RAM 的地址线就由原来的 6 条（$A_5 \sim A_0$）扩展为 8 条（$A_7 \sim A_0$），位数也由 2 位扩展为 4 位，从而构成了 256×4 RAM 电路。

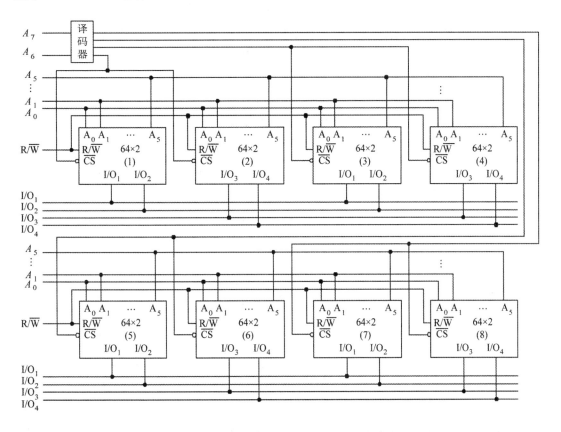

图 7-14　8 片 64×2 RAM 扩展为 256×4 存储器的逻辑连接图

2. 存储器的应用

存储器主要用于存放二进制信息（数据、程序指令、运算的中间结果等），同时还可以实现代码的转换、函数运算、时序控制以及实现各种波形的信号发生器等。下面介绍几种应用实例。

（1）存储器实现组合逻辑函数。

由 ROM 的电路结构可知，ROM 译码器的输出包含了输入变量的全部最小项，而每一位数据输出又都是若干个最小项之和。对于一个内容固定的 ROM 来说，数据线输出信号的状态仅仅由输入的地址码来决定，地址码与输出数据之间存在一种组合逻辑关系。所以 ROM 除用做存储器外，还可以用来实现任何形式的组合逻辑函数。这就是前面所提到的用大规模逻辑器件设计逻辑电路的方法，这种方法同样适用于 RAM。

具有 n 位输入地址，m 位数据输出的 ROM 可以获得一组（最多为 m 个）任何形式的 n 变量组合逻辑函数。但必须按不同的逻辑函数需要，在 ROM 的相应逻辑存储单元中存储相应的 "0" 和 "1"。下面仅举例说明。

【例 7-2】请用 ROM 实现下面逻辑函数

$$Y_3 = \overline{A}B + A\overline{B}, \quad Y_2 = \overline{A}\,\overline{B} + AB, \quad Y_1 = \overline{A}\,\overline{B}, \quad Y_0 = AB$$

解：① 根据逻辑函数的输入/输出变量数目，确定 ROM 的容量，选择合适的 ROM。输入是 2 位变量，输出是 4 个函数，故选 $2^2 \times 4$ 的 ROM。

② 写出上述逻辑函数的真值表（或最小项表达式），上述 4 个逻辑函数的真值表如表 7-9 所示。

表 7-9　逻辑函数真值表

A	B	Y_3	Y_2	Y_1	Y_0	A	B	Y_3	Y_2	Y_1	Y_0
0	0	0	1	1	0	1	0	1	0	0	0
0	1	1	0	0	0	1	1	0	1	0	1

③ 设置输入/输出。$2^2 \times 4$ 的 ROM 的两个地址输入为 A_1、A_0，4 个数据输出为 D_3、D_2、D_1、D_0，令 $A=A_1$，$B=A_0$，$Y_3=D_3$，$Y_2=D_2$，$Y_1=D_1$，$Y_0=D_0$，则可得存储真值表如表 7-10 所示。

表 7-10　存储真值表

A_1	A_0	D_3	D_2	D_1	D_0	A_1	A_0	D_3	D_2	D_1	D_0
0	0	0	1	1	0	1	0	1	0	0	0
0	1	1	0	0	0	1	1	0	1	0	1

④ 编写程序，写入相应内容。由表 7-10 可知，$2^2 \times 4$ROM 的 4 个单元内容分别为 0110、1000、1000、0101。将此内容写入 ROM 的对应单元，即可实现上述逻辑函数。

*（2）　存储数据、程序。

用 ROM 实现组合逻辑电路时，只利用了少量的存储单元，资源浪费严重，编程复杂，缺少直观性，目前较少使用。存储器主要还是用来存储数据信息。在单片机系统中，都含有一定单元的程序存储器 ROM（用于存放编好的程序及表格或常数）和数据存储器 RAM。图 7-15 所示是用 EPROM 2716 作为外部程序存储器的单片机系统，图 7-16 所示是用 6116

组成的单片机系统外部数据存储器。

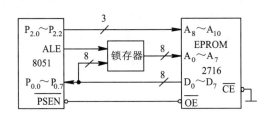
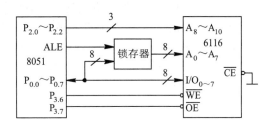

图 7-15　用 EPROM 2716 作为外部程序
存储器的单片机系统

图 7-16　用 6116 组成的单片机系统
外部数据存储器

【思考与练习】

（1）ROM 有哪些种类，各有什么特点？常用于哪些场合？

（2）在 ROM 中，什么是字？什么是位？ROM 的容量如何表示？256×8 的存储器有多少根地址线、字线、位线？

（3）静态 RAM 和动态 RAM 有哪些区别？动态 RAM 为什么要进行周期性刷新？

（4）什么是位扩展和字扩展？存储器扩展有什么意义？

（5）存储器进行位扩展、字扩展时如何连接？扩展后的存储容量如何计算？扩展为 1024×8 存储器需要多少块 256×4 的存储器？

（6）简述存储器能实现逻辑函数的原因。

项目 7 小结

A/D 和 D/A 转换器是数字系统的重要组成部分，应用日益广泛。转换精度和转换速度是 D/A 转换器和 A/D 转换器的两个重要指标，在与数字系统连接后，数字系统的精度和速度主要取决于 D/A 转换器和 A/D 转换器。目前，常用的集成 ADC 和 DAC 种类有很多，其发展趋势是高速度、高分辨率，易与计算机接口，可以满足各个领域对信息处理的要求。

D/A 转换器将输入的二进制数字信号转化为与之成正比的模拟电流或电压。D/A 转换器的种类有很多，常用的 D/A 转换器有权电阻网络 D/A 转换器、R-2R 倒 T 形电阻网络 D/A 转换器和权电流型 D/A 转换器。

A/D 转换器将输入的模拟电压转化为与之成正比的二进制数字信号。常用的 A/D 转换器主要有并联比较型 A/D 转换器、逐次逼近型 A/D 转换器及双积分型 A/D 转换器等。不同的 A/D 转换方式具有各自的特点。在要求速度高的情况下，可以采用并联比较型 A/D 转换器；在要求精度高的情况下，可以采用双积分型 A/D 转换器。逐次逼近型 A/D 转换器在一定程度上兼顾了以上两种转换器的优点。

存储器是现代数字系统中重要的组成部分，其主要功能是存放数据、指令等信息。存储器有只读存储器 ROM、随机存取存储器 RAM 两大类。

ROM 是一种非易失性的存储器，它存储的是固定信息，只能读出，不能随便写入。常见的有固定 ROM、PROM、EPROM、E^2PROM 和快闪存储器等。其中，EPROM、E^2PROM 和快闪存储器更为常见，应用更为广泛。

RAM 是随机存取存储器，它存储的信息可以方便地读出和写入，但存储的信息会随电源断电而消失，是一种易失性的读写存储器。其存储单元主要有静态 RAM 和动态 RAM 两大类，静态 RAM 的信息可以长久保持，而动态 RAM 必须定期刷新。

1 片 ROM 或 RAM 存储容量不够用时，可以用多片进行字位扩展。ROM 或 RAM 存储器中字数不够用时，采用字扩展法；位数不够用时，采用位扩展法；字位数都不够用时，采用字位同时扩展法。

项目 7 习题

7-1 一理想的 6 位 A/D 转换器具有 10 V 的满刻度模拟输出，当输入为自然加权二进制码 "100100" 时，此 A/D 转换器的模拟输出为多少？

7-2 试画出 DAC0832 工作于单缓冲方式的引脚接线图。

7-3 存储器和寄存器在电路结构和工作原理上有什么不同？ROM 和 PROM、EPROM 及 E^2PROM 有什么相同和不同之处。

7-4 现有容量为 256×8 ROM 1 片，试回答：

（1）该片 ROM 共有多少个存储单元？

（2）ROM 共有多少个字？字长多少位？

（3）该片 ROM 共有多少条地址线？

（4）访问该片 ROM 时，每次会选中多少个存储单元？

7-5 RAM 2114（1024×4 位）的存储矩阵为 64×64，它的地址线、行选择线、列选择线、输入/输出数据线各是多少？

7-6 试用 2114（1024×4）扩展成 1024×8 的 RAM，并画出连接图。

7-7 把 256×2 的 RAM 扩展成 512×4 的 RAM，并说明各片的地址范围。

7-8 用 ROM 实现 8421 BCD 码转换为余 3 码电路。

*项目 8 数字系统的设计与制作

【学习目标要求】

本项目重点介绍了数字电路的设计方法和制作方法，并对故障分析和排除方法做了简单介绍。

读者通过本项目的学习，要掌握以下知识点和相关技能：

（1）了解数字系统的组成及各组成部分的作用。

（2）理解数字系统的方框图表示法。

（3）掌握数字系统的一般设计方法。

（4）熟悉数字系统的制作及检测方法。

（5）掌握数字系统的常用故障判别法。

8.1 数字系统及其描述方法

8.1.1 数字系统的组成

数字系统是比较复杂的电路系统，一般由输入电路、输出电路、控制电路、运算电路、存储电路以及电源等组成。其中，运算电路和存储电路合称为数据处理电路。

通常以是否有控制电路作为区别功能部件和数字系统的标志，凡是包含控制电路且能按顺序进行操作的系统，不论规模大小，一律称为数字系统，否则只能算作一个子系统部件，不能算作一个独立的数字系统。例如，大容量存储器尽管电路规模很大，但也不能称为数字系统。

1. 输入电路

输入电路的作用是：将被处理信号加工变换成适应数字电路的数字信号，其形式包括各种输入接口电路；通过 A/D 转换、电平变换、串行/并行变换等，使外部信号源与数字系统内部电路在负载能力、驱动能力、电平、数据形式等方面相适配；同时，还提供数据锁存、缓冲，以解决外部电路和数字系统内部在数据传输速度上的差别。

2. 输出电路

输出电路是完成系统最后逻辑功能的重要部分。数字电路系统中存在各种各样的输出接口电路。其功能可能是发送一组经系统处理的数据，或显示一组数字，或通过 D/A 转换器将数字信号转换成模拟输出信号。信号的传输方向是由内到外的。

3. 控制电路

控制电路的功能是为系统各部分提供所需的控制信号。控制电路根据输入信号及运算电路的运算结果，发出各种控制信号，控制系统内各部分按一定顺序进行操作。数字电路系统中，各种逻辑运算、判别电路、时钟电路等都是控制电路，它们是整个系统的核心。时钟电路是数字电路系统中的灵魂，它属于一种控制电路，整个系统都在它的控制下按一定的规律工作。时钟电路包括主时钟振荡电路及经分频后形成的各种时钟脉冲电路。

4. 运算电路和存储电路

运算电路在控制电路指挥下，进行各种算术及逻辑运算，然后将运算结果送到控制电路或者直接输出。输入数字系统的各种信息以及运算电路在运算中的各种中间结果，都要由存储电路存储。在数字系统工作过程中，存储电路的内容不停地变化。

5. 电源

电源为整个系统工作提供所需的能源，为各端口提供所需的直流电平。直流电源类型繁多，一般分为线性电源和开关电源两大类。线性电源结构简单，效率低；开关电源结构复杂，效率高。实际应用中，应根据具体要求进行选择。

8.1.2 数字电路系统的方框图描述法

由于数字电路系统比较复杂，若用前面所介绍的真值表、表达式等描述方法极为不方便，而采用方框图描述数字系统则十分有效、方便。方框图描述法是指在矩形框内用文字、表达式、符号或图形来表示系统的各个子系统或模块的名称和主要功能。矩形框之间用带箭头的线段相连接，表示各子系统或模块之间数据流或控制流的信息通道。图上的一条连线可表示实际电路间的一条或多条连接线，连线旁的文字或符号可以表示主要信息通道的名称、功能或信息类型。箭头则指示了信息的传输方向。方框图对于数字系统的分析和设计都十分重要，是系统分析和设计的初步。方框图描述法有以下特点：

（1）提高了系统结构的可读性和清晰度。

（2）容易进行结构化系统设计。

（3）便于对系统进行修改和补充。

（4）在设计者和用户之间搭建了通道，提供了交流的手段和基础。

8.2 设计举例——数字频率计的设计与制作

利用示波器可以粗略测量被测信号的频率，要想精确测量信号的频率，则要用到数字频率计。数字频率计的设计方法有很多，通过数字频率计的设计与制作，可以进一步加深对数字电路应用技术方面的了解与认识，进一步熟悉数字电路系统设计、制作与调试的方法和步骤。

8.2.1 数字频率计的电路设计

1. 设计要求

设计并制作一种数字频率计，其技术指标如下。

（1）频率测量范围：10～9999 Hz。

（2）输入电压幅度：300 mV～3 V。

（3）输入信号波形：任意周期信号。

（4）显示位数：4 位。

（5）电源：220 V，50 Hz。

2. 数字频率计的基本工作原理

数字频率计的主要功能是测量周期信号的频率。频率是在单位时间（1 s）内信号周期性变化的次数。如果我们能在给定的 1 s 时间内对信号波形计数，并将计数结果显示出来，就能读取被测信号的频率。首先，数字频率计必须获得相对稳定与准确的时间，并将被测信号转换成幅度与波形均能被数字电路识别的脉冲信号。然后，通过计数器计算这一段时间间隔内的脉冲个数，并将换算后的结果显示出来。这就是数字频率计的基本原理。

3. 系统方框图

从数字频率计的基本原理出发，根据设计要求，得到如图 8-1 所示的电路方框图。

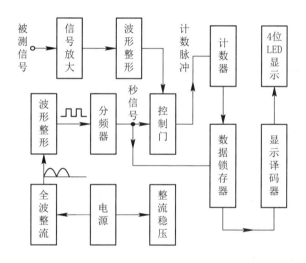

图 8-1 数字频率计的电路方框图

各部分电路介绍如下。

（1）电源与整流稳压电路。

方框图中的电源采用 50 Hz 的交流市电。市电被降压、整流、稳压后，为整个系统提供直流电源。系统对电源的要求不高，可以采用串联式稳压电路来实现。

（2）全波整流与波形整形电路。

本数字频率计采用市电频率作为标准频率，以获得稳定的基准时间率。漂移不能超过 0.5 Hz，即在 1% 的范围内。

全波整流电路首先对 50 Hz 交流市电进行全波整流，得到如图 8-2（a）所示 100 Hz 的全波整流波形。波形整形电路对 100 Hz 信号进行整形，使之成为如图 8-2（b）所示 100 Hz 的输出矩形波。采用施密特触发器或单稳态触发器可将全波整流波形变为矩形波。这部分目的是获得一个标准周期信号。也可以不从市电获得，这时需要设置一个信号产生电路。

（3）分频器。

分频器的作用是为了获得 1 s 的标准时间。首先对如图 8-2 所示的 100 Hz 信号进行 100 分频，得到如图 8-3（a）所示周期为 1 s 的脉冲信号。然后再进行二分频得到如图 8-3（b）所示占空比为 50%脉冲宽度为 1 s 的方波信号，由此获得测量频率的基准时间。利用此信号去打开与关闭控制门，可以获得在 1 s 时间内通过控制门的被测脉冲数目。

分频器可以用计数器通过计数获得。二分频可以采用 T'触发器来实现。

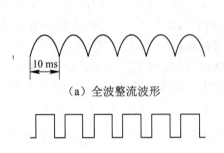

（a）全波整流波形

（b）输出矩形波

图 8-2　全波整流与波形整形电路的输出矩形波

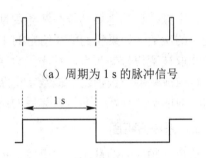

（a）周期为 1 s 的脉冲信号

（b）周期为 1 s 的方波信号

图 8-3　分频器的输出波形

（4）信号放大、波形整形电路。

为了能测量不同电平值与波形的周期信号的频率，必须对被测信号进行信号放大与波形整形电路处理，使之成为能被计数器有效识别的脉冲信号。信号放大可以采用一般的运算放大电路，波形整形电路可以采用施密特触发器。

（5）控制门。

控制门用于控制输入脉冲是否送计数器计数。它的一个输入端接标准秒信号，另一个输入端接计数脉冲。控制门可以用与门或者或门来实现。当采用与门时，秒信号为正时进行计数；当采用或门时，秒信号为负时进行计数。

（6）计数器。

计数器的作用是对输入脉冲计数。根据设计要求，最高测量频率为 9999 Hz，应采用 4 位十进制计数器。可以选用现成的十进制集成计数器。

（7）数据锁存器。

在确定的时间（1 s）内计数器的计数结果（被测信号频率）必须经锁定后才能获得稳定的显示值。锁存器通过触发脉冲的控制，将测得的数据寄存起来，送显示译码器。锁存器可以采用一般的 8 位并行输入寄存器。为使数据稳定，最好采用边沿触发方式的元器件。

（8）显示译码器与 4 位 LED 显示数码管。

显示译码器的作用是把用 BCD 码表示的十进制数转换成能驱动数码管正常显示的段信号，以获得数字显示。显示译码器的输出方式必须与数码管匹配。

4. 实际电路

根据系统方框图，设计出的数字频率计电路图如图 8-4 所示。

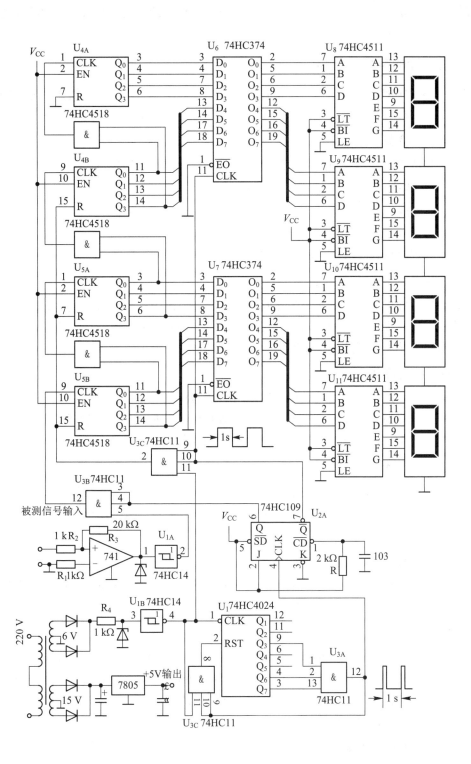

图 8-4　数字频率计电路图

在图 8-4 所示电路中，稳压电源电路简单可靠，电源的稳定度与波纹系数均能达到设计要求。

8.2.2 频率计的制作与调试

制作与调试频率计所需的仪器设备有示波器、音频信号发生器、逻辑笔、万用表、数字集成电路测试仪和直流稳压电源。制作与调试可以参考如下步骤。

1. 元器件检测

用数字集成电路检测仪对所要用的集成电路进行检测，以确保每个元器件完好。如有兴趣，也可对 LED 数码管进行检测，检测方法由自己确定。

2. 电路连接

在自制电路板上将集成电路插座及各种元器件焊接好。电路连接完毕后，可以先不插集成电路，这样对保护集成电路有一定好处。

3. 电源测试

将与变压器连接的电源插头插入 220 V 电源，用万用表检测稳压电源的输出电压。输出电压的正常值应为+5 V。如果输出电压不对，应仔细检查相关电路，消除故障。稳压电源输出正常后，接着用示波器检测产生基准时间的全波整流电路输出波形。

4. 基准时间检测

关闭电源后，插上全部集成电路。依次用示波器检测由 U_1（74HC4024）与 U_{3A} 组成的基准时间计数器与由 U_{2A} 组成的 T' 触发器的输出波形。如无输出波形或波形形状不对，则应对 U_1、U_2、U_3 各引脚的电平或信号波形进行检测，消除故障。

5. 输入检测信号

从被测信号输入端输入幅值在 1 V 左右，频率为 1 kHz 左右的正弦信号。如果电路正常，数码管可以显示被测信号的频率。如果数码管没有显示，或显示值明显偏离输入信号频率，则要做进一步检测。

6. 输入放大与整形电路检测

用示波器观测整形电路 U_{1A}（74HC14）的输出波形。正常情况下，可以观测到与输入频率一致、信号幅值为 5 V 左右的矩形波。

7. 控制门检测

检测控制门 U_{3C}（74HC11）输出信号波形。正常时，每间隔 1 s，可以在荧屏上观测到被测信号的矩形波。如果观测不到波形，则应检测控制门的两个输入端的信号是否正常，并通过进一步检测找到故障电路，消除故障；如果电路正常，或消除故障后频率计仍不能正常工作，则要检测计数器电路。

8. 计数器电路的检测

依次检测 4 个计数器 74HC4518 时钟端的输入波形。正常时，相邻计数器时钟端的波形频率依次相差 10 倍。正常情况时，各电平值或波形应与电路中给出的状态一致。如果频率关系不一致或波形不正常，则应对计数器和反馈门的各引脚电平与波形进行检测，通过分析找出原因，消除故障；如果电路正常，或消除故障后频率计仍不能正常工作，则要检测锁存器电路。

9.　锁存电路的检测

依次检测 74HC374 锁存器各引脚的电平与波形。正常情况时，各电平值应与电路中给出的状态一致。其中，第 11 脚的电平每隔 1 s 跳变一次。如果不正常，则应检查电路，消除故障；如果电路正常，或消除故障后频率计仍不能正常工作，则要检测计数器电路。

10.　显示译码电路与数码管显示电路的检测

检测显示译码器 74HC4511 各控制端与电源端引脚的电平，同时检测数码管各段对应引脚的电平及公共端的电平，通过检测与分析找出故障。

8.3　数字电路系统设计与制作的一般方法

通过对前面具体数字电路系统的设计与制作，我们对数字电路设计有了一定的认识。数字电路系统的设计与前面讨论的组合和时序逻辑电路的设计有较大的区别。组合逻辑电路与一般时序逻辑电路的设计是根据设计任务要求，用真值表、状态表求出简化的逻辑表达式，画出逻辑图、逻辑电路，用一般的集成门电路或集成触发器电路来实现。数字电路系统具有复杂的逻辑功能，难以用真值表、逻辑表达式来完整地描述其逻辑功能，用前面介绍的方法来设计，显然是复杂而困难的。

利用数字电路硬件描述语言来设计数字系统是目前最先进的方法。硬件描述语言语句比较简单，有兴趣的读者请参阅 EDA 相关资料。

从后续课程的要求出发，本课程最关心的问题是通过对各种基本数字电路的认识与了解，利用现有的数字电路元器件来设计与实现具有各种复杂逻辑关系的数字系统。下面讨论采用这种方法进行数字电路系统设计与制作的一般方法。

8.3.1　数字电路系统设计的一般方法

1.　设计要求

数字电路系统一般包括输入电路、输出电路、控制电路、时钟电路、运算和存储电路以及电源等。下面分别介绍其设计要求。

（1）输入电路的设计。

在设计输入电路时，必须首先了解输入信号的性质，接口的条件，以设计合适的输入接口电路。本项目中设计制作的数字频率计，通过输入电路对微弱信号进行放大、整形，得到数字电路可以处理的数字信号。

（2）输出电路的设计。

输出电路是完成系统最后逻辑功能的重要部分。设计输出电路，必须注意与负载在电平、信号极性、驱动能力等方面进行匹配。比如，数字频率计的显示译码与数码管电路、多路可编程控制器的并行移位寄存器及驱动电路等都属于系统的输出电路。

（3）控制电路的设计。

设计控制电路是数字系统设计的最重要的内容，必须充分注意不同信号之间的逻辑性与时序性。比如，本项目设计制作的多路可编程控制器，其定时器即为一控制电路。正是在它的作用下，计数脉冲才按一定的时间周期（定时器的定时时间）1 组接 1 组地送给地址计数器，形成时间控制。在数字频率计中，从 JK 触发器两个反相输出端输出的信号也是控制信号，它既控制了被测信号送至计数器的时间，同时，又控制了锁存器在计数完毕后对数据进行锁存。

（4）时钟电路的设计。

时钟电路属于控制电路。设计时钟电路，应根据系统的要求首先确定主时钟的频率，并注意与其他控制信号结合产生系统所需要的各种时钟脉冲。

（5）运算和存储电路的设计。

合理选择运算和存储单元，并与控制电路配合。

（6）电源电路的设计。

电源为整个系统工作提供所需的能源，为各端口提供所需的直流电平。在数字电路系统中，TTL 电路对电源电压要求比较严格，电压值必须稳定在一定范围内；CMOS 电路对电源电压的要求相对比较宽松。设计电源时，必须注意电源的负载能力，电压的稳定度及波纹系数等。

2. 一般步骤

显然，任何复杂的数字电路系统都可以逐步划分成不同层次、相对独立的子系统。通过对子系统的逻辑关系、时序等的分析，最后可以选用合适的数字电路元器件来实现。将各子系统组合起来，便完成了整个大系统的设计。按照这种由大到小，由整体到局部，再由小到大，由局部到整体的设计方法进行系统设计，就可以避免盲目地拼凑。数字电路系统设计的一般步骤如下：

（1）消化课题。必须充分了解设计要求，明确被设计系统的全部功能、要求及技术指标。熟悉被处理信号与被控制对象的各种参数与特点。

（2）确定总体设计方案。根据系统逻辑功能将系统分解，画出系统的原理方框图。确定贯穿不同方框间各种信号的逻辑关系与时序关系。方框图应能简洁、清晰地表示设计方案的原理。

（3）绘制单元电路并对单元电路仿真。选择合适的数字元器件，用电子 CAD 软件绘出各逻辑单元的逻辑电路图。标注各单元电路输入/输出信号的波形。原理图中所用的元器件应使用标准符号；电路的排列一般按信号流向由左至右排列；重要的线路放在图的上方，次要的线路放在图的下方，主电路放在图的中央位置；当信号通路分开画时，在分开的两端必须做出标记，并指出断开处的引出点与引入点。

然后利用电子 CAD 软件中的数字电路仿真软件对电路进行仿真测试，以确定电路是否准确无误。当电路中采用 TTL、CMOS、运算放大器、分立元件等多种元器件时，如果采用不同的电源供电，则要注意不同电路之间电平的正确转换，并绘制出电平转换电路。

（4）分析电路。可能会出现设计的单元电路不存在任何问题，但组合起来后系统却不能正常工作的情况。因此，必须充分分析各单元电路，尤其是对控制信号要从逻辑关系、正反极性、时序几个方面进行深入考虑，确保不存在冲突。在深入分析的基础上通过对原设计电路的不断修改，获得最佳设计方案。

（5）完成整体设计。在各单元电路完成的基础上，用电子 CAD 软件将各单元电路连接起来，画出符合软件要求的整机逻辑电路图。

（6）逻辑仿真。整体电路设计完毕后，再次在仿真软件上对整个试验系统进行逻辑仿真，验证设计。

8.3.2　数字电路系统的制作以及安装与调试

数字系统整体电路设计完毕后，还必须通过试验板的安装与调试，检测出实际系统正常运行的各项技术指标、参数、工作状态、输出驱动情况、动作情况与逻辑功能。纠正设计中因考虑不周出现的错误或不足。因此，系统装调工作是验证理论设计，进一步修正设计方案的重要实践过程，具体可按如下 5 个步骤进行。

1.　制作 PCB

如果整体电路是利用电子 CAD 软件并按其要求绘制的，则可以利用该软件绘制 PCB 图，制作出 PCB。采用 PCB 制作数字电路系统可以保证试验系统工作可靠，以减少不必要的差错，节省电路试验时间。

2.　检测元器件

在将元器件安装到 PCB 上之前，对所选用的元器件进行测试是十分必要的，可以减少因元器件原因造成的电路故障，缩短工作时间。

3.　安装元器件

将各种元器件安装到 PCB 上是一件不太困难的工作。安装时，集成电路最好通过插座与电路板连接，以便于不小心损坏元器件后进行更换。数字电路的布线一般比较紧密、焊点较小，在焊接过程中注意不要出现挂锡或虚焊。

4.　调试电路

调试电路可分两个步骤来进行：首先，调试单元电路；其次，进行总调。只有调试到单元电路达到预定要求，总调才能顺利进行。

特别提示：

在数字电路中，由于不存在大功率、大电流、高电压的工作状态，电路故障一般都是在装配过程中出现的挂锡、虚焊、元器件插错等原因造成的，除非集成电路插反了方向或电源接错了极性。一般情况下，有元器件损坏的可能性较小。

5.　归纳总结

当电路能够正常工作以后，应将测试的数据、波形、计算结果等原始数据归纳保存，以备以后查阅。最后编写总结报告。总结报告应对本设计的特点、所采用的设计技巧、存在的问题、解决的方法、电路的最后形式、电路达到的技术指标等进行必要的分析与阐述。

数字电路系统的设计，应采取从整体到局部，再从局部到整体的设计方法。通过对数字电路系统的目标、任务、指标要求等的分析绘出数字电路系统的方框图是设计的第一步；通过对每个方框图作用的进一步分析，加强对各种数字电路元器件的深入认识，合理设计每个方框图中的实际电路是数字电路系统设计中最重要的内容；继而才能对电路做进一步分析、仿真、修改，以使系统完善与优化，这是数字电路系统设计的关键所在。

数字电路系统装配与调试工作是验证理论设计、进一步修正设计方案的实践过程。数字电路系统的制作必须严格遵守相关工艺，按步骤进行。在调试数字电路系统时，要充分理解电路的工作原理和电路结构，有步骤、有目的地进行。对数字电路系统进行检测时，应灵活运用"对换""对比""对分""信号注入""信号寻迹"等方法。

8.4 数字电路系统一般故障的检查和排除

一个数字电路系统通常由多个功能模块组成，每个功能模块都有确定的逻辑功能。查询数字电路系统的故障实际上就是找出故障所在的功能块，然后再查出故障，并加以排除。为了能迅速有条理的查出故障，通常应根据整机逻辑图对故障现象进行分析和判断，找出可能出现故障的功能块，然后再根据安装接线图对有关功能块进行检测，以确定有故障的功能块和定位故障点，并加以排除。整机逻辑图主要用于分析故障，而安装接线图则用于具体查询故障。它们对于分析、查询和排除故障是十分重要的。

8.4.1 常见故障

1. 永久故障

永久故障一旦产生就会永久保持下去，只有通过人为修复后，故障才会排除。绝大多数的静态故障属于这一类。

（1）固定电平故障。它是指某一点电平为一个固定值的故障。例如接地故障，这时故障点的逻辑电平固定在 0 上；若电路某一点和电源短路，这时故障点的逻辑电平固定在 1 上。这类故障在没有排除前，故障点的逻辑电平不会恢复到正常值。

（2）固定开路故障。这是一种在电路中经常出现的故障，例如门电路某个输入管栅极引线断开或外引线未和其他电路连通而悬空，这时门电路的输出端处于高阻状态，这种故障称为开路故障。由于门电路输入和输出电阻值非常大，门电路输出和下一级门电路间的分布电容量对电荷的存储效应使得输出电平在一定时间内会保持不变。

（3）桥接故障。桥接故障是由两根或多根信号线相互短路造成的。桥接故障主要有两种类型：一种是由输入信号线之间桥接造成的故障；另一种为输出线和输入线连在一起所形成的反馈桥接故障。桥接故障会改变原有电路的逻辑功能。

2. 随机故障

这类故障具有偶发的特点，出现电路故障的瞬间会造成电路功能错误，故障消失后，功能又恢复正常。它的表现形式为时有时无，出现具有随机性。

引线松动、虚焊，设计不合理，电磁干扰等都会使系统产生随机故障。对于引线松动、虚焊引起的随机故障，应修理并加以排除；对于设计不合理（例如竞争冒险现象）引起的随机故障，应在电路设计上采取措施加以消除；对于电磁干扰引起的随机故障，需要进行防范。随机故障的检查和判断是十分麻烦的。

8.4.2　产生故障的主要原因

1.　设计电路时未考虑集成电路的参数和工作条件

如果集成电路的参数不合适、工作条件不具备，就会产生故障。设计电路时应考虑以下几种情况：

（1）集成电路负载能力差，负载能力不能满足实际负载的需要。例如一个普通与非门能带动同类门的数目为 N，实际能驱动 M 个同类门，若 $M > N$，则无法驱动，电路的逻辑功能将被破坏，系统将不能正常工作。这时应选用负载能力更强的集成电路。

（2）集成电路工作速度低。一组输入信号通过集成电路需要延时一段时间才能在输出端得到稳定的输出信号，输出信号稳定后才能输入第 2 组输入信号。若集成电路工作速度低，内部延时过长，则在输入脉冲频率较高时，会出现输出不稳定的故障。要查处这类故障十分困难，在进行逻辑设计时，应选用比实际工作速度更高的集成电路。

（3）电子元器件的热稳定性差。电子元器件的特性受温度的影响较大，主要表现为开机时设备工作正常，经过一段工作时间后，随着机内温度升高工作便不正常了，关机冷却一段时间后再开机又正常了。反之，当机内温度较低时出现故障，而温度升高后设备工作正常，这些都属于热稳定性差引起的故障。这些故障在分立元器件为主的设备中表现更为突出。解决的办法是设计时选用热稳定性好的电子元器件。

2.　安装布线不当

在安装中断线、桥接、漏线、错线、多线、插错电子元器件、使能端信号加错或未加、闲置输入端处理不当（例如，集成电路闲置、输入端悬空）都会造成故障。另外，布线和元器件安置不合理，容易引起干扰，也会造成各种各样的故障。应以集成电路为中心检查有无上述问题，重点检查集成电路是否插错，各元器件之间连线是否正确，电源线和地线是否合理。

3.　接触不良

接触不良也是容易发生的故障，如插接件松动、虚焊、接点氧化等。这类故障的表现为信号时有时无，带有一定的偶发性。减少这类故障的办法是选用质量好的插接件，从工艺上保证焊接质量。

4.　工作环境恶劣

许多数字设备对工作环境都有一定的要求，如温度过高或过低，湿度过大等因素都难以保证设备正常工作。

8.4.3　查找故障的常用方法

查找故障的目的是确定故障的原因和部位，以便及时排除，使设备恢复正常工作。查找故障通常采用以下几种方法。

1. 直观检查法

直观检查法有以下几种。

（1）常规检查。常规检查主要是检查设备的功能是否符合要求，能否正常使用。首先，应观察设备有没有被腐蚀、破损，电源熔断器是否烧断，导线有无断线，电子元器件有无变质或脱落。其次，还应检查插接件的松动、电解电容器的漏液、焊点的脱落等，这些都是查找故障的重要线索。

（2）静态检查。所谓静态检查，就是将电路通电后，观察有无异常现象，并用仪表测试电路逻辑功能是否正常。例如，集成电路芯片和晶体管等外壳过热，因功率过大烧毁电子元器件产生异味或冒烟等异常现象。若无异常现象，还需要用仪表测试电路的逻辑功能，并做详细记录，以供分析故障使用。很大一部分故障可以在静态检查中发现并消除。

（3）缩小故障所在区域。一个数字系统通常由多个子系统或模块组成，一旦发生故障往往很难查找。这时首先应该根据故障现象和检测结果进行分析、判断，确定故障可能出现的子系统或模块，然后再对该子系统或模块进行单独检查。

2. 顺序检查法

顺序检查法通常有从输入到输出和从输出到输入两种检查法。

（1）从输入级逐级向输出级检查。采用这种方法检查时，通常需要在输入端加入信号，然后沿着信号的流向逐级向输出级进行检查，直到发现故障为止。

（2）从输出级逐级向输入级检查。当发现输出信号不正常时，这时应从故障级开始逐级向输入级进行检查，直到查出输出信号正常的一级为止，则故障便出现在信号由正常变为不正常的那一级。

特别提示：

有些子系统不但有分支模块、汇合模块，还有反馈回路，使故障的检查变得较为复杂，一般按以下方法检查：

对于分支模块、汇合模块一般由输入级开始逐级检查各模块的输入信号和输出信号，以确定故障部位；对于具有反馈回路的系统，由于反馈回路将部分或全部输出信号反馈到输入端形成闭合回路，这类系统出现的故障可能在系统模块内，也可能在反馈回路内。检查这类故障时，通常将反馈回路断开，对每一个模块单独检查，以便确定故障所在模块。若模块正常工作，则故障就出现在反馈环路内。

3. 对分法

所谓对分法，就是把有故障的电路根据逻辑关系分成两部分，确定是哪一部分有问题，然后再对有故障的电路再次对分，直至找到故障所在位置为止。对分法能加快查找故障的速度，是一种十分有效的检查方法。

4. 比较法

所谓比较法，就是通过测量将故障电路与正常电路的状态、参数等进行逐项对比。为了尽快找出故障，常将故障电路主要测试点的电压波形以及电流电压参数和一个工作正常的相同电路对应测试点的参数进行比较，从而查出故障位置。比较法也是一种常用的故障检查方法。

5. 替换法

替换法就是将检测好的元器件或电路代替怀疑有故障的元器件或电路，以判断故障，排除故障。若替换后故障消失了，则说明原来的元器件或电路有故障，同时也排除了故障，这是替换法的优点。替换法方便易行，但有可能损坏元器件，使用时要慎重。

除了以上方法外，人们在实践中还摸索出其他一些方法，实际操作时，应灵活运用上述方法。数字电路系统有多种故障同时出现时，应先检查排除对系统工作影响严重的故障，然后再检查排除其他次要的故障。

8.4.4　故障的排除

故障查出后，就要排除，排除故障并不困难。若故障是由电子元器件损坏造成的，最好用同厂、同型号的元器件替换，也可用同型号的其他厂家产品替换，但要保证质量。若故障是由导线的断线、焊点的脱落等原因引起的，则应更换好的导线，焊好脱落的焊点。在故障排除后，应检查修复后的数字电路系统是否已完全恢复正常功能，是否带来其他问题。只有功能完全恢复，达到规定的技术要求，而又没有附加问题时，才能确信故障完全排除。

项目 8 小结

数字电路系统是比较复杂的数字电路，一般由输入电路、输出电路、控制电路、运算电路、存储电路以及电源等部分组成。其中，运算电路和存储电路合称为数据处理电路。

方框图描述法是指在矩形框内用文字、表达式、符号或图形来表示系统的各个子系统或模块的名称和主要功能。采用方框图描述数字电路系统十分有效，也很方便。

数字频率计由电源与整流稳压电路、全波整流与波形整形电路、分频器、信号放大与波形整形电路、控制门、计数器、锁存器、显示译码器与数码管等部分组成。

数字电路系统整体电路设计完毕后，还必须通过试验板的安装与调试，检测出实际系统正常运行的各项技术指标、参数、工作状态、输出驱动情况、动作情况与逻辑功能，纠正设计中因考虑不周出现的错误或不足。

数字电路系统故障的检查和排除十分重要，常见故障有很多种，产生原因也有很多种，检查方法有直观检查法、顺序检查法、对分法、比较法、替换法等。故障查出后，一定要排除故障。

项目 8 习题

8-1　设计一个 6 人智力竞赛抢答装置。

8-2　设计一个能显示时、分、秒的数字钟。

8-3　设计一个 $3\frac{1}{2}$ 位直流数字电压表。

附录 A 实验技能训练

技能训练需要设备和器件，实训设备各高校差别很大，但只要满足技能训练需求就可以。根据实际训练条件，可采用传统实验实训方法，也可采用仿真手段。若采用仿真手段，还需要一台计算机和相应软件。实训器材主要有各种数字集成芯片、二极管、三极管、发光二极管、电位器、电阻器、电容器，以及各式开关和导线。下面列举的技能训练仅供参考，限于篇幅，仅简单介绍，详细内容可参阅有关资料或听从教师介绍。

技能训练 1 照明灯的逻辑控制

1. 训练目的

（1）了解逻辑控制的概念。

（2）掌握表示逻辑控制的基本方法。

2. 训练内容与要求

（1）按附图 A-1 连接好电路，注意不要将两个继电器接错。附图 A-1 为实训电路图。这是一个楼房照明灯的控制电路。A、B 分别代表上、下楼层的两个开关，发光二极管不代表照明灯。在楼上闭合开关 A，可以将照明灯打开；在楼下闭合开关 B，又可以将灯关掉。反过来，也可以在楼下开灯，在楼上关灯。在附图 A-1 中，JA 和 JB 分别代表继电器的两个线圈，JA_{K1}、JB_{K1} 代表继电器的常开触点，JA_{K2}、JB_{K2} 代表继电器的常闭触点。

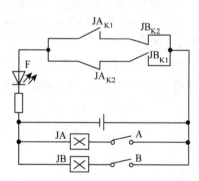

附图 A-1 照明灯的逻辑控制电路

（2）试验开关和发光二极管的逻辑关系。

在实训附图 A-1 所示的状态下，开关 A、B 均断开，由于没有通路给发光二极管供电，所以发光二极管灭。接通电源，分别将开关 A、B 闭合或者断开，观察发光二极管 F 的亮、灭情况。请读者自行分析开关和发光二极管的逻辑关系。

（3）请读者自己用两只单刀双掷开关，搭建楼道照明控制电路，并说明是何逻辑关系。

（4）分析体会结果，写出报告。

技能训练 2　半导体二极管、三极管的开关特性测试

1.　训练目的

（1）观察二极管、三极管的开关特性，了解外参数变化对器件开关特性的影响。

（2）掌握限幅和钳位的基本工作原理。

2.　训练内容与要求

需要器件：二极管（IN4007、2AK2）、三极管（3DG6、3DK2）、RC 元器件及导线若干。

（1）二极管反向恢复时间的观察。

用 IN4007 等器件自己搭建电路，输入频率为 10 kHz、幅值为 3 V 的方波信号，用双踪示波器观察输入/输出波形，并读出延迟时间。

（2）三极管开关特性的观察。

用 IN4007 等器件自己搭建电路，输入频率为 10 kHz、幅值为 3 V 的方波信号，在各种情况下，用双踪示波器观察输入/输出波形，并读出延迟时间。

（3）二极管的限幅观察。

用 2AK2 等器件自己搭建限幅电路，输入频率为 10 kHz、幅值合适的正弦信号，用双踪示波器观察输入/输出波形，观察二极管的限幅作用。

（4）二极管的钳位观察。

用 2AK2 等器件自己搭建钳位电路，输入频率为 10 kHz、幅值合适的方波信号，用双踪示波器观察输入/输出波形，观察二极管的钳位作用。

（5）三极管的限幅观察。

用 3DK2 等器件自己搭建限幅电路，输入频率为 10 kHz、幅值合适的正弦信号，用双踪示波器观察输入/输出波形，观察三极管的限幅作用。

（6）分析体会结果，写出报告。

技能训练 3　集成逻辑门的逻辑功能和参数测试

1.　训练目的

（1）掌握 TTL、CMOS 集成逻辑门逻辑功能和主要参数的测试方法。

（2）掌握 TTL、CMOS 集成逻辑门的使用规则。

（3）熟悉所使用数字电路实验装置的结构、功能和使用方法。

2.　训练设备与器件

设备：直流稳压电源 1 台、逻辑笔 1 支、逻辑电平开关 1 支、万用表 1 块、数字集成

电路测试仪 1 台、双踪示波器 1 台。很多学校都有相应逻辑试验箱，上述功能基本都具备。若进行仿真测试，则另需要计算机 1 台和相应软件。

器件：双 4 输入与非门 74LS20、四 2 输入与非门 CC4011、四 2 输入与非门 74LS03（OC 门）、六非门 74LS05（OC 门）、三态输出 4 总线缓冲器 74LS125、发光二极管、电阻器、电位器、导线若干。

3. 训练内容与要求

（1）集成电路芯片的外观检查及引脚识别。

将集成电路芯片正面朝上，开口（或标志）朝左，则集成电路引脚编号按逆时针方向排列，左下方第 1 个引脚的编号为 1，左上方第 1 个引脚的编号最大。一般情况下，最大编号引脚为电源"+"，右下方最后一个引脚为电源"−"。在使用中，必须正确识别集成电路的引脚。

（2）双 4 输入与非门 74LS20 的逻辑功能及参数测试。

自己搭建测试电路（或用专用试验箱，或用万能板，或制作印制板），对 74LS20 进行测试。

① 验证逻辑功能，测试填表。

② 测试电压传输特性。逐点测试填表，以数据描画出传输曲线。

③ 测试低电平输出电源电流 I_{CCL} 和高电平输出电源电流 I_{CCH}，I_{CCL} 大于 I_{CCH}，一般均为 mA 级。

④ 测试低电平输入电流 I_{IL} 和高电平输入电流 I_{IH}，I_{IL} 一般为 mA 级，I_{IH} 为 μA 级。如太小，一般免于测试。

⑤ 测试低电平输出过流扇出系数（调整电位器，使输出低电平达到上限值，测出此时过电流，再除以 I_{IL} 即可）。

（3）四 2 输入与非门 CC4011 的逻辑功能及参数测试。

① 自己搭建测试电路（或用专用试验箱，或用万能版，或制作印制板），对 CC4011 进行测试。测试内容及要求同上。注意，CC4011 的未用输入端不能悬空。对比 TTL、CMOS 的区别。

② 观察 CC4011 对脉冲的控制作用：将 CC4011 的一端接连续脉冲，另一端接 1 和 0，用示波器观察两种电路的输出波形。

（4）思考应如何实现集成 CMOS 与集成 TTL 的相互连接、驱动。

（5）分析体会结果，写出报告。

技能训练 4 TTL 集电极开路门和三态输出门的应用

1. 训练目的

（1）熟悉 OC 门、TSL 集成逻辑门的逻辑功能和主要参数的测试方法。

（2）熟悉 OC 门构成线与的方法。

（3）熟悉 TSL 构成总线的方法。

2.　训练内容与要求

器件：2 个 2 输入与非门 74LS03（OC 门）、六非门 74LS05（OC 门）、三态输出 4 总线缓冲器 74LS125、发光二极管、电阻器、电位器、导线若干。

（1）集成电路芯片的外观检查及引脚识别（同上）。

（2）集电极开路 2 输入四与非门 74LS03 的应用。

① 自己搭建测试电路（或用专用试验箱，或用万能板，或制作印制板），对 74LS03 进行功能测试。注意，测试逻辑功能时，需要外接合适上拉电阻器。

② 测试线与功能。将 2 个 2 输入与非门的输出端并接在一起，用 1 个合适电阻器与电源连在一起，观察输出与输入间的逻辑关系。

（3）三态输出 4 总线缓冲器 74LS125 的应用。

① 自己搭建测试电路（或用专用试验箱，或用万能板，或制作印制板），对 74LS125 进行功能测试。注意使能端的作用。

② 测试总线传输功能。将 4 个 TSL 门的使能端分别接在 4 个逻辑开关上，将 4 个电路的输出端并接在一起作为总线接发光二极管，将 4 个 TSL 门的输入分别接单脉冲、1 Hz 脉冲、0 和 1。首先将 4 个使能端全部接 0，测量总线输出电平，构成 LED 状态。注意，每次测量中 4 个使能端只有 1 个起作用（交替接 1）。观察 LED 状态。

（4）分析体会结果，写出报告。

技能训练 5　组合逻辑电路的设计与测试

1.　训练目的

熟悉用集成逻辑门设计组合逻辑电路的方法及调试方法。

2.　训练内容及要求

（1）用集成与非门电路和异或门电路设计半加器并连接测试。

（2）用集成与非门电路和异或门电路设计全加器并连接测试。

（3）分析体会结果，写出报告。

技能训练 6　数据选择器及其应用

1.　训练目的

（1）熟悉中规模集成数据选择器的逻辑功能及扩展、使用方法。

（2）掌握用数据选择器构成组合逻辑电路的方法。

2.　训练内容及要求

（1）连接电路测试双 4 选 1 数据选择器 74LS153、8 选 1 数据选择器 74LS151 的逻辑功能。

（2）将 74LS153 扩展为 8 选 1 数据选择器。

（3）用 74LS153 实现全加器，并连接电路测试。

（4）分析体会结果，写出报告。

技能训练 7　译码器及其应用

1.　训练目的

（1）熟悉中规模集成译码器的逻辑功能及扩展、使用方法。

（2）掌握用译码器构成组合逻辑电路的方法。

2.　实训内容及要求

（1）连接电路测试 74LS138 的逻辑功能。

（2）将 74LS138 扩展为 4 线-16 线译码器。

（3）用 74LS138 实现全加器，并连接电路测试。

（4）用 74LS138 实现数据分配，并连接电路测试。

（5）分析体会结果，写出报告。

技能训练 8　触发器及其逻辑功能测试

1.　训练目的

（1）了解触发器的基本功能及特点。

（2）熟悉基本 RS 触发器的组成及功能。

（3）掌握边沿 JK 触发器、D 触发器的逻辑功能及测试方法。

（4）掌握边沿 JK 触发器、D 触发器的逻辑功能的转换方法。

（5）加深对边沿触发器异步端的理解。

（6）建立时序逻辑电路的基本概念。

2.　设备与器件

设备：同上。

器件：2 个 2 输入与非门 74LS00（或 CC4011）1 片、下降沿触发的双 JK 触发器 74LS112（或上升沿触发的双 JK 触发器 CC4027）1 片、上升沿触发的双 D 触发器 74LS74（或上升沿触发的双 D 触发器 CC4013）1 片、导线若干。

3.　训练内容与要求

（1）测试基本 RS 触发器的逻辑功能。用 2 个 2 输入与非门组成基本 RS 触发器，测试其逻辑功能，并填写功能表。

（2）测试双 JK 触发器 74LS112（或 CC4027）的逻辑功能，并填写功能表。

（3）测试双 D 触发器 74LS74（或 CC4013）的逻辑功能，并填写功能表。

（4）将 JK 触发器改接为 D 触发器和 T 触发器，并测试。

（5）将 D 触发器改接为 T 触发器和 T′触发器，并测试。

（6）分析体会结果，写出报告。

技能训练 9　触发器的应用

1.　训练目的

熟悉基本 RS 触发器、集成触发器及门电路的应用。建立时序逻辑电路的基本概念。

2.　训练内容与要求

器件：2 个 2 输入与非门 74LS00（或 CC4011）和边沿触发器若干片、发光二极管、按键开关、导线若干。

（1）用基本 RS 触发器或集成触发器及与非门构成一个有记忆的智力竞赛抢答电路。逻辑说明：这是鉴别第一信号的电路，当第一个抢答者的信号到达时，相应发光二极管发光，并封锁其他抢答者的信号通路。最后由主持人复原电路，使发光二极管发光熄灭，为下一次抢答做好准备。

（2）搭建电路、调测电路。

（3）分析体会结果，写出报告。

技能训练 10　计数器及其应用

1.　训练目的

（1）熟悉用触发器构成计数器的方法。

（2）熟悉常用集成计数器的逻辑功能及使用方法。

（3）掌握用集成计数器构成任意进制的方法。

（4）熟悉显示译码器及显示器的使用方法。

2.　训练内容及要求

（1）自选边沿 JK 触发器或 D 触发器构成 4 位同步和异步二进制计数器，并连接测试。

（2）连接电路，测试集成计数器 74LS161、74LS160、74LS192（或自选芯片）的逻辑功能。

（3）自选集成计数器芯片构成 100 进制、60 进制计数器，并与显示译码器相连，由显示器显示数码。

（4）分析体会结果，写出报告。

技能训练 11　移位寄存器及其应用

1.　训练目的

（1）掌握中规模移位寄存器的逻辑功能及使用方法。

（2）熟悉移位寄存器的应用。

2. 训练内容及要求

（1）连接电路，测试集成移位寄存器 74LS194、CC40194（或自选芯片）的逻辑功能。

（2）连接电路，将 4 位集成移位寄存器 74LS194、CC40194 扩展为 8 位移位寄存器。

（3）自拟实验电路，将 74LS194、CC40194 构成环形计数器，并测试填表。

（4）自拟实验电路，实现数据的串行、并行转换。

（5）分析体会结果，写出报告。

技能训练 12　555 定时器及其应用

1. 训练目的

（1）熟悉 555 定时器的电路结构、工作原理、逻辑功能及使用方法。

（2）掌握 555 定时器的基本应用。

2. 训练内容及要求

（1）连接电路，构成施密特触发器。输入 1 kHz 的音频信号，逐渐加大输入信号幅度，观察输出波形，测绘电压传输特性，计算回差电压。

（2）自己连接电路，构成单稳态触发器。取 $R=100$ kΩ，$C=47$ μF，输入单次脉冲，用双踪示波器观测输入、电容器、输出电压波形，测定幅度与暂稳时间；取 $R=1$ kΩ，$C=0.1$ μF，输入 1 kHz 的连续脉冲，用双踪示波器观测输入、电容器、输出电压波形，测定幅度与暂稳时间。

（3）自己连接电路，构成多谐振荡器，用双踪示波器观测电容器、输出电压波形，测定频率；自拟占空比可调试验电路，调节电位器观测电容器、输出电压波形；调成方波输出，测定频率。

（4）用两个 555 定时器，自己设计模拟声响电路，并连接试听效果。

（5）分析体会结果，写出报告。

技能训练 13　D/A 转换器、A/D 转换器及其应用

1. 训练目的

（1）了解 D/A 转换器、A/D 转换器的基本结构及工作原理。

（2）掌握常用集成 D/A 转换器、A/D 转换器的功能及典型应用。

2. 训练内容及要求

（1）自拟电路，测试 D/A 转换器——DAC0832。

（2）自拟电路，测试 A/D 转换器——ADC0809。

（3）分析体会结果，写出报告。

技能训练 14　EPROM 的应用

1.　训练目的

（1）掌握 EPROM 2764 的基本工作原理和使用方法。

（2）学会使用编程器对 EPROM 进行数据的存入。

（3）弄懂 EPROM 擦除的工作过程。

2.　训练内容及要求

需要电脑、编程器、紫外线擦除器等设备，需要 EPROM2764、74LS161、发光二极管、电阻器及导线若干。内容简述如下（具体内容根据学校实验设备参阅有关资料）：

（1）正确插入芯片 2764。在编程器中，插入芯片并固定。注意芯片一定要按照编程器上的标识插在正确的位置。打开编程器的电源开关。

（2）进入 EPROM 编程软件。

（3）检查芯片 2764 的内容。

（4）在芯片 2764 中写入内容。

（5）自拟测试电路，测试芯片 2764 的内容。

（6）擦除芯片 2764 中的内容并测试。

（7）分析体会结果，写出报告。

技能训练 15　GAL 的应用

1.　训练目的

（1）使用 GAL 设计一个二输入与门和异或门的电路。

（2）掌握 GAL 的使用方法，基本学会使用 ABEL 语言编写源程序。

（3）巩固编程器的使用方法，掌握对 GAL 芯片的硬件编程方法。

2.　训练内容及要求

需要电脑、编程器、编程软件、GAL16V8 芯片以及导线若干（具体内容根据学校实验设备情况，参阅有关资料）：

（1）编写源程序。

（2）编译源程序，生成 JED 文件。

（3）硬件编程，将 JED 文件写入 GAL 芯片，包括插入芯片、进入硬件编程软件、检查 GAL 的内容、对 GAL 写入内容等。

（4）验证芯片功能。

（5）分析体会结果，写出报告。

【思考与练习】

（1）电子秒表设计与制作。

（2）设计一个 $3\frac{1}{2}$ 位直流数字电压表。

（3）交通灯控制电路的设计与制作。

（4）设计一个 6 人智力竞赛抢答装置。

（5）设计一个能显示时、分、秒的数字钟。

（6）设计一个频率计。

附录B 国产半导体集成电路型号命名法（国家标准 GB3430—82）

本标准适用于按半导体集成电路系列和品种的国家标准生产的半导体集成电路（以下简称器件）。

1. 型号的组成

器件型号由 5 部分组成，其符号和意义如附表 B-1 所示。

附表 B-1 器件符号和意义

第 0 部分		第 1 部分		第 2 部分	第 3 部分		第 4 部分	
用字母表示符合国标		用字母表示器件类型		用字母表示器件系列和品种代号	用字母表示器件的工作温度范围		用字母表示器件的封装形式	
符号	意义	符号	意义		符号	意义	符号	意义
C	中国制造	T	TTL		C	0～70℃	W	陶瓷扁平
		H	HTL		E	-40～85℃	B	塑料扁平
		E	ECL		R	-55～85℃	F	全密封扁平
		C	CMOS		M	-55～125℃		
		F	线性放大器		·	·	D	陶瓷直插
		⋮	⋮				P	塑料直插
							J	黑陶瓷扁平
							K	金属菱形
							T	金属圆形

2. 实际器件举例

例 1：CT74S20ED

第 0 部分 C 表示符合国家标准；第 1 部分 T 表示 TTL 器件；第 2 部分 74S20 表示是肖特基系列双 4 输入与非门；第 3 部分 E 表示温度范围为-40～85℃；第 4 部分 D 表示陶瓷直插封装。CT74S20ED 是指肖特基 TTL 双 4 输入与非门。

例 2：CC4512MF

第 0 部分 C 表示符合国家标准；第 1 部分 C 表示 CMOS 器件；第 2 部分 4512 表示是 8 选 1 数据选择器；第 3 部分 M 表示温度范围为-55～125℃；第 4 部分 F 表示全密封扁平封装。CC4512MF 为 CMOS 8 选 1 数据选择器（三态输出）。

例 3：CF0741CT

第 0 部分 C 表示符合国家标准；第 1 部分 F 表示线性放大器；第 2 部分 0741 表示是通用III型运算放大器；第 3 部分 C 表示温度范围为 0～70℃；第 4 部分 T 表示金属圆形封装。CF0741CT 为通用III型运算放大器。

参 考 文 献

[1] 阎石. 数字电子技术基础[M]. 4 版. 北京：高等教育出版社，1998.

[2] 康华光. 电子技术基础（数字部分，第四版）[M]. 北京：高等教育出版社，2000.

[3] 李大友，等. 数字电路逻辑设计[M]. 北京：清华大学出版社，1997.

[4] 刘守义，钟苏. 数字电子技术[M]. 西安：西安电子科技大学出版社，2000.

[5] 杨志忠. 数字电子技术基础[M]. 北京：高等教育出版社，2003.

[6] 靳孝峰. 数字电子技术[M]. 2 版. 北京：北京航空航天大学出版社，2010.

[7] 杨颂华，等. 数字电子技术基础[M]. 西安：西安电子科技大学出版社，2000.

[8] 梅开香，等. 数字逻辑电路[M]. 2 版. 北京：电子工业出版社，2008.

[9] 莆正贤. 数字逻辑电路[M]. 合肥：中国科学技术大学出版社，1993.

[10] 孙津平. 数字电子技术[M]. 西安：西安电子科技大学出版社，2000.

[11] 蔡良伟. 数字电路与逻辑设计[M]. 西安：西安电子科技大学出版社，2003.

[12] 宋万杰，等. CPLD 技术及其应用[M]. 西安：西安电子科技大学出版社，1999.

[13] 杨晖，张风言. 大规模可编程逻辑器件与数字系统设计[M]. 北京：北京航空航天大学出版社，1998.

[14] 李广军，等. 可编程 ASIC 设计及应用[M]. 成都：电子科技大学出版社，2000.

[15] 黄正瑾. 在系统编程技术及其应用[M]. 南京：东南大学出版社，1997.

[16] 高泽涵. 电子电路故障诊断技术[M]. 西安：西安电子科技大学出版社，2001.

[17] 电子工程手册编委会. 中外集成电路简明速查手册——TTL、CMOS[M]. 北京：电子工业出版社，1991.

[18] 中国集成电路大全编委会. 中国集成电路大全——存储器集成电路[M]. 北京：国防工业出版社，1995.